认知无线电中的频谱感知管理技术

李 雯 李东升 孙 鑫 著

南开大学出版社
NANKAI UNIVERSITY PRESS

天津出版传媒集团
天津科学技术出版社

图书在版编目（CIP）数据

认知无线电中的频谱感知管理技术 /李雯，李东升，孙鑫著. -- 天津 ：南开大学出版社；天津科学技术出版社,2024.1
ISBN 978-7-310-06542-4

Ⅰ．①认… Ⅱ．①李… ②李…③孙… Ⅲ．①无线电技术－频谱－研究 Ⅳ．①TN014

中国国家版本馆 CIP 数据核字(2023)第 250194 号

认知无线电中的频谱感知管理技术
RENZHI WUXIANDIAN ZHONGDE PINPU GANZHI GUANLI JISHU

南闻大學出版社 出版发行
天津科学技术出版社
出版人：刘文华
地址：天津市南开区卫津路 94 号　邮政编码：300071
营销部电话：（022）23508339　营销部传真：（022）23508542
https://nkup.nankai.edu.cn

北京宝莲鸿图科技有限公司印刷　全国各地新华书店经销
2024 年 1 月第 1 版　2024 年 1 月第 1 次印刷
787 毫米*1092 毫米　16 开本　19 印张　420 千字
定价：86.00 元

如遇图书印装质量问题，请与本社营销部联系调换，电话：（022）23508339

前　言

认知无线电这一概念由 Joseph Mitola 博士在 1999 年提出后经过了 20 多年的发展。电磁频谱是稀缺的自然资源。随着无线通信技术，第五代、第六代移动通信技术的发展，无线频谱资源短缺的矛盾日益加剧，而无线频谱固定分配的机制进一步加剧了电磁谱供不应求的矛盾。频谱这种用命令方式分配的机制是导致频谱利用率在时间和空间上较低的根本原因。授权无线频谱相对较低的利用率表明当前的频谱短缺主要是由于被授权的无线频谱没有得到充分的利用，而不是无线频谱真正的物理短缺。严重的无线频谱短缺困境，迫切期望一种新的技术产生，以解决当前无线频谱资源供不应求的矛盾，在这种背景下，认知无线电技术诞生。

本书从实用和科研的角度出发，比较全面、系统地介绍了认知无线电技术的最新发展。全书共分 10 章，系统地介绍了认知无线电的概念、认知无线电的功能和一些重要的研究主题，包括认知无线电频谱感知技术在 TD-LTE 异构网中的应用、认知无线网络频谱分配技术、认知无线电分层次多用户合作频谱感知、基于压缩感知的认知无线电宽带频谱检测、认知无线网络多用户多资源联合分配与优化以及认知无线电的频谱切换技术研究。分析讨论了频谱感知技术在农业物联网中的应用研究、农业物联网中认知频谱感知篡改攻击防御方法以及分形维数理论在频谱感知中的应用等。从认知无线电工程应用的现实需求出发，紧紧围绕无线电应用场景分析这一主线，着重从物理层的角度，运用信号处理的方法，系统探讨了认知无线电中的频谱感知、共存与干扰抑制、定位与无线环境图等技术问题。

本书对每一技术专题基本都遵循场景设定、数学建模和算例分析这一逻辑思路展开。场景设定主要包括链路级和网络级，基本涵盖了通信工程技术人员在研发工作中可能涉及的各种认知应用。数学建模着眼于评估各种技术方法的性能，提出了许多独创性的、普遍适用的分析框架，有助于工程技术人员深入理解技术性能与场景要素的相互作用和内在联系。算例分析则帮助读者进一步从数量级上把握各种技术选项的优缺点，从而在技术性能与实现复杂性之间作出权衡取舍。书中不仅对 UWB、OFDM 等典型应用进行深入剖析，而且针对其他各种应用场景也都提出了清晰的研究思路和具体的文献。因此，本书对于从事新一代无线电通信技术研究、通信系统认知功能开发、认知系统设计的工程技术人员具有十分现实的借鉴意义，有利于推动认知无线电技术成果进一步向工程实践转化。

在本书的撰写过程中，作者得到了所在研究室的教师和部分研究生的支持和帮助，在此表示深深的谢意。

由于作者水平和时间所限，难免有错误和不妥之处，恳请广大读者批评指正。

目　　录

第一章　认知无线电频谱感知技术概述

频谱感知是认知无线电实现的关键和前提。目前,单节点频谱感知方法主要有匹配滤波检测、循环平稳特征检测和能量检测。匹配滤波检测能够获得较好的检测效果,但需要主用户信号的先验知识;循环平稳特征检测利用信号的循环平稳性进行频谱感知,但该方法计算复杂,运算量大;能量检测是目前广泛采用的方法,不需要主用户信号的先验知识,但该方法在低信噪比下检测性能较差,另外由于信噪比墙的存在,在噪声具有不确定性的情况下,其检测性能会急剧下降。而认知无线电技术对频谱感知的性能要求很高,要求检测器必须能够检测非常微弱的主用户信号。例如,IEEE802.22 标准要求认知用户能够检测最低为 –22 dB 的电视信号。寻找更加快速、准确、鲁棒性强的频谱感知方法是目前认知无线电发展亟待解决的问题。

第一节　认知无线电网络中的频谱感知技术

一、频谱感知技术概述

在认知无线电网络中,认知用户需要一直检测授权用户(主用户)的活动情况,以在主用户不活动时及时发现可用的频谱空洞(spectrumhole,SH),并在主用户出现时及时发现主用户,避免对主用户的通信产生干扰,这个过程即频谱感知。其中,频谱空洞可分为时域频谱空洞和空域频谱空洞。时域频谱空洞是指主用户在一段时间内不传输信息,这样认知用户便可在此期间使用该频段进行传输。空域频谱空洞是指认知用户可以在主用户使用该频谱的地理区域外使用该频谱资源。

频谱感知的目的有两个:一是避免对主用户造成干扰,当主用户出现时,应能够及时发现主用户的出现,将认知用户的通信转移到其他可用频段上,或将对主用户的干扰限制在一定水平以下;二是使认知用户及时发现能够满足其自身通信要求的空闲频谱资源,以满足其对吞吐量和服务质量等方面的要求。因此,频谱感知技术无论是对认知无线电网络还是对主用户网络，都具有非常重要的意义。

频谱感知的性能主要通过检测概率和虚警概率两个基本参数进行衡量。检测概率是指当主用户存在时，认知用户或认知无线电网络能够检测出主用户存在的概率。由检测概率还可得出漏检概率，漏检概率是指当主用户存在时，认知用户或认知无线电网络没有检测出主用户存在而认为信道空闲的概率，即漏检概率 =1- 检测概率。虚警概率是指当主用户不存在时，认知用户或认知无线电网络由于感知错误误认为主用户存在的概率。检测概率的高低影响对主用户的干扰程度，检测概率越高，对主用户的干扰就越小。而虚警概率主要影响频谱的使用效率，虚警概率越高，频谱的使用效率越低。在进行频谱感知性能分析时，通常使用接收机操作特性曲线来描述，曲线的横、纵坐标分别为虚警概率和检测概率。

单节点的频谱感知方法主要包括匹配滤波检测、能量检测、循环平稳特征检测等。但受到噪声不确定性、多径衰落和阴影效应等影响，单节点的检测结果往往并不准确。为了解决这个问题，多节点的合作（协作）频谱感知被广泛应用。合作频谱感知收集多个处在不同地理位置的认知用户的感知数据，通过数据融合，判断信道的占用情况，使认知用户能够使用空闲的频谱资源。

二、单节点频谱感知及研究现状

在认知无线电技术中，准确有效的频谱感知技术是认知无线电实现的关键和前提，也是目前认知无线电研究的热点。单节点的频谱感知从信号检测和感知技术上可以分为两大类：相关检测和非相关检测。相关检测需要主用户的先验知识，通过比较接收信号与先验知识，分析主用户存在与否；非相关检测不需要主用户的先验知识。从感知对象的频带宽度上，单节点频谱感知可以分为窄带检测和宽带检测。其总体分类和主要感知方法如图 1-1 所示。

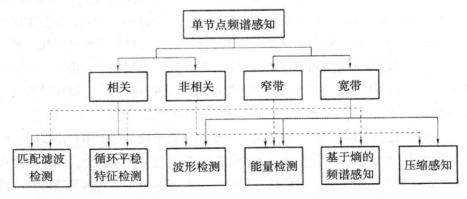

图 1-1　单节点频谱感知分类

匹配滤波检测能够达到较好的检测效果，但需要信号的先验知识；能量检测是目前被广泛使用的方法，不需要主用户信号的先验知识，且运算简单，但是在低信噪比情况下，其准确度会急剧降低；循环平稳特征检测是一种利用信号的循环平稳性进行检测的频谱感知方法，该方法算法复杂，运算量较大；波形检测是一种利用主用户信号的一些已知模式（如前同步码、训练序列、定期传输的导频图案和扩频序列等）进行频谱感知的方法，能获得较好的检测效果，但需要主用户的先验知识。

此外，在实际场景中，噪声功率往往会随时间和地点的变化而变化，而且接收机对噪声方差的估计也存在误差，因此噪声不确定性广泛存在于实际的通信系统中。对噪声不确定性不敏感是检测器的基本要求。很多频谱感知方法的检测性能会随噪声不确定性的增加而下降。由于信噪比墙的存在，目前被广泛使用的能量检测方法在噪声具有不确定性时检测性能严重下降，当存在 x dB 的噪声不确定性时，此方法对信噪比低于 $10\lg\left(10^{\frac{x}{10}}-1\right)$ dB 的信号便无法检测。例如，当噪声不确定性为 1 dB 时，信噪比低于 -5.87 dB 的信号将无法被检测。

为了解决这个问题，学者们对其进行了大量的研究。复杂度作为区分信号与噪声的方法，已开始被应用在认知无线电频谱感知技术中。di 作为复杂度的一种度量方法，近年来开始得到应用。2008 年，Wellens 提出了使用近似熵分析频谱占用情况的方法。2010 年，Zhang 提出了使用频域病进行频谱感知的方法。2011 年，Mahram 提出了一种基于采样端的盲频谱感知方法。它通过采样熵分析信号时间序列的复杂度来判断主用户的存在，但为了达到一定的检测性能，该方法需要大量的采样点数，导致计算量较大。这些基于熵的频谱感知方法能够很好地降低噪声不确定性对感知性能的影响，但是其在低信噪比下的检测性能均有待提高。

对于感知对象是宽频带或多个连续窄带的情况，由于现有大多数频谱感知方法是利用模数转换器（Analog-to-digital converter，ADC）以奈奎斯特采样速率采样得到的采样值来进行频谱感知的，因此基于硬件对采样速率的限制，这些频谱感知方法往往只能在单位时间内感知一个窄频带。为了感知多个频带，认知用户需要分别依次感知各个频带，这样会产生大量的感知延迟及感知开销。压缩感知的出现很好地解决了宽带感知的问题，它能够以低于奈奎斯特采样速率的速率对宽带进行采样，降低了对ADC 硬件的要求。但是，压缩感知应用的前提条件是频谱利用满足稀疏性，当有多个用户共享频谱使频谱不满足稀疏性的时候，压缩感知就不再适用。此外，远近效应和复杂时钟系统的设计也是压缩感知中有待解决的问题。

表 1-1 总结了各种频谱感知方法的优缺点。由表 1-1 可见，每种频谱感知方法都存在自己的问题，因此寻找更加快速准确的频谱感知方法是认知无线电发展亟待解决

的问题。

表 1-1　频谱感知方法比较

频谱感知方法	优点	缺点
能量检测	计算简单	低信噪比下性能下降，对噪声不确定性敏感
匹配滤波检测	检测效果较好	需要用户先验知识
循环平稳特征检测	检测效果较好，对噪声不确定性不敏感	计算复杂，计算量大
波形检测	检测效果较好	需要用户先验知识
基于编的频谱感知	不需要先验知识	低信噪比下检测性能有待提高
压缩感知	能够进行宽带频谱感知，对采样频率要求不高	要求频谱满足稀疏性
似然比检测	实现简单，N-P 准则下的最优检测算法	需要噪声和信号的功率信息，不能实现盲检测
协方差检测	能够实现全盲检测，不受噪声不确定性影响	当接收信号的相关性变化较大时，检测性能影响严重，且运算量大，计算复杂度高
小波检测	能够实现多分辨率检测，可针对高频部分进行细分辨率检测	运算复杂度过高
本振泄露检测	算法简单，易于实现，能够有效解决隐终端问题	检测范围小，检测时间较长，需要在主接收机增加额外节点，导致成本较高，且需要专用控制信道
干扰温度检测	适用于高功率、大区域的主用户系统	干扰温度测量复杂，检测门限不容易确定，需要对主用户接收机进行准确定位

近年来，分形几何学被广泛应用于非线性系统和信号处理的各个领域。分形维数作为信号复杂度的一种度量手段，能够有效地描述通信信号的几何尺度特性，从一个崭新的角度揭示信号另一层面的特性。近年来，分形维数以其计算简单、与噪声功率无关等优点开始被用于认知无线电频谱感知领域。2009 年，Zayen 提出了使用赤池信息准则估算信号的空间维数进行频谱感知的方法。但是由于 AIC 值会随一些参数（如采样点数）随机变化，因此该方法有时会产生不正确的结果。2011 年，Kordan 提出了使用 Higuchi 分形维数进行频谱感知的方法，但是该方法的准确度有待进一步提高。2011 年，赵春晖提出了利用通信信号时间序列的分形盒维数进行频谱感知的方法，该方法能够快速地进行盲频谱感知。陈小波分别于 2011 年、2012 年提出了利用盒维数和信息维数协作进行认知超宽带频谱感知的方法以及基于双门限的盒维数与信息维数的协作感知方法。但是这种利用通信信号时间序列的盒维数进行频谱感知的方法存在严重的局限性。由于盒维数值具有较严重的不规则性，因此对于某些调制类型中某些调制参数的信号（如 PM 信号中某些载波频率和基带信号频率的信号），将无法利用盒维数进行频谱感知。上述各种基于分形维数的频谱感知方法虽然各有不足，却显示出了其他方法不具备的独特优点，如不需要主用户信号的先验知识、对噪声功率不敏感、能够达到较低的信噪比、计算量小等。分形维数的计算方法种类繁多且特性各异，如何根据信号的分形维数特征更好地进行盲频谱感知值得进一步研究。

三、合作频谱感知概述

在实际通信场景中，由于受到多径衰落、阴影效应和接收机不确定性等问题的影响，单节点的感知结果往往并不准确。为了解决这个问题，多节点的合作频谱感知被广泛地应用。合作频谱感知收集多个处于不同地理位置的认知用户的感知数据，通过一定的融合，判断主用户存在与否。

根据合作认知用户共享感知数据的方式，合作频谱感知可以分为三类：集中式合作频谱感知、分布式合作频谱感知和中继协作的合作频谱感知。

合作认知用户的合作模式可以分为并行融合（Parallel Fusion，PF）模式和博弈论模式。PF 模式通过使用分布式的信号处理技术来确定如何融合各感知结果以及如何做出最终判决，更侧重感知部分；而博弈论模式通过分析认知用户的合作或非合作的行为和互动来提高感知的效益函数，因此更侧重合作部分。

频谱感知中进行二进制判决的假设检验模型除最常见的 Neyman-Pearson 检验和 Bayes 检验外，还包括复合假设检验和序贯检验等。

各认知用户感知数据的融合方式主要分为硬判决和软判决。硬判决中，各认知用户根据感知的信息判断主用户存在或者不存在，将二进制的检测结果上报给融合中心，由融合中心根据各认知用户上报的感知结果进行融合，做出最终判决，融合准则包括 OR 准则、AND 准则、Majority 准则、K-out-of-N 准则等；软判决中，各认知用户仅感知信道，不做出最终判决，将感知的数据上报给融合中心，融合中心进行加权后求和，然后通过与门限比较进行判决，其算法相对于硬判决复杂、链路开销大，但准确度较高。硬判决的准确性相对于软判决较差，但是认知用户上报数据的数据量较小，感知开销小。如何权衡系统的检测性能和检测开销，选择合适的融合技术，有待进一步研究。

参与感知的认知用户的选择方式可以分为集中式选择和基于簇的选择。在集中式选择方式中，由融合中心统一选择参与合作感知的认知用户；在基于簇的选择方式中，各簇独立选择参与合作感知的认知用户。

四、多信道频谱感知的研究现状

由于硬件对采样速率的限制，大多数频谱感知方法往往只能在单位时间内感知一个窄频带。但认知无线电系统的可用频谱资源是多频带或多信道的，对于感知对象是多个信道的情况，各认知用户需要分别依次感知各个信道，感知时间较长，这样会产生大量的感知时延及感知开销，导致系统效率降低。当信道数目较多时，这种问题将更为严重。

目前，对于多信道频谱感知的研究主要集中在两个方面：一是压缩感知；二是多信道联合频谱感知。

对于连续的多个信道，压缩感知能够很好地解决奈奎斯特采样速率对 ADC 硬件要求高的问题。但是，压缩感知应用的前提条件是频谱利用满足稀疏性，当有多个用户共享频谱使频谱不满足稀疏性的时候，压缩感知便不再适用。而由于未来无线通信的迅猛发展和人们无线通信需求的不断增加，频谱利用的稀疏性在非郊外地区很难满足。

在多信道联合频谱感知中，为了有效提高多信道频谱感知的效率，多信道联合频谱感知采用认知用户在同一感知周期内感知多个信道的方法，以减少总检测时间，提高系统效率。目前，对多信道联合频谱感知的研究主要分为三类。

（一）单个认知用户进行多信道感知

多频带联合检测方法针对单个节点对多频带进行感知的问题，根据各频带的不同特性以及干扰率和利用率的要求，采用凸优化方法，确定各频带的检测门限，使系统达到最大的吞吐量。这种方法利用遗传算法解决单个节点如何感知多个异构信道的问题，通过选择性地感知一部分信道使系统能获得的有效带宽最大。它讨论了一个感知节点有多个天线的情况，通过合理选择每个子信道感知的天线数，使系统的吞吐量最大。但由于信道衰落和阴影效应等的影响，单个节点的感知结果往往是不准确的。

（二）每个认知用户均进行多信道感知

空间联合频谱检测（Spatial-Spectral Joint Detection，SSJD）通过将所有认知用户感知的数据进行融合，来判定各信道的空闲情况，即位于空间中不同位置的每个认知用户均感知所有信道，之后将感知结果上报融合中心，在融合中心进行加权判决，最终得到各信道的占用情况。SSJD 使用凸优化方法解决如何在吞吐量最大、干扰代价最小的要求下，寻求最佳门限和各认知用户上报信息加权系数的问题，并采用遗传算法直接搜索最优解。采用近似的凸优化方法并不能很好地解决合作宽带压缩感知技术的非凸优化问题。由于要求每个认知用户对所有信道进行检测，因此该频谱检测法对每个认知用户的硬件要求比较高，检测时延、上报时延、控制信道的传输开销都比较大。

（三）每个认知用户只感知一个信道

在并行合作频谱感知技术中，每个认知用户只感知一个信道，然后通过将多个认知用户的感知结果融合，得到各信道的空闲情况，以减少感知时长，降低检测时延和传输开销，提高系统效率。在每个感知时隙内，每个感知节点感知不同的信道，融合中心通过收集多个节点的感知结果来获得多个信道的占用情况。为了获得更高的检测准确度以及降低感知开销，设计时需要考虑的一个重要问题就是哪些感知节点在何时感知哪些信道，以达到最优的系统性能，即感知任务分配问题。针对这个问题，相关研究提出了两种合作频谱感知策略，分别是随机感知策略和基于协商的感知策略。两个策略解决了分布式网络中多个认知用户如何感知多个信道的问题，但并没有考虑感知所产生的开销。一种新的并行合作频谱感知的方法随之产生，它通过优化信道速率门限和参加并行感知的认知用户数来降低感知开销，以获得最大的网络吞吐量。但是它只考虑了对所有认知节点都具有相同占用概率和检测概率的多个子信道。由于各认知节点所处无线环境及感知能力不同，不同节点对不同信道的检测概率和感知开销是存在差异的。而且对于多个异构信道来说，由于它们可能被不同的主用户网络占用，所以其占用概率也是不同的。该方法将并行频谱感知问题等效成一个二分图求最优匹配的问题，通过匈牙利算法和贪婪算法得到认知用户和感知信道间的最优匹配。但是该方法只考虑了一个信道仅由一个认知用户感知的情况，受阴影效应、信道衰落及受到恶意攻击的影响，单节点的检测结果往往并不可靠。利用迭代匈牙利算法和迭代KM算法进行并行频谱感知的方法只考虑检测的准确性，而没有考虑感知开销和系统效益的问题，而且该方法没有完善的终止条件，导致需要较多的认知用户来进行频谱感知，这会增加认知用户的能量消耗，增大系统的虚警概率。此外，以上方法均没有考虑感知时长设定的问题。

感知时长的设定是介质访问控制（MAC）层频谱感知的重要问题。由于帧长有限，感知时长越长，传输时长就越短，因此感知时长的长短直接决定着系统的吞吐量。同时，感知时长也是物理（PHY）层频谱感知的重要问题。PHY层的频谱感知主要关注能否有效地检测主用户的存在。对于各种频谱感知方法而言，感知时长越长，所得到的信道信息越多，使得对主用户的检测概率也越高，因此感知时长直接决定着感知的准确性。总之，感知时长无论对于PHY层还是MAC层，都是重要的设计问题。为了更好地在系统检测概率和吞吐量之间权衡，设定感知时长时，应在PHY层和MAC层同时进行跨层设计。

针对这个问题，相关研究分析了感知时长和吞吐量的权衡问题，推导了感知时长和吞吐量的数学表达式，但目前的研究只针对单信道进行讨论，对于多个异构信道的情况并不适用。相关研究利用博弈论对各节点的感知时间和参与感知的概率进行优化，但该方法的感知对象是一个宽带中的若干个子频带，其中各子带的占用情况、带宽和稳定度均相同，属于同构信道，对异构信道的感知并不适用。另外，该方法假设各节点对各信道感知的信噪比均相同，由于各节点位置和自身特性不同，所以该假设并不符合现实场景。

综上所述，对多信道频谱感知有待进一步研究。

五、多信道频谱感知的研究现状

认知无线电体系的开放性在满足频谱高效利用的同时，也带来了许多安全隐患。认知无线电网络可能遭受的攻击按层分为以下几种。物理层的攻击包括模仿主用户攻击以及恶意篡改感知信息攻击。介质访问控制层的攻击有公共控制信道攻击和虚假信标攻击。所有层都可能涉及的攻击有跨层攻击和软件无线电攻击。其中，大多数攻击属于拒绝服务攻击。如何抵抗恶意攻击，安全有效地进行频谱感知，已经成为当前研究的一个热点。

频谱感知的安全问题主要来源于物理层的攻击，包括 PUE 攻击和 SSDF 攻击。

(一)PUE 攻击

PUE 攻击是指恶意用户发射与主用户相似的信号，使认知无线电网络误以为主用户存在而无法使用该频谱资源。

基于位置信息的抵御 PUE 攻击方法是目前被广泛采用的抵御 PUE 攻击的方法之一。它提出了一种基于地理位置的发射机验证机制，该机制采用独立于认知网络外的传感器网络，通过识别接收信号强度（Received Signal Strength，RSS）对主用户发射机进行定位，以区分主用户信号的真伪。但此方法引入额外的传感器网络进行定位，导致开销增大，而且使用 RSS 方法也使算法不够稳定。使用 Fenton 近似方法和序贯检测进行 PUE 攻击的检测方法，能够有效降低 PUE 攻击的成功概率并保持较低的主用户漏检概率。但该方法由于采用了 WSPRT，因此会导致较大的采样点数和较长的感知时间，不适用于动态环境。基于皮尔逊复合假设检验和 WSPRT 的 PUE 攻击检测方法分析了在衰落环境下如何检测多个随机分布的恶意用户的问题。以上方法均假设所有的合法认知用户和恶意用户服从均匀分布，并不符合现实场景。此外，以上方法都只考虑了恶意用户采用固定发射功率的情况。基于发射机位置指纹的发射机物理层验证方法，是指提取多径衰落环境下发射机前一时刻的功率谱密度，利用小波变换提取位置指纹信息，通过位置指纹对发射机进行验证。此方法在理论仿真和实际测试中取得了较好的效果，但对移动场景以及无线环境变化较大的场景并不适用。

除了基于位置信息的抵御 PUE 攻击方法之外，还有一种基于公共密钥的主用户识别机制，它在主用户和认知用户之间采用轻量级的公共密钥，以避免恶意用户伪冒。但该方法需要对主用户网络进行修改，并假设主用户在数字域上进行操作。它分析了一种高级的 PUE 攻击，并提出了相应的防御方法。无论是攻击者还是防御者都能够通过利用估计技术和学习方法来获得环境的关键信息，并设计更优的策略。该方法中恶意用户可以采用变化的发射功率进行攻击，且恶意用户检测技术不限定所采用的感知方法，但该方法假设主用户、认知用户和恶意用户之间的距离以及恶意用户的位置均已知，该假设在有些场景不易满足。此种机制下有以下抵御 PUE 攻击方法：①使用发射机本地振荡器的相位噪声指纹来验证主用户，以抵御 PUE 攻击。其相位噪声的差别不够明显，识别不同发射机仍具有一定难度。②针对移动麦克风随机移动以及低功率的特点，利用射频信号和声音信息的相关性来识别无线麦克风，防止 PUE 攻击。③通过物理层签名来验证主用户。它通过结合加密签名和根据无线信道特征得到的无线链路签名来检测主用户，但是该方法需要在主用户附近放置辅助节点，对于移动的和临时出现的主用户并不适用。根据是否已知信道统计特性，抵御 PUE 攻击的方法可分为：①在已知信道统计特性时，可采用一种被动的抵御 PUE 攻击方法，防御者随机地选择信道进行感知，防御者和攻击者的博弈被建模成零与博弈问题；②在未知信道统计特性时，可采用敌对土匪问题的算法，分别分析在已知部分和全部信道信息时抵御 PUE 攻击的方法，并分析多种攻击类型。

（二）SSDF 攻击

SSDF 攻击是指网络中存在某些认知用户故意上报错误的感知数据，影响网络的正常工作，以达到自己的目的。这种认知用户称为恶意用户或拜占庭敌人。例如，恶意用户可能会一直上报主用户存在以独占该频谱资源。

对于合作频谱感知来说，多认知用户参与的开放性和合作性使安全问题变得尤为重要。一个或多个参与合作感知的认知用户上报错误的感知结果，很容易产生错误的判决结果，使其他认知节点无法使用空闲的频谱资源或干扰主用户的正常工作。研究表明，恶意节点的存在会严重影响合作感知的性能。如何在合作频谱感知中识别恶意节点，并在感知数据融合中屏蔽其影响，是一个值得研究的问题。

为了安全有效地进行合作频谱感知，相关研究提出了基于信任度的加权序贯检测方案。该方案根据各节点检测结果与融合中心最终判决结果的比较来计算各认知用户的信任度（如果结果相同，信任度就增加，反之则减少），再根据信任度计算数据融合处理中用于修正 SPRT 的似然比权值，加权后得到最终判决。该方案包括以下几种方法：①针对感知数据的极端数据预筛除，提出一种简单的奇异值检测方法。该方法同样使用信任因子（根据认知用户上报数据和所有数据均值的差异确定）来衡量认知用户的可靠性，并通过信任因子得到权值来计算接收数据平均值。该方法通过奇异值因子来识别恶意用户，奇异值因子由能量检测器输出数据的标准差和加权后的均值计算得到。奇异值因子还能根据主用户的活动和邻近认知用户的观察值进行调整，以提高对恶意用户的检测能力。②对抗拜占庭攻击的频谱感知方法通过将每个认知用户感知的结果与最终判决比较，得到每个认知用户的声望值，从而识别恶意用户，将其上报的数据从数据融合中去除。增强型加权序贯检测方案依据历史观测信息动态引入节点信任度，更新各合作用户的融合权值。但是以上方法都依赖于融合中心最终判决结果或所有上报数据均值的正确性，当恶意节点较多时，融合中心最终判决结果或所有上报数据均值的正确性不能保证，该方法结果的正确性也就难以保证。③检测恶意用户的方法根据认知用户过去上报数据的情况得到可疑度，并根据可疑度计算每个认知用户的信任度和相容性值，有效地区分正常认知用户和恶意用户，从而消除恶意用户对最终判决的影响。但该方法只考虑了一个恶意用户的情况。

相关研究考虑了三种攻击类型和多个恶意用户的情况，提出了两种抵御 SSDF 的机制，分别是增强型加权序贯检测和加权序贯 0/1 检测。EWSPRT 通过将加权模块和检测模块进行合并，使采样点数比 WSPRT 得到了很大程度的降低，但是算法仍然复杂度较高，导致感知开销较大。EWSZOT 根据节点上报数据的历史计算得到每个节点的可疑度，并在融合时排除可疑度高的节点，但是各节点历史数据无法保证正确性，因此此方法仍存在较大的风险。2010 年，KunZeng 提出通过引入信任节点和声望值来提高频谱感知准确度的方法，但当信任节点并不可信时，系统的性能必然会严重下降。它采用了基于 SNR 值比较的合作频谱感知方法，将所有认知节点的 SNR 值与其中最大的 SNR 值比较，选择差值较小的节点进行信息融合，但由于它以绝对差值作为门限，因此在不同的信噪比环境下，其性能差异很大。此外，还有一种基于证据理论的增强型合作频谱感知机制，它考虑了多个恶意用户和两种类型攻击的情况，并对不同融合准则下的性能进行了分析，但由于采用 DS 证据理论，因此当认知用户间的决策冲突较大时，其算法的性能会较差。

对于分布式感知，相关研究提出了一种基于共识的合作频谱感知机制，用于解决认知无线电 adhoc 网络中的数据篡改问题。在分布式感知中，每个认知用户迭代选择邻近的认知用户进行合作和感知数据交换，得到信道的占用状态。在选择合作认知用户时，每个可信的认知用户比较接收数据和本地感知数据的均值，如果邻近的认知用户上报的感知数据与本地感知结果的均值相差最大，则不选择与该认知用户合作。该机制通过孤立恶意用户达到安全合作感知的目的。该机制不需要融合中心，虽考虑了三种攻击类型，但只考虑了一个恶意用户的情况。相关研究考虑了两种攻击类型、多个恶意用户以及实际双维阴影衰落的情况，提出了抗攻击的分布式感知协议（Attack-tolerant Distributed Sensing Protocol，ADSP），将地理位置相近的感知节点构成一个簇，通过簇内感知节点的相互合作进行安全的分布式感知。通过相关滤波器和交叉验证，ADSP 能够过滤掉异常感知节点上报的数据，从而最小化恶意攻击对分布式感知性能的影响。但由于采用了 RSS 方法，因此其稳定性较差。

除了上述简单的攻击方法外，还有一种传统的恶意用户检测方法很难检测的较复杂的击跑配合攻击，且恶意用户的个数不固定。针对这种攻击，相关研究又提出了一种基于点的恶意用户检测方法，但该方法假设恶意用户能够成功地窃听其他认知用户和融合中心的信息，这种假设在有些场合并不适用。根据恶意用户能否得到其他认知用户上报的数据，相关研究提出了两种攻击策略（分别是独立攻击和非独立攻击），并针对这两种攻击策略提出了一种基于数据挖掘对应技术的异常检测方法。该方法能够在未知攻击者攻击策略的情况下识别恶意用户。但是在该方法中，如果认知用户的行为与正常工作的认知用户的行为过于相似，则该认知用户会被误判为恶意节点，这会增加恶意节点误判的概率。因此，如何安全有效地进行合作频谱感知有待进一步研究。

综上所述，目前认知无线电频谱感知的研究主要存在如下问题：在恶劣环境下检测的准确性不够，如在噪声具有不确定性、信噪比低的情况下不能有效地进行频谱感知等；适用范围不够广泛，对某些调制参数的信号无法检测；对系统的检测性能、感知开销和系统效益之间的矛盾没有很好地权衡；对多信道合作频谱感知中感知任务分配和感知时长的跨层联合优化研究不足；对认知网络的安全性研究不足，当存在恶意用户和恶意攻击时，会导致系统性能严重下降。因此，对认知无线电频谱感知有待进一步研究。

第二节　现阶段的认知无线电频谱感知方法

一、基于能量检测的频谱感知

能量检测又称基于功率的检测方法，是目前最为常用的频谱感知方法，具有计算简单、不需要主用户的先验知识等优点，其缺点是对噪声不确定性敏感。能量检测的基本原理是通过在一段时间内对某一频段的信号能量进行累加来判断主用户信号是否存在：如果累加的能量和大于设定的门限值，则判定主用户存在；如果小于设定的门限值，则判定主用户不存在。能量检测方法的流程如图 1-2 所示。

接收信号 → A/D → 模平方 → 累加求和 → 与判决门限比较 → 主用户是否存在

图 1-2 能量检测方法流程图

设 A/D 转换后的离散时间序列为 $x(n)$，$n=0, 1, 2, \cdots, N-1$，其中 N 为采样点数，则对其模平方求和后的判决统计量 E 为

$$E = \sum_{n=1}^{N-1} |x(n)|^2 \qquad (1\text{-}1)$$

E 服从卡方分布

$$E = \begin{cases} X_{2\mu}^2, & H_0 \\ X_{2\mu,(2\gamma)}^2, & H_1 \end{cases} \qquad (1\text{-}2)$$

式中 μ 为时域带宽积，与采样数 N 成正比；γ 为信噪比；X_{2n}^2 为自由度为 2μ 的中心卡方分布；为自由度为 2μ、参数为 2γ 的非中心卡方分布；H_0 表示主用户不存在；H_1 表示主用户存在。在加性高斯白噪声信道下，设 λ 为判决门限，则检测概率 P_d 和虚警概率 P_f 为

$$P_d = P_r\left(E > \lambda | H_1\right) = Q_u\left(\sqrt{2\gamma}, \sqrt{\lambda}\right) \qquad (1\text{-}3)$$

$$P_f = P_r\left(E > \lambda | H_0\right) = \frac{\Gamma\left(u, \dfrac{\lambda}{2}\right)}{\Gamma(u)} \qquad (1\text{-}4)$$

式中 Q_u 为广义 Marcum 函数，$\Gamma(u)$ 和 $\Gamma(u, \dfrac{\lambda}{2})$ 分别为完全与不完全的 Gamma 函数。

二、匹配滤波检测

匹配滤波检测是一种利用已知主用户的先验知识来使输出信噪比最大化的线性滤波器。其主要原理是：根据主用户的先验知识（如调制类型、调制参数、帧结构、冲击波形等），与检测信号进行同步（同步可以在时域上进行，也可以在频域上进行），对信号进行相干解调或导频检测。基于相干解调的匹配滤波检测不仅要求认知用户已知主用户的先验知识，而且需要严格的时间和载波同步，以达到最高的相关检测增益，因此实现较为复杂。对于基于导频检测的匹配滤波检测来说，由于大部分无线电系统中均有导频、时间同步信号等信息，因此基于导频检测的匹配滤波检测会在一定程度上降低实现的复杂度。匹配滤波检测方法的流程如图 1-3 所示。

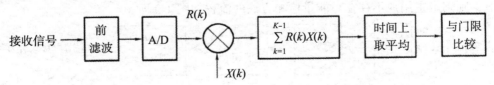

图 1-3　匹配滤波检测方法流程图

接收天线接收到信号后，首先经过前滤波处理，在经过 A/D 转换后变为离散序列 $R(K)$，然后将 $R(K)$ 与已知的先验信息 $X(K)$ 相乘并求和，在一定时间上取平均，得到匹配滤波检测的判决统计量 Y，则

$$Y = \begin{cases} \sum_{k=0}^{K} R(K)X(K) > \lambda, H_1 \\ \sum_{k=0}^{K} R(K)X(K) < \lambda, H_0 \end{cases} \quad （1\text{-}5）$$

匹配滤波检测的优点是检测效果比较好，能够获得较大的检测信噪比，且在同样的检测性能要求下，其所需要的采样点数最少。其缺点是采用相干解调需要主用户的先验知识，这在现实的频谱感知中往往很难实现，而且实现复杂，对同步的要求较高，一旦出现频偏，会产生信噪比强的问题，因此实用性不高。

三、循环平稳特征检测

在无线电网络中，主用户信号需要经过调制、编码等处理，为了便于接收方接收，主用户信号中往往包含载频、调频序列、循环前缀等冗余信息，从而使其统计特性呈现周期性变化，这种周期性被称为循环平稳特性。而当主用户信号不存在时，接收到的噪声属于广义平稳噪声，并不具有周期性，因此可以利用主用户信号的这种循环平稳特性进行主用户信号的检测。主用户信号相关统计特性的提取可以通过分析循环自相关函数和二维频谱相关函数得到。除了检测主用户存在与否外，循环平稳特征检测还能够根据不同调制方式特有的循环特性进行主用户信号调制类型的识别。循环平稳特征检测方法的流程如图 1-4 所示。

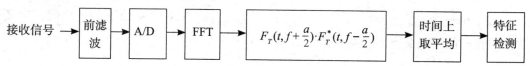

图 1-4 循环平稳特征检测方法流程图

接收天线接收到信号后，首先经过前滤波处理，之后经过 A/D 转换后变为离散序列，再经过 FFT 由时域转换到频域，然后复共轭相乘、时间上取平均来构建相关函数 $S_x^a(f)$，则

$$S_x^a(f) = \lim_{T \to \infty} \lim_{\Delta t \to \infty} \frac{1}{\Delta t} \int_{-\Delta t/2}^{\Delta t/2} \frac{1}{T} F_T\left(t, f + \frac{a}{2}\right) F_T^*\left(t, f - \frac{a}{2}\right) \mathrm{d}t \quad （1\text{-}6）$$

$$F_T(t, v) = \int_{t-\frac{T}{2}}^{t+\frac{T}{2}} X(u) e^{-2j\pi v\mu} \mathrm{d}u \quad （1\text{-}7）$$

循环平稳特征检测的优点是在低信噪比下能够获得较好的检测效果，相较于能量检测方法更适用于信噪比较低的场合。其缺点是需要主用户的先验知识，算法复杂度高，所需要的观测时间长。此外，其峰值判断缺乏量化，尤其是在低信噪比较低时，

主用户信号和噪声的峰值差异较为模糊，影响检测效果。

四、基于 Higuchi 分形维数的频谱感知

Higuchi 分形维数是一种低复杂度的计算分形维数的方法，由 Higuchi 于 1988 年提出，其定义如下所示。

对一段长度为 N 的离散时间序列 $y(n)$（$n=1，2，\cdots，N$）进行分析。首先，构造 k 个新序列，则

$$y_m^k=\left\{y(m),y(m+k),y(m+2k),\cdots,y\left(m+\left\lfloor\frac{N-m}{k}\right\rfloor k\right)\right\},m=1,2,\cdots,k \qquad（1\text{-}8）$$

式中 m 为初始值；k 为两点间的离散时间间隔，$k=1，2，\cdots，k_{\max}$；$\lfloor\cdot\rfloor$ 表示向下取整。
对于每一个构造出的序列 y_m^k，将其平均长度 $L_m(k)$ 定义为

$$L_m(k)=\frac{\left\{\sum_{i=1}^{\left\lfloor\frac{N-m}{k}\right\rfloor}\left|x(m+ik)-x\left[m+(i-1)k\right]\right|\right\}\frac{N-1}{\left\lfloor\frac{N-m}{k}\right\rfloor k}}{k} \qquad（1\text{-}9）$$

式中 $\dfrac{N-1}{\left\lfloor\dfrac{N-m}{k}\right\rfloor k}$ 为标准化因子。

对于每一个 k 值（$k=1，2，\cdots，k_{\max}$），计算 $L_m(k)$ 在不同 m 值下的平均值，定义为曲线在时间间隔 k 下的长度，记为 L（k），则

$$L(k)=\frac{\sum_{m=1}^{k}L_m(k)}{k} \qquad（1\text{-}10）$$

如果 $L(k)\propto k^{-D}$，则 D 为离散时间序列 $y(n)$ 的分形维数值。实际中，可用横坐标和纵坐标分别为 $\ln\dfrac{1}{k}$ 与 $\ln L(k)$ 的曲线的斜率作为分形维数的近似值，其斜率可由最小二乘法曲线拟合得到。

基于 Higuchi 分形维数的频谱感知方法由 Kordan 于 2011 年提出，计算方法如下：

（1）对认知用户接收到的信号 $y(t)$ 进行采样，截取长度为 N 的离散时间序列 $y(n)$（$n=1，2，\cdots，N$）进行分析；

（2）计算 $L(k)$；

（3）利用最小二乘法曲线拟合计算 Higuchi 维数 D_h；

（4）将 D_h 和设定的判决门限 λ 进行比较，得到频谱的占用情况，即

$$\begin{cases} D_H > \lambda, & \text{主用户不存在} \\ D_H \leqslant \lambda, & \text{主用户存在} \end{cases} \tag{1-11}$$

五、基于盒维数的频谱感知

盒维数也称计盒维数，是计算分形维数的一种常用方法。其定义如下：设 A 为 r^n 空间的任意非空有界子集，r 为 n 维盒子的边长，对于任意正数 r，用 $N_r(A)$ 表示能够覆盖 A 所需的 n 维盒子的最小数目，当 $r \to 0$ 时，若存在 D_B，使

$$N_r(A) \infty \frac{1}{\sigma^{D_B}} \tag{1-12}$$

则称 D_B 为 A 的盒维数。

盒维数可由下式得到

$$D_B = -\lim_{\to} \frac{\lg N_r(A)}{\lg r} \tag{1-13}$$

对于数字化离散空间信号点集的盒维数，存在一种简化算法。对于长度为 N 的离散时间序列 $y(n)$（$n=0$，1，2，$\cdots$，$N-1$），首先根据下式分别计算 $d(\Delta)$ 和 $d(2\Delta)$，即

$$d(\Delta) = \sum_{n=1}^{N-1} |y(n) - y(n\text{-}1)| \tag{1-14}$$

$$d(2\Delta) = \sum_{n=0}^{\frac{N-3}{2}} \left(\max\{y(2n), y(2n+1), y(2n+2)\} \right) - \min\{y(2n), y(2n+1), y(2n+2)\} \tag{1-15}$$

则盒维数 D_B 可由下式计算得出

$$D_B = 1 + \log_2 \frac{d(\Delta)}{d(2\Delta)} \tag{1-16}$$

基于盒维数的频谱感知方法由赵春晖于 2011 年提出，计算方法如下：

（1）对认知用户接收到的信号 $y(t)$ 进行采样，截取长度为 N 的离散时间序列 $y(n)$（$n=0$，1，2，$\cdots$，$N-1$）进行分析；

（2）根据式（1-14）和式（1-15）计算 $d(\Delta)$ 和 $d(2\Delta)$；

（3）根据式（1-16）计算盒维数 D_B；

（4）将 D_B 和设定的判决门限 λ 进行比较，得到频谱的占用情况，即

$$\begin{cases} D_B > \lambda, & \text{主用户不存在} \\ D_B \leqslant \lambda, & \text{主用户存在} \end{cases} \tag{1-17}$$

第三节　认知无线电频谱感知的应用

认知无线电技术在电视广播、蜂窝移动通信、物联网（智能电网、公共安全网和医疗体域网）、军事应用等方面有广阔的应用前景。

一、电视广播

认知无线电最初的应用热点是在电视空白频段（TV White Space，TVWS）。电视空白频段是指已分配但在当地没有被使用的信道。在模拟电视信号时代，为了避免干扰，不同信道间的保护带宽较宽，因此有些信道不能够被使用。但是到了数字电视时代，保护带宽变窄，以前那些不能使用的信道因此被释放出来用于通信。为了利用 TVWS 频段进行通信，FCC 于 2008 年 11 月决定，非授权设备可以使用 TVWS 中的空闲频谱，前提条件是该设备的使用不能干扰授权用户。这就要求非授权设备对频谱具有认知功能，因此 TVWS 的使用必须与认知无线电技术相结合。从 2009 年 3 月 19 日起，FCC 允许非授权设备使用 TVWS 进行宽带数据通信。利用该频段的典型认知无线电系统是 IEEE802.22WRAN 系统。

二、蜂窝移动通信

随着智能手机的应用和社区网、视频网等业务的兴起，蜂窝通信业务不再是单纯的语音业务和传统的 E-mail 及网页浏览等数据业务，人们希望能随时随地上网并享受大带宽的数据业务服务，这给运营商带来机遇的同时也带来了挑战。为了满足用户的业务需求，3GPPLTE、IEEE802.16mWiMAX 及 4GLTE-Advanced 都在部署异构网，在宏蜂窝网络下还部署了自组网形式的热点覆盖区域和实现家庭覆盖的微微蜂窝网，从而为用户提供高速、可靠的数据业务服务。然而最新报告显示，截至 2014 年，宽带蜂窝网频谱资源赤字已达 300 MHz。利用认知无线电技术，伺机利用 TVWS 频段，不仅可以为蜂窝网带来新的可利用的频谱资源，还能解决异构网层间和层内的干扰问题。

随着通信业务的多样化和移动用户的快速增长，蜂窝移动通信仍然面临频谱资源的使用问题。虽然划分了固定频段，但频谱资源的利用却不合理，存在空闲时段频谱大量浪费而拥堵时段频带异常拥挤的现象。因此，频谱利用问题也可以考虑通过认知无线电对频率的灵活使用而得到解决。利用该原理的认知无线电相关项目是泛在移动网络动态智能频谱管理。该项目的研究集中在两个方面：一是基于大量测量 CDMA 和 GSM 网络的频谱利用率，研究通过动态频谱接入来提高频谱利用效率；二是在宏蜂窝网络场景下，研究频谱定价和分配算法。

三、物联网

（一）智能电网

智能电网的概念由奥巴马政府的能源班子最先提出，后在世界各国得到响应。智能电网是建立在集成的、高速双向通信网络的基础上，实现"电力流、信息流、业务流"高度一体化融合的现代电网。智能电网主要由 3 个部分组成，即 HANs、FANs 和 WANs。其中，HANs 可以是 Wi-Fi、ZigBee 或电力猫，WANs 可以是基于 IP 的骨干网或宽带蜂窝网，而 FANs 采用何种接入技术还在研究之中。

采用认知无线电技术可以有效解决 FANs 面临的困难。在基于 CR 的广域 FANs 中，智能电表和网关通过安装 CR 设备可以动态利用 TVWS 频段，并采用 mesh 组网方式进行数据传输。由于 TV 频段具有良好的传播特性，覆盖半径可以达到 33~100 km，因此基于认知无线电的 FANs 具有覆盖范围大、免受拥塞及干扰、建网成本低等优点，可以满足智能电网的性能要求，能有效解决频谱资源紧缺的问题。

在智能电网中，要求 FANs 的覆盖范围在几百米至几千米，速率为 10~100 KB/s。目前智能电网可使用 900 MHz 的非授权频段，然而随着智能电表数的增加，该频段变得越来越拥挤。IEEE802.15.4G 工作组建议 FANs 使用 700 MHz~1 GHz 和 2.4 GHz 频段，但是这个频段目前也是多种业务并存，如何对抗多个系统间的干扰是其面临的难题。如果采用蜂窝网，则建设成本大，且蜂窝网本身也有频谱资源紧缺的问题。

（二）公共安全网

无线通信技术已被广泛应用于公共安全网，并被用来处理紧急事务，如报警、火警和医疗急救等。为了尽快处理事故，使市民得到快捷的应急服务，公共安全工作者需要随身携带无线上网、视频等设备，以随时随地接收语音信息、收发邮件、浏览网页、访问数据库、传输图片和收看视频等，从而提高工作效率。然而，用于公共安全网的频段非常拥挤（特别是在城市），而且不同应急部门的设备不兼容，缺乏统一标准，无法互联互通，导致公共安全工作效率低下。

（三）医疗体域网

无线通信在医疗设备中有很广泛的应用，如无线看护和检查器械等。这些无线通信设备由于电磁干扰（EMI）和电磁兼容性（EMC）的限制而效率低下，因为很多医疗设备和生物信号传感器都易受 EM1 影响，传输功率必须控制好。此外，不同的生物医疗设备会同时使用无线频谱，这些设备必须小心选择工作频率以避免干扰。认知无线电完全可以用于这种场合，通过频谱感知和判决，这些无线设备可以选择合适的频谱从而避免相互干扰。

近年来，无线通信技术开始被应用于医疗卫生领域。医疗体域网（MBANs）是指在人体安装传感器，用来监测病人的血压、血氧、心电图等重要信息，然后再通过无线通信网传送到医生办公室。MBANs 的应用降低了病人受感染的风险，使病人可随意移动，从而提高其舒适感以及护士的工作效率。由于医疗 QoS 对病人安危有重要影响，对 MBANs 网有严格的服务质量要求，信息传输必须及时、准确，因此 MBANs 需要工作在相对干净和富裕的频段。虽然 2.4 GHz 频段被划分给医疗业务使用，但该频段业务繁多，相互间干扰大，无法满足 MBANs 的 QoS 要求。2009 年，FCC 提出在 MBANs 中运用认知无线电技术机会利用 2360~2400 MHzTVWS 频段，从而保证 MBANs 的 QoS 要求。

（四）军事通信应用

认知无线电技术目前已经在军事领域得到了大范围应用，其具有自我感知和自我调整等特点，能够较好地适应战场复杂多变的电磁环境并实现通信数据的安全传输。

在军事通信领域，认知无线电可能的应用场景包括以下三个方面。

（1）认知抗干扰通信认知无线电赋予电台对周围环境的感知能力，因此能够提取出干扰信号的特征，进而可以根据电磁环境感知信息、干扰信号特征和通信业务的需求选取合适的抗干扰通信策略，大大提升电台的抗干扰水平。

（2）战场电磁环境感知认知无线电的特点之一就是将电感环境感知与通信整合为一体。由于每一部电台既是通信电台，也是电磁环境感知电台，因此可以利用电台组成电磁环境感知网络，有效地满足电磁环境感知的全时段、全频段和全地域的要求。

（3）战场电磁频谱管理现代战场的电磁频谱已经不再是传统的无线电通信频谱，静态的频谱管理策略已经不能满足灵活多变的现代战争的要求。基于认知无线电技术的战场电磁频谱管理能够为多种作战要素赋予频谱感知能力，使频谱监测与频谱管理同时进行，可以大大提高频谱监测网络的覆盖范围，拓宽频谱管理的涵盖频段。

第二章 认知无线电频谱感知技术在TD-LTE异构网中的应用概述

近年来，随着通信业务的不断扩展和人们通信需求的不断增加，第四代移动通信技术（4G）迅猛发展。LTE-Advanced（LTE-A）作为准4G技术LTE的演进，被公认为是未来的4G技术。其中，由中国自主研发的新一代移动通信技术TD-LTE-A（LTE-A的TDD制式）被认为是未来国际尤其是我国4G的主流技术，体现了我国通信产业界在宽带无线移动通信领域的领先水平和最新自主创新成果。然而，未来的移动通信系统是一个频谱资源受限的网络，随着移动数据业务需求的"爆炸式"增长和用户越来越高的服务质量需求，有限的频谱资源成为制约TD-LTE-A发展的重要因素。

此外，为了获得尽可能大的网络覆盖范围以及网络容量，TD-LTE-A在传统蜂窝网中引入了多种不同类型的低功率基站，形成了由宏基站、微基站和家庭基站等多种基站组成的异构网络环境。这种异构网络环境增加了对室内区域和多用户热点地区的覆盖，从而提高了整个蜂窝网络的吞吐量，极大地满足了用户的数据需求。但异构网的引入也使TD-LTE-A面临很多新的问题和挑战。由于宏基站和低功率基站的覆盖范围相互重叠，不同低功率基站的覆盖范围也可能相互重叠，因此为避免同层小区和跨层小区间的相互干扰，会导致各基站覆盖范围重叠以及相近区域不能使用相同的频谱资源。这对原本就非常紧张的频谱资源提出了新的挑战，使TD-LTE-A异构网中可用的频谱资源更加紧缺。如何扩展可用频谱并提高有限频谱的频谱利用率成为TD-LTE-A异构网乃至整个无线通信领域发展面临的重要问题。

认知无线电的出现为解决上述问题提供了新的思路。认知无线电是一种智能的无线通信技术，具有认知能力，能够不断感知周围环境，通过学习等环节对周围环境进行分析和判断，并自适应地调整无线电特征参数，以适应环境的变化，有效利用空闲频谱资源。认知无线电摒弃以往固定的频谱分配策略，使用动态的频谱分配策略，通过频谱感知技术实时感知频谱的占用情况，找出在空域、时域和频域中授权用户没有使用的频率资源（频谱空洞），供非授权用户动态使用，从根本上解决了频谱分配制度不合理所导致的频谱资源紧缺问题，为无线异构网的多网络、多用户、多信道和大带宽的需求提供了有力保障。认知异构网已成为未来无线电通信网络发展的必然趋势。基于认知的TD-LTE-A异构网通过认知无线电技术改变传统的固定频率分配及管理方式，使 TD-LTE-A 能够与现有授权用户（主用户）动态地共享频谱资源，极大地扩展了 TD-LTE-A 的可用频谱，为进一步拓展无线通信业务以及满足用户高速数据需求提供了保障。

在基于认知的 TD-LTE-A 异构网中，各小区覆盖范围相互重叠、主用户随时出现导致的可用频谱资源受限，以及同时支持 1.4 MHz、3 MHz、5 MHz、10 MHz、15 MHz 和 20 MHz 六种可变的信道带宽等问题，都对传统的频谱感知和分配方法提出了新的挑战。为了充分地发现可用的频谱资源，基于认知的 TD-LTE-A 异构网必须能够在较短时间内准确地同时感知多个具有不同带宽、不同占用概率和不同稳定度的异构信道。另外，基于认知的 TD-LTE-A 异构网的频谱分配问题也受到多重因素（如待分配频谱资源相互重叠、各小区覆盖范围相互重叠等）限制。此外，由于使用授权用户的空闲频谱，可用频谱资源会根据授权用户的活动情况随时间发生变化，因此基于认知的 TD-LTE-A 异构网需要在这种复杂情况下，根据各小区的分布情况和可用频谱情况，对多个相互重叠的异构信道进行合理频谱分配，以满足用户需求，并避免同层小区和跨层小区间的相互干扰。综上所述，如何快速有效地同时感知多个异构信道，充分发现空闲频谱，并合理分配有限的频谱资源，以满足用户需求，避免同层小区和跨层小区间的相互干扰，是基于认知的 TD-LTE-A 异构网中亟待解决的问题。

为解决 TD-LTE-A 异构网频谱紧缺的问题，相关学者研究基于认知的 TD-LTE-A 异构网中频谱感知和分配方法，通过采取有效的频谱感知方法使 TD-LTE-A 异构网能够及时发现授权用户的空闲频谱，并通过频谱分配算法合理分配有限的频谱资源，以满足用户需求，避免同层小区和跨层小区间的相互干扰。这对频谱的高效利用、通信业务的扩展、服务质量的提升以及推动我国自有知识产权 4G 通信技术的发展都具有重大意义。

第一节　认知 LTE 异构网络概述

近年来，随着通信业务的不断扩展和人们通信需求的不断增加，智能移动终端设备的爆发式增长和移动互联网、物联网及移动云计算等网络的蓬勃发展给传统的蜂窝网络带来了前所未有的冲击。为满足高速增长的无线通信需求，网络运营商可以通过两种方式提高网络容量：一是购买更多频段资源以拓宽网络带宽；二是提高现有频段资源的使用效率。然而，频段资源具有稀缺性和不可再生性，购入新的频段资源成本过于高昂，且频谱资源都由无线电管理部门统一分配和管控，往往不能随意购买，此外，能够高效适合通信的频段也较为有限，因此提高现有频段资源的使用效率成为提高网络容量的最重要手段。提高频段使用效率的其中一种手段就是认知无线电技术。它通过频谱感知功能，随时感知授权用户不使用的空闲频谱，在空闲频谱上进行传输，以不影响授权用户的通信为前提，当授权用户存在时，及时感知授权用户的存在，并让出使用的频谱，同时快速地寻找下一个空闲频谱进行通信。提高频段使用效率的另一种有效手段是建设更多的蜂窝通信基站，但受限于蜂窝通信基站的建设站点选择困难、维护成本高昂等因素，此种手段很难实现。另外，有关统计显示，未来80%~90%的通信业务将发生于室内环境。而传统蜂窝网络具有"重室外覆盖、轻室内服务，重蜂窝组网、轻孤立热点，重移动切换、轻固定游牧"的特点，在未来的通信环境中很难为用户提供完美的通信服务。在此环境下，一种区别于传统蜂窝基站的低功率基站的出现很好地弥补了传统蜂窝网络基站的不足。低功率基站包括家庭基站、微微基站、中继节点和远端接入点等。基于此，一种新型的网络结构——异构网络的概念被提了出来。

广义的异构网络并不局限于LTE网络，而是指当前多种接入技术、多种无线网络系统并存的网络结构，如目前基于TDMA的2G、基于CDMA的3G和基于OFDMA的4G共存的异构网络场景。在异构网络中，不同类型的无线接入网络覆盖范围不同，技术参数也不同，并可能属于不同的所有者（如不同的运营商）。异构网络必将是未来一种长期存在的网络。

狭义的异构网络概念早在GSM网络模型中就已经被提出。它最早通过使用不同的通信频段资源来区分蜂窝基站与微基站。后来在LTE网络中，LTE异构网被作为一种重要的网络形式进行研究。且随着微异构网络基站的广泛部署，低功率基站将承载越来越多的网络通信业务，逐渐形成了传统蜂窝宏基站为主、新型异构网络低功率基站为辅的复杂异构网络体系。随着微基站的大量部署，通信网络干扰环境愈加复杂化。为了解决这个问题，近年来研究学者提出了许多频谱复用方案以满足不同的通信需求。在基于LTE的异构网络形式下，目前主要采用同频部署方式（宏基站与微基站复用相同频段资源方式）进行网络频段资源管理。

LTE-A技术出现后，由于人们对更大系统带宽、更高峰值速率、更大系统容量、更小用户面和控制面时延需求的提出，更多各种形式的微蜂窝基站将被配置到传统的异构网络中，一种全新的异构网络形式超密集异构网络（Ultra-dence Heterogeneous Network，UDHN）随之产生。UDHN是一种利用宏基站与多种低功率小型化基站（Micro-BS，Pico-BS，Femto-BS）进行覆盖的融合5G、Wi-Fi、4G、LTE、UMTS等多种无线接入技术的异构网络形式。在UDHN中，由于多种无线接入技术的共存，不同类型的宏基站或微基站进行层叠覆盖。此外，由于未来无线通信业务的巨大新增需求（如虚拟现实、智能交通、智慧城市等业务的需求），以及未来物联网、M2M、

D2D 等技术的发展，未来 UDHN 中的实际网络设备布设规模和密度将远远超过现有通信网络。但是随着认知网络数量和密度的提高，一些新的问题也应运而生，如频谱资源紧缺、网络动态频谱管理、干扰增加、网络安全等。

近年来，认知无线电技术受到了大量的关注和研究，随着认知无线电技术的不断发展，将认知无线电技术引入网络的认知网络（Cognitive Networks，CN）的概念也应运而生。认知技术对无线环境、网络环境和用户需求等多方面进行感知，根据认知信息选择最优的行动决策，并通过重配置调整相应参数。在决策阶段，CN 需要考虑通信网络各层的相关性，以满足用户需求的业务质量为目标对无线电技术进行整体设计。将认知无线电技术应用于 TD-LTE-A 异构网络（认知 TD-LTE-A 异构网）是解决 TD-LTE-A 异构网络中资源分配和共享问题的一种有效途径。

第二节 国内外研究现状

一、异构多信道频谱感知的国内外研究现状

对于认知异构网中异构多信道的频谱感知问题，邝祝芳等人于 2011 年利用遗传算法解决单个节点如何感知多个异构信道的问题，通过选择性地感知一部分信道，使系统能获得的有效带宽最大。2013 年，ZhaoY. 等人讨论了一个感知节点有多个天线的情况，通过合理选择每个子信道感知的天线数，使系统的吞吐量最大。但邝祝芳和 ZhaoY. 等人讨论的都是单节点的感知问题，对多个节点如何共同协作感知多个异构信道的情况并没有考虑。

由于信道衰落和阴影效应等的影响，单个节点的频谱感知结果往往并不准确。将多个节点的检测结果进行融合的合作频谱感知是目前广泛采用的频谱感知方法。它将多个处于不同位置的单节点的检测结果进行收集和处理，得到频谱的占用情况，从而能够有效地解决由于信道衰落和阴影效应导致的单节点感知结果不准确的问题。大多数合作频谱感知的研究集中在一个感知时隙内多个认知节点如何感知一个信道的问题上，而对于多信道的频谱感知需要各节点依次对所有信道进行检测，这样会产生很大的感知时长和同步开销。为了解决这个问题，QuanZ. 等人于 2009 年提出了一种并行合作频谱感知技术以减少感知时长，在每个感知时隙内，每个感知节点感知不同的信道，融合中心通过收集多个节点的感知结果来获得多个信道的占用情况。为了获得更高的检测

准确度，一个重要的设计问题就是哪些感知节点在何时感知哪些信道，以达到最大的系统效益，即感知任务分配问题。针对这个问题，HangS.等人于2008年提出了两种合作频谱感知策略，分别是随机感知策略和基于协商的感知策略，但两个策略均没有考虑感知开销的问题。2010年，XieS.等人提出了一种新的并行频谱感知方法，通过选择最优的参加感知的节点数以及最优的截止门限来获得最大的网络吞吐量，但是此方法没有考虑不同感知节点对不同异构信道感知性能的差异，由于各节点自身感知能力以及所处位置的不同，各节点对不同信道的感知性能也是不同的。2011年，ShahrasbiB.等人将并行频谱感知问题等效成一个二分图求最优匹配的问题，通过匈牙利算法得到感知节点和感知信道间的最优匹配，但是该方法仅考虑一个信道由一个节点感知的情况，而受阴影效应、信道衰落及其他因素的影响，单节点的检测结果往往并不可靠。2011年，WangZ.等人提出了利用迭代匈牙利算法和迭代KM算法进行并行频谱感知的方法，但是这两种方法只考虑检测的准确性，而没有考虑感知开销和系统效益的问题，而且该方法没有完善的终止条件，导致需要较多的认知用户来进行频谱感知，这将会增加认知用户的能量消耗，以及增大系统的虚警概率。此外，以上研究均没有考虑感知时间设定的问题。

感知时间的设定是频谱感知的重要问题，感知时间的长短直接决定着感知的准确性和系统的吞吐量。针对这个问题，LiangY.C.于2008年详细分析了感知时长和吞吐量之间的权衡问题，推导了感知时长和吞吐量的数学表达式，但其研究只针对单信道进行讨论，对于多个异构信道的情况并不适用。2010年，BeibeiW.利用博弈论对各节点的感知时间和参与感知的概率进行优化，但该方法的感知对象是一个宽带中的若干个子频带，其中各子带的占用情况、带宽和稳定度均相同，属于同构信道，对异构信道的感知并不适用。另外，该方法假设各节点对各信道感知的信噪比均相同，由于各节点位置和自身特性不同，因此该假设并不符合现实场景。

此外，以上研究对通信稳定性方面的考虑较少，而保证通信的稳定性是认知用户正常通信的前提。2013年，刘允等人提出了一种基于授权信道特性的频谱感知方法，在保证通信稳定性的前提下，同时考虑干扰冲突和空闲冲突的约束，通过调整传输时长的长短，使系统容量最大化。但该方法考虑的仍是单节点感知单信道的问题，对多节点协作感知异构多信道的稳定性问题并没有进行考虑。

作为无线通信的基础资源，频谱资源的动态分配也是目前无线通信研究的一个热点，从最初的主用户的空闲频段可以被次级用户感知并动态分配给次级用户共享，发展到现在的可以在认知异构网络之间动态地进行频谱分配。在最初的认知无线电场景中，LiliC.等人于2010年采用频谱拍卖的方式将主用户的空闲频段分配给次级用户，有效地解决了拍卖过程中网络效益降低的问题。2010年，柴争义等人将基于信干噪比的物理干扰模型作为次级用户之间频谱分配的约束条件，提出近似分配算法。2009 年，Toka 等人采用免疫克隆选择优化次级用户之间频谱分配问题。这些研究考虑的都是相同频宽且不重叠的同构信道频谱资源在同类次级用户之间的分配问题。而随着认知技术在异构网络中的应用，由于认知异构无线网络中的接入网类型不同，其需求的异构信道频谱资源也存在差异。2008 年，SubramanianA.P. 等人考虑了异构网之间的频谱分配问题，但未考虑对应不同接入技术的信道粒度的差异。2012 年，石华等人分别用冲突图和物理干扰模型来表示异构网之间的干扰，同时考虑了不同粒度的信道，用贪婪算法解决了频谱动态分配问题，然而贪婪算法每步做出的是在当前看来最好的选择，容易求得局部最优解，不能有效解决频谱资源的分配问题。2013 年，SangtarashS. 等人提出了认知异构网中基于克隆选择算法的动态频谱分配方法，相较于贪婪算法能得到较优解。但以上研究在对认知异构网中异构信道进行频谱分配时没有考虑到用户公平性、时延需求等因素，且没有结合频谱感知的具体信息。

综上所述，目前认知异构网中频谱感知和分配技术的研究主要存在如下问题：传统的频谱感知和分配技术不适用于认知异构网中多个具有不同带宽、不同信道特性并相互交叉重叠的异构信道情况；对多节点如何对多个异构信道进行合作频谱感知的研究不足；对多个异构信道合作频谱感知中感知任务分配和感知时长的联合优化研究不足；对多个异构信道频谱感知没有充分考虑感知开销、系统效益、通信稳定性等因素；对多异构信道频谱分配的研究没有考虑用户满足率、公平性、时延需求等因素；对多异构信道频谱分配的研究没有结合频谱感知的具体信息，缺乏频谱感知和分配的联合调度。因此，对认知异构网中频谱感知和分配技术的研究有待进一步深入。

二、认知 TD-LTE-A 异构网频谱感知及分配

目前，国内外对认知 LTE 的研究大多是基于认知的理念对频谱进行灵活分配的研究，而将认知无线电中的频谱感知用于 LTE 系统的研究较少。Sangtarash 提出了 LTE 系统使用认知无线电中的频谱感知技术与欧洲地面数字电视广播系统（DVB-T）共享频谱资源的方法，有效地降低了两系统共存的干扰。但该方法中频谱感知的实施独立于 LTE 系统之外，如何在不改变现有 LTE 构架的基础上将频谱感知无缝融入现有的 LTE 系统有待进一步研究。同年，Zhou 提出了 LTE 系统使用认知无线电中的频谱感知和分配技术在 ISM 频段进行 D2D 通信，将其作为正常 LTED2D 通信的补充，与 WLAN 共享频谱。但该研究仅考虑 LTE 系统与 WLAN 共享频谱资源，将 LTED2D 节点看作 WLAN 的一部分，使用与 WLAN 相同的物理层协议和频谱感知方法，因此，此方法不仅不适用于被认知无线电技术广泛使用的频谱特性优良的电视广播频段（白

色频谱），也无法与其他通信系统共享频谱资源。2013年，Xiao提出了使用认知无线电频谱感知技术在白色频谱上扩展LTE网络以增加可用频谱的方法，即认知LTE（LTE-CR），并详细描述了认知LTE的概念、方法及硬件实现的全过程。其中，文章针对TDD-LTE系统提出了在保护间隔（GP）内实施频谱感知的方法。它在不改变现有LTE系统框架的基础上，将频谱感知无缝融入现有的LTE系统，为频谱感知在认知LTE系统的应用提供了切实可行的实施方案，并在实际实验中取得了较好的效果。但该实验仅对单个信道的频谱感知和干扰进行了测试，没有考虑多信道频谱感知的情况。本章研究的基于认知的TD-LTE-A异构网需要在较短的保护间隔内同时完成对多个异构信道的感知，这对现有的频谱感知技术提出了新的挑战。

综上所述，现有的认知无线电频谱感知和分配方法无法直接应用于基于认知的TD-LTE-A异构网。

目前，基于认知的TD-LTE-A异构网频谱感知和分配方法的研究主要存在以下问题。

（1）基于认知的TD-LTE-A异构网的频谱感知在保护间隔内进行，感知时间非常短，且需要同时感知多个信道，而现有频谱感知技术对在短时间内同时感知多个信道研究不足。

（2）TD-LTE-A支持多种不同带宽的信道，目前大多数频谱感知的研究均针对同构信道，而对具有不同带宽、不同占用概率的多个异构信道的频谱感知研究不足。

（3）对多个异构信道的频谱感知没有充分考虑感知开销和系统效益等因素，且缺乏对TD-LTE-A异构网进行有针对性的频谱感知方法研究。

（4）目前，大多数频谱分配方法考虑的均是互不重叠的信道在同一网络内部的分配问题，而对基于认知的TD-LTE-A异构网中相互重叠的信道在不同异构网络之间的分配问题研究较少。

（5）现有对异构网中频谱分配的研究中没有结合TD-LTE-A异构网特有的频带特性、多层小区分布情况以及频谱感知得到的可用频谱信息，同时未考虑用户满足率和公平性等因素进行有针对性的频谱分配方法研究。

因此，对基于认知的TD-LTE-A异构网频谱感知和分配方法有待进一步研究。

第三节　感知时长固定的认知TD-LTE-A异构网频谱感知方法

随着移动通信业务和宽带业务的迅速发展，人们对服务质量和数据传输速率要求越来越高，LTE 技术应运而生。中国政府向 ITU 提交的 TD-LTE-A 是中国继 TD-SCDMA 之后提出的具有自主知识产权的新一代移动通信技术。为了能够获得更大的网络覆盖区域以及网络容量，TD-LTE-A 采用了多种不同类型基站组成的异构网络结构，形成了由宏基站、微基站和家庭基站等多种基站组成的异构网络环境。在 TD-LTE-A 异构网中，需要避免同层和跨层间的干扰，使各小区的覆盖范围重叠或者相近区域不会使用相同的频谱资源，这对原本就十分紧缺的频谱资源提出了更大的挑战。认知无线电的出现为解决上述问题提供了新的思路。认知 TD-LTE-A 异构网通过认知无线电技术使 TD-LTE-A 能够与现有授权用户动态地共享频谱资源，极大地扩展了 TD-LTE-A 的可用频谱范围。

有效的频谱感知技术是认知 TD-LTE-A 能够有效使用授权频谱的基础。认知 TD-LTE-A 网的频谱感知需要在不足 1 ms 的保护间隔内进行，且 TD-LTE-A 支持六种不同带宽的信道，如何在极短的保护间隔内同时感知多个不同带宽的异构信道对目前的频谱感知技术提出了严峻的挑战。2011 年，Xie 提出了一种并行合作频谱感知方法，为认知 TD-LTE-A 异构网的频谱感知提供了一种新的思路。在并行合作频谱感知方法中，多个认知用户在一个感知时隙内通过合作来同时感知多个信道。为了提高检测概率，在一个感知时隙内，每个认知用户只感知一个信道。但该方法假设所有认知用户感知不同信道时的感知能力是相同的。然而实际中，由于不同认知用户所处的位置以及各信道的带宽均不相同，不同认知用户对不同信道的感知性能也不同。2011 年，Behzad 等人提出一种基于匈牙利算法的并行合作频谱感知方法，此方法中，每个信道仅由一个认知用户进行感知。但在认知 TD-LTE-A 异构网中，由于感知时长非常短，所以只是单个用户进行感知并不能达到理想的检测概率。为了解决多个认知用户如何合作地感知多个信道的问题，WangZaili 于 2011 年采用了迭代匈牙利算法，使每个信道可以由多个认知用户共同感知，以此来确定信道状态。但该方法仅考虑信道的检测概率，并没有考虑系统的吞吐量。此外，该方法缺乏有效的终止条件，导致需要参加合作感知的认知用户数较多，会增加感知开销及能耗。因此，上述的频谱感知方法无法用于认知 TD-LTE-A 异构网。2015 年，富爽提出一种基于遗传算法的并行合作频谱感知方法，但该方法不适用于认知 TD-LTE-A 网络固定感知时长的系统模型，此外，该方法仅考虑系统有效吞吐量，没有分析参与合作感知的认知用户数以及总系统效用。

针对以上问题，首先，相关研究提出认知 TD-LTE-A 异构网中有效吞吐量最大化的基于逐级满足的频谱感知方法，定义了有效吞吐量，利用逐级满足解决多个认知用户如何在较短的固定感知时长内共同感知多个异构信道同时使有效吞吐量最大化的问题。其次，相关研究又提出了系统效益最大化的基于贪婪算法和遗传算法的多信道频谱感知方法，定义了系统效用的概念，充分考虑了系统效用、感知收益以及感知错误引起的系统开销，分别利用贪婪算法和遗传算法解决多个认知用户如何在较短的感知时隙内共同感知多个信道的问题。

一、TD-LTE-A 异构网的帧结构

TD-LTE-A 网络中的无线帧结构如图 2-1 所示。一个无线帧长 10 ms，每个无线帧由两个半帧构成，每个半帧长度为 5 ms；每个半帧由 8 个常规时隙以及 DwPTS、GP 和 UpPTS 三个特殊时隙构成；DwPTS 和 UpPTS 的长度可配置，DwPTS、GP 和 UpPTS 的总长度为 1 ms；GP 越大则小区覆盖半径越大。

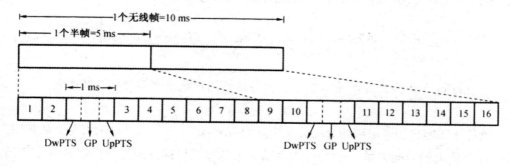

图 2-1　无线帧结构

二、有效吞吐量最大化的基于逐级满足的异构信道频谱感知方法

（一）系统模型

由 1 个融合中心和 N 个认知用户构成的集中式认知 TD-LTE-A 异构网，由基站和 N 个 LTE 用户设备组成。LTE 用户设备具备频谱感知能力，称为认知用户。感知对象包括 M 个异构信道，每个子信道具有不同的带宽、传输速率和占用概率。首先，在保护间隔内，认知用户对 M 个异构信道采用能量检测的方法进行频谱感知，然后将感知的结果上传给基站，最后基站根据各认知用户上传的感知结果确定各信道是否被占用。其中，参与感知的目标信道为 6 种不同带宽（1.4 MHz、3 MHz、5 MHz、10 MHz、15 MHz 和 20 MHz）的信道，设 6 种带宽在 M 个信道中随机出现。此外，每个信道都具有 ON 和 OFF 两种状态。ON 状态表示信道空闲，此时允许认知 TD-LTE-A 系统使用；OFF 状态表示该信道已被主用户占用，认知 TD-LTE-A 系统不能使用。设第 M 个信道处于 ON 状态的概率为 P_{on}^m，则其处于 OFF 状态的概率为 $1-P_{on}^m$，在每个无线帧内，认知用户在两个半帧中的 2 个 GP（感知时隙）内进行频谱感知（设感知时隙总时长为 T_s），在其他 16 个常规时隙内传输信息（设传输总时长为 T_r）。由于感知时隙很短，

因此在一个感知时隙内，每个认知用户只能感知一个信道，而每个信道可由多个认知用户合作感知以提高准确性，所以本节通过 OR 准则进行多个认知用户合作感知，以确定各信道的状态。认知用户的每一个时隙（T）分为感知时隙和传输时隙两部分，即 $T=T_s+T_r$。

在现实环境中，由于每个用户所处的位置和无线环境不同，不同认知用户处于不同信道的信噪比也不同。设 y_{mn} 为第几个认知用户处于第 m 个信道时的信噪比，为了使检测概率能够独立地表示检测性能，设各认知用户的虚警概率将保持一致，均为 P_f，设目标频段的主用户信号为复相移键控信号，无线环境中的噪声为循环对称复高斯噪声，则第 n 个认知用户检测第 m 个信道的检测概率为

$$P_d^{mn} = \frac{1}{2}\text{erfc}\left\{\frac{1}{\sqrt{2(2y_{mn}+1)}}\left[\sqrt{2}\text{erf}^{-1}(1-2P_f)-\sqrt{T_s f_s}\, y_{mn}\right]\right\} \qquad (2\text{-}1)$$

式中 erfc(·) 为互补误差函数，f_s 为各认知用户频谱感知时的采样速率。

设各认知用户和各信道的分配关系矩阵为 $X=\left[x^{mn}\right]_{M\times N}$，$x^{mn}$ 表示第几个认知用户和第 m 个信道的分配关系，$x^{mn}=1$ 表示第 n 个认知用户被分配进行感知第 m 个信道；$x^{mn}=0$ 表示第 n 个认知用户没有被分配感知第 m 个信道。

对各认知用户的感知结果采用 OR 准则的融合方法，则第 m 个信道的检测概率和虚警概率分别可由下式得出

$$P_d^m(X) = 1-\prod_{x^{mn}=1}(1-P_d^{mn}) \qquad (2\text{-}2)$$

$$P_f^m(X) = 1-\prod_{x^{mn}=1}(1-P_f) \qquad (2\text{-}3)$$

为了确保达到一定的频谱利用率，需要使各信道的虚警概率不要过大，即各信道所允许感知的合作感知认知用户数不能过多。根据 OR 准则，设各信道允许的最大虚警概率为 $\overline{P}_F$，则各信道允许感知的最大认知用户数为

$$N_{co\text{-}max} = \left\lfloor \log_{(1-pf)}(1-\overline{P}_F)\right\rfloor \qquad (2\text{-}4)$$

式中 $\lfloor \bullet \rfloor$ 表示向下取整。

设 C_{H0}^m 和 C_{H1}^m 分别为信道 m 在信道空闲与被授权用户占用时所能达到的信道速率，则当授权用户不存在且认知用户能够正常感知到空闲的频谱（没有发生虚警）时，该信道能够达到的平均吞吐量为

$$R_{H0}^m(X) = \frac{T-T_s}{T}\left[1-p_f^m(X)\right]C_{H0}^m \qquad (2\text{-}5)$$

当授权用户存在且认知用户没有感知到授权用户的存在（发生漏检）时，信道能够达到的平均吞吐量为

$$R_{H1}^m(X) = \frac{T-T_s}{T}\left[1-p_d^m(X)\right]C_{H1}^m \tag{2-6}$$

设信道 m 空闲的 P_{H0}^m 概率为，则该信道所能达到的总吞吐量为

$$R^m(X) = P_{H0}^m R_{H0}^m(X) + (1-P_{H0}^m)\,R_{H1}^m(X) \tag{2-7}$$

为了达到保护授权用户正常通信的目的，$P_d^m(X)$ 往往比较接近于 1；而为了获得更多的频谱利用机会，$P_f^m(X)$ 一般比较接近于 0。当授权用户存在时，由于受到授权用户的干扰，漏检时所能达到的吞吐量一般都比较低，远小于授权用户不存在时的吞吐量，即应有 $R_{H1}^m(X) \ll R_{H0}^m(X)$。因此可将式（2-7）中后一项忽略，得到平均吞吐量的近似值为

$$\tilde{R}^m(X) \approx P_{H0}^m R_{H0}^m(X) = P_{H0}^m \frac{T-T_s}{T}\left[1-P_f^m(X)\right]C_{H0}^m \tag{2-8}$$

为了有效地保护授权用户的正常通信不被干扰，只有检测概率大于检测概率要求（$P\pm 3$）的信道才能供认知网络传输使用。定义系统有效吞吐量 $R_{sum}(X)$ 为在 1 bit·s/Hz 的频带利用率时能够满足检测概率要求的信道所能达到的吞吐量的总和，此时 $C_{H0}^m = B_{ch}^m$，则 $R_{sum}(X)$ 可表示为

$$R_{sum}(X) = \sum_{\substack{m=1\\P_d^m(X)\geqslant P_{D-req}}}^{M} \tilde{R}^m(X) = \sum_{\substack{m=1\\P_d^m(X)\geqslant P_{D-req}}}^{M} P_{H0}^m \frac{T-T_s}{T}\left[1-P_f^m(X)\right]B_{ch}^m \tag{2-9}$$

由式（2-9）可见，系统有效吞吐量主要取决于感知任务分配矩阵 X。如何合理地选择任务分配矩阵 X 使系统的有效吞吐量最大，是本节要解决的主要问题。

（二）方法描述

采用逐级满足的方法进行频谱感知任务分配的主要思想：先分配一个认知用户感知一个信道就可以满足检测概率要求的指派，然后分配一个信道由两个认知用户感知才能满足检测概率要求的指派，再分配三个认知用户感知能满足检测要求的指派，依此类推，直至满足终止条件。

首先，需要根据信道带宽将各个信道从大到小依次排列，从带宽最大的信道开始，在没有被分配感知信道的认知用户中，根据其在该信道上的信噪比进行从大到小排列。从中选取信噪比最大的认知用户，根据选取的信噪比，利用式（2-1）计算其所能达到的检测概率，比较其大小，看是否能够满足检测概率的要求，如果满足，则将其信道分配给该认知用户进行感知，如果不满足，则重新检查信道带宽，在次大的信道带

宽中再次选取信噪比最大的用户进行计算，依此类推，直至检测完所有信道。在选择最大带宽信道的过程中，如果具有最大带宽的为多个信道，则在这些信道中随机选择一个。

然后，继续对没有被分配认知用户的信道进行检测。先使用如上同样的方法，将没有被分配认知用户的信道按照信道带宽进行从大到小排列，从信道带宽最大的开始，在每个信道中将各认知用户对于该信道的信噪比从大到小排列，选取信噪比最大且没有被分配感知信道的两个认知用户，对该信道合作检测，根据 Y_{mn} 利用式（2-2）计算合作后的检测概率是否能够满足检测概率的要求，如果满足，则可以将此信道分配给这两个认知用户进行感知，如果不满足，则再选取一个信噪比次大的认知用户，与之前选取的认知用户叠加进行合作感知，如此循环反复，直到信道的检测概率满足检测概率的要求或分配感知该信道的认知用户数超过 $N_{co\max}$。

最后，若有剩余的未分配感知任务的认知用户，则继续检查信道带宽次大的信道，如此反复，直至满足以下两个终止条件之一：①所有的认知用户均被分配感知任务；②所有信道均检查完毕。

此方法有如下具体步骤。

步骤 1：将各信道按照信道带宽从大到小排列，从中选取信道带宽最大的信道。

步骤 2：从没有被分配感知信道的认知用户中选取在该信道上信噪比最大的认知用户，计算 P_d^{mn}。

步骤 3：判断其检测概率是否大于 $P_{D\ req}$，如果满足，则将该信道分配给该认知用户进行感知；如果不满足，则重新检查，选出信道带宽次大的信道，继续执行步骤 2，直至检查完所有的信道为止。

步骤 4：将没有被分配认知用户进行感知的信道按照信道带宽从大到小排列，选出信道带宽最大的信道，同步骤 1。

步骤 5：将没有被分配感知信道的认知用户根据其在该信道上的信噪比从大到小依次排列，选出信噪比最大和次大的两个认知用户。

步骤 6：分别利用式（2-1）和式（2-2）来计算合作后的检测概率。

步骤 7：判断是否能够达到检测概率要求，如果满足，则令这两个认知用户感知该信道；如果不满足，则在其余未分配感知信道的认知用户中再选择一个信噪比次大的认知用户，与之前的认知用户合作感知该信道，继续执行步骤 6。如此反复，直至满足检测概率的要求或合作的认知用户数大于 $N_{co\max}$。

步骤 8：继续检查信道带宽次大的信道，执行步骤 5，直至满足以下两个终止条件之一：①所有的认知用户均被分配感知任务；②所有信道均检查完毕。最后得到最终的分配矩阵 X。

（三）仿真分析

使用 Matlab 软件对本节方法进行仿真分析。设感知的异构信道数（M）为 10，感知时长（T_s）为 0.4 ms，传输时隙（T_r）为 8 ms，各认知用户所处各信道的信噪比（Y_{mn}）服从均值为 -1 dB 的指数分布，每个认知用户的虚警概率（P_f）为 0.01，系统所允许的信道最大虚警概率（$\overline{P}_F$）为 0.05，采样频率（f_s）为 10 000 Hz，各信道带宽（B_{ch}^m）在 1.4 MHz、3 MHz、5 MHz、10 MHz、15 MHz 和 20 MHz 六种值中随机等概率选取，各信道的空闲概率在 0~1 随机变化，检测概率要求（$P_{D\,req}$）为 0.95，Monte Carlo 仿真次数为 1000 次。

下面将本节提出的基于逐级满足的频谱感知方法与基于遗传算法的频谱感知方法和基于迭代匈牙利算法的频谱感知方法进行比较。图 2-2 为认知用户数在 10 到 40 之间变化时，三种方法系统有效吞吐量的变化曲线。由图 2-2 可以看出，随着认知用户数的增加，三种方法的系统有效吞吐量逐渐增大。这是因为随着认知用户数的增加，可以选择的参与合作感知的认知用户越多，能够使更多的信道达到检测概率的要求，从而使系统有效吞吐量越大。由图 2-2 可见，在三种方法中，本节方法比基于遗传算法的频谱感知方法和基于迭代匈牙利算法的频谱感知方法能够得到更高的系统有效吞吐量，这说明本节方法相较于其他两种方法能够更好地进行感知任务分配，从而得到最优的感知任务分配矩阵。

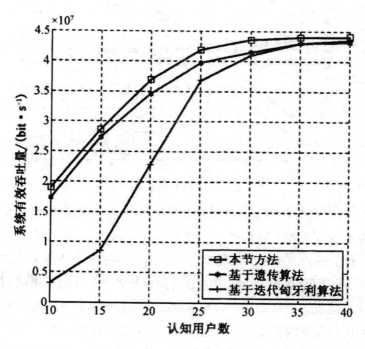

图 2-2 不同方法的系统有效吞吐量的比较

图 2-3 为三种方法的参与合作感知的认知用户数的比较。由图 2-3 可见，三种方法的参与合作感知的认知用户数整体上随着认知用户数的增加而增加。在本节方法中，当认知用户数逐渐增多时，参与合作感知的认知用户数先是逐渐增加，如本节方法曲线认知用户数为 10~30 时所示。这是因为随着认知用户增加，有更多的认知用户加入频谱感知使各信道尽快达到检测概率要求，从而使有效吞吐量最大。当认知用户数增加到一定值时，参与合作感知的认知用户数开始下降，如本节方法曲线认知用户数为 30~40 时所示。这是因为随着认知用户数的增加，有更多性能优良的认知用户（信噪比较高的认知用户）参与合作感知，从而使拥有较少的认知用户就能达到检测概率的要求，因此参与合作感知的认知用户数开始下降。由图 2-3 还可以看出，本节方法相较于基于遗传算法和迭代匈牙利算法的感知方法需要较少的认知用户参与合作感知，这意味着各认知用户需要消耗更小的感知开销及能量，这对提高系统效率以及降低能耗都具有重要意义。

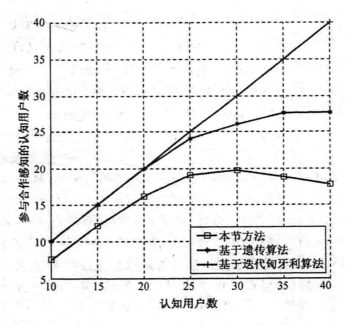

图 2-3 不同方法中参与合作感知认知用户数比较

图 2-4 为本节方法在不同信道检测概率要求（$P_{D\ req}$）下的系统有效吞吐量。由图 2-4 可见，各信道检测概率要求越高，系统的有效吞吐量就越低。这是因为检测概率要求越高，在相同的认知用户数下能够达到检测概率要求的信道就越少，因此总的有效吞吐量也就越低。当认知用户数较少时，有效吞吐量随认知用户数的增加而迅速增加；当认知用户数继续增加时，系统有效吞吐量增加逐渐减缓，并趋于某一固定值。这是因为当认知用户数较少时，满足检测概率的信道不多，因此随着认知用户数的增

加，满足检测概率的信道数逐渐增加，使系统有效吞吐量迅速增加；但当认知用户数增加到一定值时，所有信道的检测概率

均达到检测概率的要求，这时认知用户数继续增加，系统的有效吞吐量则增加缓慢甚至不变，最终趋于某一固定值。

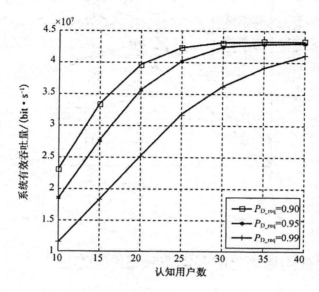

图 2-4　不同信道检测概率要求下系统有效吞吐量的比较

图 2-5 为本节方法在不同信道检测概率要求（ P_{D_req} ）下的参与合作感知的认知用户数的比较。由图 2-5 可见，在认知用户数较少时，参与合作感知的认知用户数随总认知用户数的增加而增加；当认知用户数较多时，参与合作感知的认知用户数随认知用户数的增加开始下降。这是因为当认知用户数较少时，随着认知用户增加，有更多的认知用户加入频谱感知使各信道尽快达到检测概率要求，从而使有效吞吐量最大；而当认知用户数增加到一定值时，有更多性能优良的认知用户参与合作感知，只需较少的认知用户就能达到检测概率的要求，因此参与合作感知的认知用户数开始下降。由图 2-5 还可看出，在认知用户数足够多时，参与合作感知的认知用户数随（ P_{D_req} 的增加而增加。这是因为检测概率要求越高，越需要更多的认知用户进行合作感知，以达到要求的检测概率。

综上所述，本节方法相较于基于遗传算法的频谱感知方法和基于迭代匈牙利算法的频谱感知方法，能够获得较高的有效吞吐量，且需要较少的认知用户参与合作频谱感知。这对认知 TD-LTE-A 异构网系统效用的提升以及移动用户感知能耗的降低都具有重要意义。

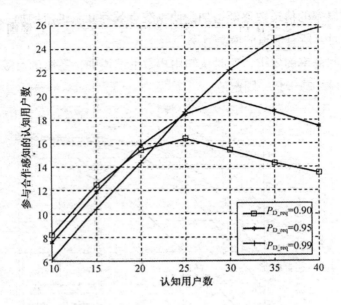

图 2-5　不同信道检测概率要求下参与合作感知的用户数比较

三、系统效用最大化的多信道频谱感知方法

本节构建认知 TD-LTE-A 异构网的系统模型，提出基于贪婪算法的多信道频谱感知方法和基于遗传算法的多信道频谱感知方法，充分考虑系统效用、感知收益以及感知错误引起的系统开销，利用遗传算法解决多个认知用户如何在较短的感知时隙内共同感知多个信道的问题。

（一）系统模型

一个认知 TD-LTE-A 异构网由基站和 N 个 LTE 用户设备组成。LTE 用户设备（认知用户）具备频谱感知能力，在保护间隔内对 M 个异构信道采用能量检测方法进行频谱感知，并将感知结果上报给基站，基站根据各用户上报的感知结果确定各信道的占用情况。感知的目标信道包括 1.4 MHz、3 MHz、5 MHz、10 MHz、15 MHz 和 20 MHz 六种不同带宽的信道，设六种带宽在 M 个信道中随机出现。每个信道具有 ON 和 OFF 两种状态，ON 状态表示信道空闲可以被认知 TD-LTE-A 系统使用，OFF 状态表明该信道被主用户占用不能被认知 TD-LTE-A 系统使用。设信道 m 处于 ON 状态的概率为 P_{on}^m，则处于 OFF 状态的概率为 $1-P_{on}^m$。LTE 用户设备在每个半帧中的 GP（感知时隙）内进行频谱感知，在其他常规时隙内传输信息，设感知时隙总时长为 T_s，传输时隙总时长为 T_r。由于感知时隙较短，因此在一个感知时隙内，每个认知用户只感知一个信道。为了提高感知的准确性，每个信道的状态由多个认知用户进行合作频谱感知共同确定。多个认知用户合作感知时通过 OR 准则确定各信道的状态。

单个认知用户感知单个信道的情况可以表示为如下二元假设

$$
\begin{cases}
H_0: y(n) = w(n) \\
H_1: y(n) = x(n) + w(n), n = 0,1,2,\cdots,N_s - 1
\end{cases}
\tag{2-10}
$$

式中 H_1 和 H_0 分别表示主用户信号存在与不存在，$y(n)$ 为认知用户接收信号，$w(n)$ 为噪声声，$x(n)$ 为主用户信号，N_s 为采样点数。设接收信号的采样速率为 f_s，则有 $N_s = T_s f_s$。

设各认知用户使用能量检测方法进行频谱感知，检测门限为 λ，目标频段的主用户信号为复相移键控信号，无线环境中噪声为循环对称复高斯噪声，噪声均值为 0，方差为 σ_u，则认知用户的虚警概率可以表示为

$$
P_f = \frac{1}{2}\mathrm{erfc}\left[\left(\frac{\lambda}{\sigma_u} - 1\right)\sqrt{\frac{T_s f_s}{2}}\right]
\tag{2-11}
$$

式中 $\mathrm{erfc}(\cdot)$ 为互补误差函数。

由于各认知用户所处地理位置不同，因此其无线环境也必然不同。设 y_{mn} 为第 n 个认知用户处于第 m 个信道的信噪比，则认知用户 n 在信道 m 上的检测概率为

$$
P_d^{mn} = \frac{1}{2}\mathrm{erfc}\left[\left(\frac{\lambda}{\sigma_n^2} - y_{mn} - 1\right)\sqrt{\frac{T_s f_s}{2(2y_{mn}+1)}}\right]
\tag{2-12}
$$

为使检测概率能够独立地表征检测性能，各认知用户的虚警概率需保持一致，均为 P_f。设第 n 个认知用户检测第 m 个信道的检测概率为 P_d^{mn}，则由式（2-11）和式（2-12）可得

$$
P_d^{mn} = \frac{1}{2}\mathrm{erfc}\left\{\sqrt{\frac{1}{\sqrt{2(2y_{mn}+1)}}}\left[\sqrt{2}\mathrm{erf}^{-1}(1-2P_f) - \sqrt{T_s f_X}\, y_{mn}\right]\right\}
\tag{2-13}
$$

式中 $\mathrm{erf}^{-1}(\cdot)$ 为误差函数的反函数。

设各认知用户和各信道的分配关系矩阵为 $X = \begin{bmatrix} x^{mn} \end{bmatrix}$，其中 x^{mn} 表示第 n 个认知用户和第 m 个信道的分配关系：$x^{mn} = 1$ 表示第 n 个认知用户被分配感知第 m 个信道；$x^{mn} = 0$ 表示第 n 个认知用户不感知第 m 个信道。

设 $P_{dch} = \begin{bmatrix} p_{dch}^m \end{bmatrix}$ 为各信道的检测概率矢量，$P_{fch} = \begin{bmatrix} p_{fch}^m \end{bmatrix}$ 为各信道的虚警概率矢量，其中 P_{dch} 和 P_{fch} 分别为认知网络对信道 m 的检测概率与虚警概率。由于对各认知用户的感知结果采用 OR 准则进行融合，则信道机的检测概率和虚警概率分别为

$$P_{d\_ch}^m = 1 - \prod_{X^{mn}=1}(1-P_d^{mn}) \tag{2-14}$$

$$P_{f\_ch}^m = 1 - \prod_{X^{mn}=1}(1-P_f) \tag{2-15}$$

为了保证一定的频谱利用率，各信道的虚警概率不能太大，即各信道允许合作感知的认知用户数不能太多。根据 OR 准则，设系统所允许的最大虚警概率为 A，则各信道允许的最大合作感知的认知用户数为

$$N_{co\_max} = \left\lfloor \log_{(1-p_f)}(1-\bar{P}_f) \right\rfloor \tag{2-16}$$

式中 $\lfloor \cdot \rfloor$ 表示向下取整。

定义信道 m 的感知收益为信道空闲且能够被认知 TD-LTE-A 网络正确感知时，在频谱利用率为 1 bit·s⁻¹/Hz 的情况下，在 T_r 内所能感知获得的最大有效吞吐量。设 B_{ch}^m 为信道m的带宽，则信道m的感知收益为

$$G^m(X) = B_{ch}^m T_r P_{on}\left[1-P_{f-ch}^m(X)\right] \tag{2-17}$$

当信道被主用户占用时，如果认知用户没有准确地检测到主用户的存在，则会导致认知 TD-LTE-A 网络误认为信道空闲而在该信道上发送信息。这样不仅会对主用户的正常通信造成干扰，还会因主用户信号的干扰而无法正确地传输信息，从而导致不必要的能量开销。定义这种情况下在信道 m 加上按照 1 bit·s⁻¹/Hz 的频带利用率所能传输的总信息量为感知错误导致的系统开销，作为感知收益的惩罚函数，用 $P^m(X)$ 表示，则

$$P^m(X) = B_{ch}^m(1-P_{on})\left[1-P_{d-ch}^m(X)\right]T_r \tag{2-18}$$

定义分配 X 时的总系统效用 $U(X)$ 为总感知收益与总惩罚函数之差，则

$$U(X) = \sum_{m=1}^M G^m(X) - \delta\sum_{m=1}^M P^m(X) \tag{2-19}$$

式中 δ 为惩罚因子，以调节惩罚函数对感知收益的惩罚力度。δ 越大，表示惩罚函数的惩罚作用越强，即主用户信号存在时传输对主用户的干扰以及认知用户无用传输时的能量消耗对系统的影响程度越大。提高 δ 可以降低系统对主用户通信的干扰以及认知用户的能耗，反之亦然。

综上所述，为了使总系统效用 $U(X)$ 最大，需要根据感知收益及惩罚函数最优地选择分配关系矩阵 X，这样 TD-LTE-A 异构网中的频谱感知问题则等效成如下数学问题

$$\max U(X) = \sum_{m=1}^M B_{ch}^m T_r P_{on}\left[1-P_{f-ch}^m(X)\right] - \delta\sum_{m=1}^M B_{ch}^m(1-P_{on})\left[1-P_{d-ch}^m(X)\right]T_r$$

$$s.t \sum_{m=1}^{M} x^{mn} = 1, n = 1, 2, \cdots, N$$

$$0 \leqslant \sum_{m=1}^{M} x^{mn} \leqslant N_{co\_max}, m = 1, 2, \cdots, M$$

$$x^{mn} \in \{0, 1\} \qquad\qquad (2\text{-}20)$$

（二）基于贪婪算法的多信道频谱感知方法

本节采用贪婪算法解决感知任务分配问题。贪婪算法又称贪心算法，是指对问题进行求解时，不从整体进行考虑，而总是做出在当前看来最好的选择。贪婪算法虽然得到的往往是局部最优解，但由于算法简单，且在合适的贪婪策略下往往能够得到全局最优解或近似的全局最优解，因此得到广泛应用。本节提出的基于贪婪算法的异构多信道并行合作频谱感知方法具体包括以下过程。

首先，计算每个分配所能获得的系统效益。设将信道 m 分配给认知用户 n 感知时所能获得的系统效益为 U^{mn}，则

$$U^{mn} = G^m - \delta P^m \qquad\qquad (2\text{-}21)$$

式中 P^m 可由式（2-18）得出；G^m 为当信道 m 分配给认知用户 n 感知时所能获得的感知收益，可由式（2-17）得出。

然后，将每个信道上所有认知用户的系统效益 U^{mn} 从大到小分别排列，进行第一次迭代。从第一个信道开始，各信道依次将该信道分配给系统效益最大的认知用户进行感知。设当前迭代分配矩阵为 $X_0 = \lceil X_0^{mn} \rceil$。以信道 m 为例，如果 $U^{mn'} = \sup(U^{mn})$，则设 $X_0^{mn'} = 1$，将其他置 $X_0^{mn}(n \neq n') = 0$，这样第一次迭代完成。在此过程中，为每一个信道分配一个认知用户进行感知，置分配矩阵 $X = X + X_0$。计算各信道的检测概率和虚警概率，对于信道 m，可得 $P_{dch}^m < P_d^m$，$P_{fch}^m < P_f$。为了避免对主用户造成干扰，检测概率必须大于一定值。设系统要求的各信道检测概率为 P_{dch}^{req}，经过一次迭代后，如果存在不满足检测概率要求的信道，即 $P_{dch}^m < P_{dch}^{req}$，且还有未被分配感知信道的认知用户，则进行第二次迭代。

在第二次迭代中，为每一个检测概率不满足系统检测概率要求的信道依次再分配一个未被分配感知信道的认知用户，与之前迭代分配的认知用户一同感知该信道。分配的原则仍然是在所有未被分配感知信道的认知用户中选择系统效益 U^{mn} 最大的进行分配，置分配矩阵 $X = X + X_0$。增加新的认知用户对信道进行合作感知后，信道的检测概率和虚警概率都会增加，由式（2-14）计算出各信道的检测概率，判断其是否满足要求：若满足，则算法结束；若不满足，则继续为不满足系统检测概率要求的信道分

配认知用户进行合作感知。依此类推，直至所有信道均满足检测概率的要求，即 $\forall m$ 均有 $P_{dch}^m < P_{dch}^{req}$，或所有节点均分配信道进行感知，最终得到最优分配矩阵 X。

此外，为了充分地利用频谱，每个信道允许的最大认知用户数为 $N_{co\max}$，因此最大迭代次数为 $N_{co\max}$。

此方法有如下详细步骤。

步骤 1：初始化 N，M，$\overline{P_F}$，P_{dch}^{req}，P_f，P_d，T_r，T_s，σ，R_{ch}^n（$n=1$，2，$\cdots$，N），R_{ch}^n（$m=1$，2，$\cdots$，M），P_{on}^m；置 $X=0$，$X_0=0$，$P_{dch}=0$，$P_{fch}=1$；利用（2-16）计算 $N_{co\max}$。

步骤 2：根据式（2-21）计算 U^{mn}（$m=1$，2，$\cdots$，M；$n=1$，2，$\cdots$，N），并分别将各信道的 U^{mn} 从大到小排列。

步骤 3：对于检测概率 $P_{dch}^m < P_{dch}^{req}$ 的信道，依次在未被分配感知信道的认知用户中选择系统效益（U^{mn}）最大的进行分配，即为每一个检测概率未达到要求的信道分配一个未被分配感知信道的认知用户进行感知，直至没有未被分配感知信道的认知用户，从而得到当前迭代最优分配矩阵（X_0）。

步骤 4：置分配矩阵 $X=X+X_0$，根据 X，由式（2-14）计算各信道的检测概率矢量 P_{dch}。

步骤 5：判断是否满足截止条件：①所有信道均满足 $P_{dch}^m < P_{dch}^{req}$；②所有认知用户均已被分配信道进行感知；③达到最大迭代次数 $N_{co\max}$ 满足任意一个以上截止条件，则迭代终止，算法结束，否则跳到步骤 3。

对于本节提出的基于贪婪算法的异构多信道并行合作频谱感知方法，其时间复杂度主要包含两部分。一是对 N 个认知用户的系统效益进行排序，根据堆排序原理，可得第一部分排序的时间复杂度为 $0(MM\lg N)$。二是为检测概率未达到要求的信道在未分配的认知用户中迭代最优分配一个认知用户进行感知，根据算法流程，这部分的时间复杂度最大为 $0(\min(N，MN_{co\max}))$，即不考虑检测概率要求满足的截止条件，只考虑所有认知用户均分配感知任务或所有信道均被 $N_{co\max}$ 个认知用户感知。因此，本节方法的总时间复杂度为 $0(\max(MM\lg N，\min(N，MN_{co\max})))$。当 $N \leqslant MN_{co\max}$ 时，其总的时间复杂度为 $0(MM\lg N)$；当 $N > MN_{co\max}$ 时，且 $MN_{co\max} \leqslant N\lg N$ 时，其总的复杂度为 $0(MM\lg N)$；当 $N > MN_{co\max}$ 时，且 $MN_{co\max} > N\lg N$ 时，其总的复杂度为 $0(MN_x)$。为了同时感知多个信道，N 值往往比较大，而为了保证信道的使用效率，系统要求的虚警概率一般较低 $N_{co\max}$ 值一般较小，大多数情况下 $N_{co\max} \leqslant N\lg N$，因此总时间复杂度可计为 $0(MM\lg N)$。

（三）基于遗传算法的多信道频谱感知方法

遗传算法是一种基于生物自然选择与遗传机理的启发式搜索算法，具有一系列显著优点：直接对结构对象进行操作，不存在求导和函数连续性的限定；同时处理群体中的多个个体，覆盖面大，利于全局择优，具有内在的隐并行性和更好的全局寻优能力；采用概率化的寻优方法，能自动获取和指导优化的搜索空间，自适应地调整搜索方向，不需要确定的规则；具有自组织、自适应和自学习性等。它是一种被广泛采用的解决最优化问题的有效方法。遗传算法能够有效地解决最优化问题，尤其是本节所述的不能用常规凸优化理论解决的非凸优化问题。因此，本节构建认知 TD-LTE-A 异构网的系统模型，提出一种基于遗传算法的多信道频谱感知方法，充分考虑系统效用、感知收益以及感知错误引起的系统开销，利用遗传算法解决多个认知用户如何在较短的感知时隙内共同感知多个信道的问题。

本节采用遗传算法来解决系统模型中提出的优化问题和系统模型描述的分配问题。在遗传算法中，每个个标对应一个分配矩阵 X，适应度函数定义为总系统效用 $U(X)$；采用整数编码，每个个体的染色体为一个与分配矩阵 X 对应的分配向量 $Z = \lceil Zn \rceil_M$ 长度等于认知用户数，其中 $Z_n = \{m \mid x_{mn} = 1\}$ 为染色体中第 n 个基因，对应第 n 个认知用户感知信道的序号，$Z_n = 0, 1, 2, \cdots, M$；$Z_n = 0$ 表示第 n 个认知用户不感知任何信道。染色体结构如图 2-6 所示。

SU_1	SU_2	SU_3	SU_4	...	SU_N
z_1	z_2	z_3	z_4	...	z_N

图 2-6　染色体结构

首先，随机产生一个包含 L 个个体的初始种群，为了便于后续生存竞争、变异等操作，L 选取为 4 的整数倍；产生的个体的每个基因值被置为 0 到 M 中的任一整数。在个体产生的过程中，对于固定的信道数而言，认知用户数越多，则各认知用户不感知信道的概率越大，因此各认知用户不感知信道的概率和认知用户数（N）与信道数（M）的差值有关。设认知用户不感知信道的概率（该认知用户对应的基因值被置为 0 的概率）为 P_0，则

$$P_0 = \frac{N - M}{N} \tag{2-22}$$

各认知用户感知信道的概率则为 $1-P_0$。除了 0 之外，其他基因值被以等概率（$\frac{1 - P_0}{M}$）随机地置为 1 至 M 中的任意一个整数。

对于随机产生的个体，会存在一些不满足每信道合作感知的认知用户数不超过 $N_{co\max}$ 这个限制条件的个体，因此需要对这部分个体进行个体修正。修正方法为将个体中感知不符合 $N_{co\max}$ 限制条件的信道的多余基因值设为 0，即让多余的认知用户不感知任何信道。例如，某个体中，如果感知信道 A 的认知用户数为 j 个，且 $j > N_{co\max}$，

即该个体的基因中值为%的基因数大于 $N_{co\max}$，则在这个基因中随机选取 j- $N_{co\max}$ 个基因，置其值为 0，使该基因所对应的认知用户不感知任何信道。

然后，为了更快更准地找到最优个体，本节的遗传算法中采用了父子混合选择、最强者变异、生存竞争以及优胜者交叉等策略。

（1）父子混合选择在每一轮遗传操作中，上一代的最优个体替换下一代的最差个体，直接进入下一代，保证进化的稳定性。

（2）最强者变异选取每一代中的最强个体以变异概率（P_1）进行变异，产生 $L/4$ 个个体进入下一代。

（3）生存竞争每一代 L 个个体中，随机两两为一组进行生存竞争，适应度强的个体胜出，得到 $L/2$ 个优胜个体。

（4）优胜者交叉生存竞争得到的 $L/2$ 个优胜个体两两随机进行双点交叉，交叉概率为 P_c 得到 $L/2$ 个新个体进入下一代。

最后，判断当前种群是否满足两个截止条件中至少一个，若满足则得到最优个体，算法结束，否则继续下一代进化。两个截止条件为：①超过最大进化代数（w）；②当前种群中最适应个体及最差个体的适应度之差足够小，即适应度之差小于最适应个体适应度的 V 倍。

基于遗传算法的多信道频谱感知方法的流程图如图 2-7 所示。其中，实线框内为基站进行的操作，虚线框内为 LTE 用户设备执行的操作。该方法流程具体如下：首先，各 LTE 用户设备（认知用户）测量各自所处信道的信噪比，并根据自身的采样速率（f_s）用式（2-13）计算 P_d^{mn}；然后，各 LTE 用户设备将计算得到的 P_d^{mn} 上报给基站，基站根据各用户设备上报的 P_d^{mn} 执行遗传算法操作，通过最强者变异、生存竞争以及优胜者交叉等策略找到最优个体，最终得到最优感知任务分配矩阵 X，基站根据 X 向各 LTE 用户设备发送频谱感知指令，各 LTE 用户设备根据收到的指令对指定信道进行频谱感知，并将感知结果上报给基站；最后，基站根据各 LTE 用户设备上报的感知结果，通过 OR 准则确定最终各信道的占用情况。

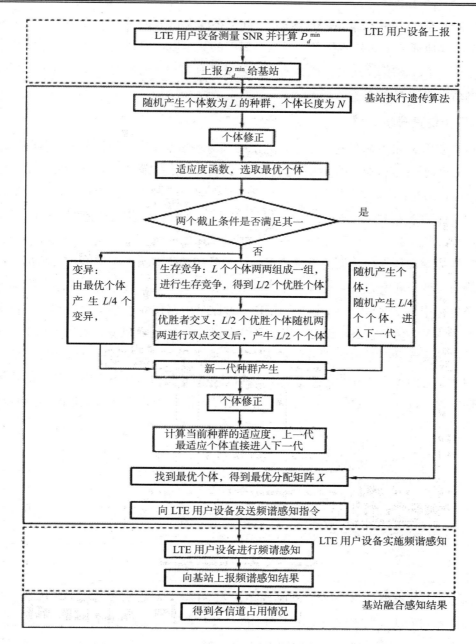

图 2-7 基于遗传算法的多信道频谱感知方法流程图

由于频谱感知是间隔进行的，只在较短感知时隙（T_s）内进行，而每帧中的大部分时长用于传输数据，因此遗传算法的运算可在感知时隙之间较长的传输时隙进行，对时效性不敏感。本节方法的复杂度主要在遗传算法上。在遗传算法中，每次寻找最优个体和最差个体过程的最大时间复杂度为 0(L)，其中 L 为种群规模，由于最大进化代数为 W，因此寻找最优个体和最差个体过程的复杂度为 0(LW)；每次进化中交叉操

作的时间复杂度为 $0(LN)$，变异操作的时间复杂度为 $0(L)$，求适应度函数的复杂度为 $0(LN)$，其他环节（如初始化、父子混合等）的复杂度可以忽略，则总的遗传操作时间复杂度为 $0(LMW)$。同时，该算法的复杂度具有多项式时间复杂度，因此它可以在实际网络中得到应用。

（四）仿真分析

本节使用 Matlab 软件对基于遗传算法的频谱感知方法进行仿真分析。各信道带宽（ B_{ch}^m ）与目前 LTE-A 支持的 6 种带宽一致，即在 1.4 MHz、3 MHz、5 MHz、10 MHz、15 MHz 和 20 MHz 这 6 个值中随机等概率选取，各信道的空闲概率在 0~1 服从均匀分布。设采样频率为 10 000 Hz，各认知用户所处信道的信噪比服从均值为 -5 dB 的指数分布。采样频率越大，信噪比均值越大，频谱感知的检测概率就越高，系统效用就越大，采样频率和信噪比均值的设置只影响系统效用的绝对值，不影响仿真结论。在遗传算法中，种群规模为 20，交叉概率为 0.05，变异概率为 0.25，最大进化代数为 200，截至条件②中 V 为 0.001。仿真结果由 10 000 蒙特卡洛仿真求平均后得到，蒙特卡洛仿真次数越大，仿真结果越稳定，当仿真结果超过 1000 时，其变化对仿真结果影响甚微。其他仿真参数除特殊说明外均如表 2-1 所示。其中，总认知用户数和信道数的设置仅为演示，其改变对结果影响不大；感知时隙时长的设置依据 TD-LTE-A 的八种特殊子帧设置，选取的一般是大致值；传输时隙时长依据 TD-LTE-A 的帧结构进行设置。

表 2-1　仿真参数设置

仿真参数	值
总认知用户数（ N ）	10~40
总信道数（ M ）	10
感知时隙（ T_s ）/ms	0.4
传输时隙（ T_r ）/ms	8
各认知用户的虚警概率（ P_f ）	0.01
系统虚警概率上限（ $\overline{P}_F$ ）	0.05
惩罚因子（ σ ）	1

图 2-8 为在种群规模为 20、认知用户数为 20 时，本节方法（基于遗传算法的多信道频谱感知方法）在不同交叉概率和不同变异概率下所能获得的总系统效用。其中，变异概率和交叉概率均从 0 至 1 每隔 0.05 设一测试点。由图 2-8 可以看出，总系统效用在交叉概率为 0.05、变异概率为 0.25 时获得最大值，因此在本节方法的仿真中，设交叉概率为 0.05，变异概率为 0.25。

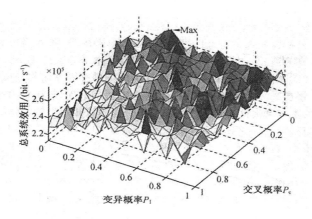

图 2-8　不同变异概率和交叉概率下的总系统效用

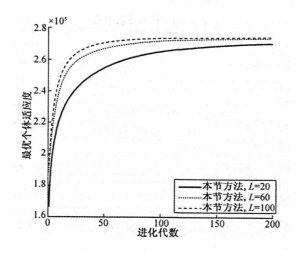

图 2-9　最优个体适应度与进化代数的关系

图 2-9 为认知用户数为 20 时，本节方法每次进化得到的最优个体适应度与进化代数的关系。由图 2-9 可以看出，进化代数越大，每次进化得到的最优个体适应度就越高，表明方法的寻优能力越强，但运算量也会相应增加。当进化代数为 200，种群规模分别为 20、60 和 100 时，最优个体的适应度均基本趋于稳定，因此将本节方法仿真中遗传算法的最大进化代数设为 200。

下面将基于遗传算法的频谱感知方法与基于贪婪算法的频谱感知方法、基于迭代匈牙利算法的频谱感知方法和随机感知相比较。在贪婪算法中，从在未分配感知任务的信道中选取带宽最宽的信道开始，每次都为带宽最宽的信道分配感知性能最好的认知用户进行感知，使系统效用逐渐增加。在随机感知中，系统随机地为各认知用户分配感知信道，如果该分配使信道的合作感知用户数超过最大值 $N_{co\,max}$，或该分配使总系统效用下降，则取消该分配，继续为该认知用户随机分配其他信道。

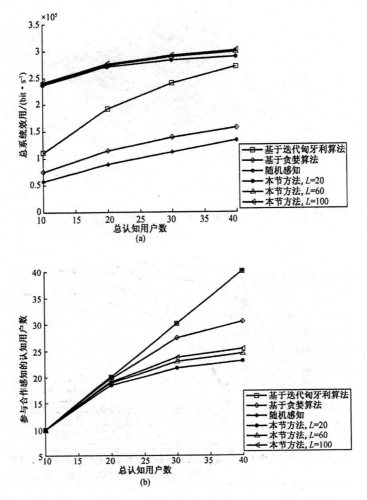

图 2-10 不同方法中的总系统效用和参与合作感知的认知用户数

（a）总系统效用；（b）参与合作感知的认知用户数

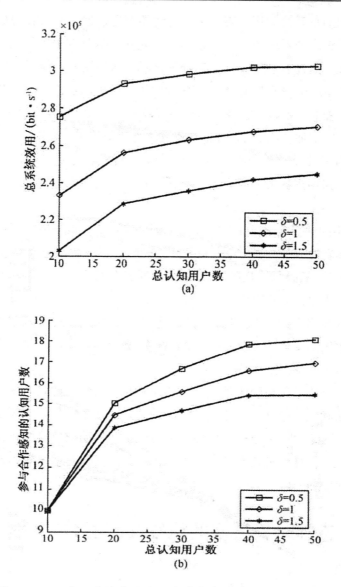

图 2-11　不同 σ 时总系统效用和参与合作感知的认知用户数

（a）总系统效用；（b）参与合作感知的认知用户数

　　图 2-10 为各方法在不同种群规模时的总系统效用和参与合作感知的认知用户数的比较。由图 2-10(a) 可以看出，总系统效用随着总认知用户数的增加而增加。这是因为随着认知用户数的增加，有更多感知性能更加优良的认知用户参与合作频谱感知，这样不仅能感知更多的信道，还能提高频谱感知的准确性，降低虚警概率，从而增加感知收益，减少惩罚函数，使总系统效用增加。由图 2-10(a) 可以看出，本节方法的总系统效用明显高于基于迭代匈牙利算法的频谱感知方法、基于贪婪算法的频谱感知

方法和随机感知的总系统效用，表明本节方法能够通过遗传算法获得最优的分配关系矩阵，从而获得较高的系统效用。图 2-10（b）表明，本节方法较其他三种方法需要较少的认知用户数，这样有利于降低感知开销，减少认知用户的能耗，这对具有移动电源的认知 TD-LTE-A 用户尤为重要。此外，由图 2-10 可以看出，在本节方法具有不同种群规模 L 时，种群规模越大，获得的总系统效用就越大，表明方法的寻优能力越强，但运算量也会相应增加。当 $L=20$ 时，本节方法总系统效用相较于 $L=60$ 和 $L=100$ 时略有下降，但仍高于其他三种方法。当 $L=60$ 和 $L=100$ 时，总系统效用相差不大。在参与合作感知的认知用户数上人越大，参与合作感知的认知用户越多，所获得的总系统效用也越大。

图 2-11 为不同惩罚因子（σ）时总系统效用和参与合作感知的认知用户数的比较。仿真中设种群规模为 20。由图 2-11（a）可见，σ 越大，系统效用越低。这是因为 σ 越大，惩罚函数对系统效用的惩罚力度越大，需要消耗较多的系统效用以降低系统对主用户通信的干扰以及认知用户的能耗，因此系统效用较低。由图 2-11（b）可以看出，σ 越小，所需要的合作认知用户数越多。这是因为 σ 越小，惩罚函数对系统效用的惩罚力度越小，这时系统效用主要取决于感知收益，因此算法会不断增加认知用户进行合作频谱感知，以增加感知收益，提高系统效用。

综上所述，本节方法相较于基于迭代匈牙利算法的频谱感知方法、基于贪婪算法的频谱感知方法和随机感知，能够获得较高的总系统效用，且需要较少的合作感知用户数。这对认知 TD-LTE-A 异构网系统效用的提升和移动用户感知能耗的降低都具有重要意义。因此，该方法适用于认知 TD-LTE-A 异构网中对系统效用及节点能耗敏感的多异构信道频谱感知环境。

第四节　感知时长可变的认知 TD-LTE-A 异构网频谱感知方法

在感知时长固定的认知 TD-LTE-A 异构网频谱感知方法中，频谱感知在认知 TD-LTE-A 异构网的保护间隔（GP）中进行，因此感知时长固定，其优点是不改变现有 TD-LTE-A 网络的帧结构。在认知 TD-LTE-A 异构网中，频谱感知也可以不在 GP 中进行，而是通过改变现有帧结构和协议，在传输时隙中划出一部分专门做感知时隙，从而进行频谱感知。在这种情况下，除了讨论感知任务分配外，还有一个新的关键问题，即感知时长（感知时隙长度）选取的问题。

感知时长是物理层和 MAC 层频谱感知技术中的关键参数。较长的感知时长能获得较好的检测性能，但同时会缩短传输时间，从而降低系统吞吐量。因此，感知时长和系统吞吐量之间的权衡是频谱感知面临的重要问题。2010年，WangB.等人利用进化博弈来解决多个认知用户如何合作感知多个信道的问题，以最优地确定感知时长和认知用户参与合作感知的概率。然而，该研究感知的对象是一些具有相同宽带和相同吞吐量的同构信道，因此其不适用于异构信道的环境。此外，该方法假设认知用户测量的所有信道上的信噪比都是相同的，这与实际情况不符。2014年，YuH.提出一种基于贪婪算法的频谱感知方法，使用贪婪算法进行感知时长和感知任务分配的联合优化。但是该方法仅考虑了一个认知用户感知多个信道的问题，并没有考虑多个用户合作感知多个信道的问题。

本章针对感知时长可变情况下的认知TD-LTE-A异构网频谱感知问题，充分考虑不同LTE认知用户对不同异构信道感知性能的差异性、系统有效吞吐量和感知时长，基于能量检测方法，建立了感知任务分配和感知时长选取的联合模型，将其等效为一个多目标非线性联合优化问题。首先，利用启发式算法进行求解，提出了两种方法：基于启发式算法的感知时间穷举的异构多信道合作频谱感知方法和基于启发式算法的感知时间启发的异构多信道合作频谱感知方法。在检测概率和虚警概率的约束下，通过最优地确定感知任务的分配和感知时长的选取，使系统的有效吞吐量最大。其次，又提出了一种基于迭代KM算法的跨层频谱感知方法，解决了多个认知用户在可变的感知时隙内如何同时感知多个异构信道的问题，通过将感知时长确定和感知任务分配的问题分离并分别解决，使系统有效吞吐量最大。

一、系统模型

一个集中式的认知TD-LTE-A异构网由基站和N个随机分布的LTE用户设备组成。LTE用户设备（认知用户）具备频谱感知能力，在保护间隔内对M个异构信道采用能量检测方法进行频谱感知，并将感知结果上报给基站，基站根据各用户上报的感知结果，确定各信道的占用情况。各异构信道的带宽和空闲概率可能均不相同。认知无线电网络的帧结构包括感知时隙和传输时隙。设帧长为T，感知时隙长（感知时长）为T_s，传输时隙长为T_r，在每个帧内，帧长固定不变，T_s和T_r可在一定范围内变化，三者满足$T = T_s + T_r$，为便于网络同步并减少传输开销，T_s只能在K个离散值之中选取。其中K为总时隙等级数，各离散值由小到大排列，序号分别为$k=1$，2，$\cdots$，k；T_s最大值为$T_{s\max}$。各认知用户使用能量检测法对所分配信道进行频谱感知，并将感知结果发送到融合中心，融合中心采用OR准则最终判断信道的占用情况。

对单个信道的频谱感知可以表述为

$$\begin{cases} H_0 : y(p) = \omega(p) \\ H_1 : y(p) = x(p) + \omega(p), p = 0,1,\cdots,p-1 \end{cases} \tag{2-23}$$

式中 H_1 和 H_0 分别表示主用户信号存在与不存在；P 为采样点序号；$y(p)$ 为认知用户接收的信号 $\omega(p)$ 为均值为 0、方差为 σ_u。的服从高斯分布的噪声；$x(p)$ 为主用户信号；设接收信号的采样速率为 f_s，则采样点数 P，可以表示为 $P = T_s f_s$。

设主用户信号为复相移键控信号，噪声为循环对称复高斯噪声，检测门限为 A，则虚警概率为

$$P_f\left(T_s\right) = \frac{1}{2}\mathrm{erfc}\left[(\frac{\lambda}{\sigma_u}-1)\sqrt{\frac{T_s f_s}{2}}\right] \tag{2-24}$$

式中 erfc(·) 为互补误差函数。

由于各异构信道的带宽以及所承载的主用户信号各不相同，每个认知用户所处的地理位置和无线环境也不同，因此每个认知用户所检测到的各异构信道的信噪比也不同。设 γ_{mn} 表示第 n 个认知用户处于第 m 个信道的信噪比，则认知用户 n 对信道 m 的检测概率为

$$P_f\left(T_s\right) = \frac{1}{2}\mathrm{erfc}\left[(\frac{\lambda}{\sigma_u}-1)\sqrt{\frac{T_s f_s}{2}}\right] \tag{2-25}$$

为了使检测概率能够独立地度量感知性能，设各认知用户的虚警概率相同，值为 $\bar{P}_f$。根据式（2-24）和式（2-25），则第 n 个认知用户对第 m 个信道的检测概率为

$$P_d^{mn}\left(T_s\right) = \frac{1}{2}\mathrm{erfc}\left\{\frac{1}{\sqrt{2\left(2\gamma_{mn}+1\right)}}\left[\sqrt{2}\,\mathrm{erf}^{-1}\left(1-2\bar{P}_f\right) - \sqrt{T_s f_s}\gamma_{mn}\right]\right\} \tag{2-26}$$

定义检测概率矩阵为 $P_d = \left[P_d^{mn}\right]$，设 $X = \left[x^{mn}\right]_{M \times N}$ 为感知任务分配矩阵，x^{mn} 用来表示认知用户 n 和信道 m 的分配关系（当认知用户 n 被分配感知信道 m 时，$x^{mn} = 1$），否则 $x^{mn} = 0$）。因此根据 OR 准则，当分配矩阵为 X 时，信道 m 的检测概率和虚警概率分别为

$$P_d^m\left(X, T_s\right) = 1 - \prod_{x^{mn}=1}\left[1 - P_d^{mn}\left(T_s\right)\right] \tag{2-27}$$

$$P_f^m\left(X\right) = 1 - \prod_{x^{mn}=1}\left[1 - \bar{P}_f\right] \tag{2-28}$$

设 C_{H0}^m 和 C_{H1}^m 分别为信道机在信道空闲及被主用户占用时所能达到的信道速率，则当主用户不存在且认知用户能够正常感知到空闲的频谱（没有发生虚警）时，该信道能够达到的平均吞吐量为

$$R_{H0}^m\left(X, T_s\right) = \frac{T - T_s}{T}\left[1 - P_d^m\left(X, T_s\right)\right]C_{H0}^m \tag{2-29}$$

当主用户存在且认知用户没有感知到主用户的存在（发生漏检）时，该信道能够达到的平均吞吐量为

$$R_{H1}^m\left(X,T_s\right)=\frac{T-T_s}{T}\left[1-P_d^m\left(X,T_s\right)\right]C_{H1}^m \tag{2-30}$$

设信道 m 空闲的概率为 $P_{H_0}^m$，则信道 m 所能达到的平均总吞吐量为

$$R^m\left(X,T_s\right)=P_{H_0}^m R_{H_0}^m\left(X,T_s\right)+\left(1-P_{H_0}^m\right)R_{H1}^m\left(X,T_s\right) \tag{2-31}$$

为了有效地保护主用户的正常通信，检测概率不能太低。设 $P_{D\ req}$ 为系统允许的最小检测概率，只有检测概率大于 $P_{D\ req}$ 的信道，才能供认知网络传输使用。将这些满足检测概率要求的信道所能达到的吞吐量的总和定义为系统有效吞吐量 $R_{sum}\left(X,T_s\right)$，则

$$R_{sum}\left(X,T_s\right)=\sum_{\substack{m=1\\P_d^m\left(X,T_s\right)\geqslant P_{Psncq}}}^{M}\left(X,T_s\right)$$

$$=\sum_{\substack{m=1,1,P_d^m\left(X,T_s\right)\geqslant P_{Psncq}}}^{M}\frac{T-T_s}{T}\left\{P_{H_0}^m\left[1-P_f^m\left(X\right)\right]C_{H_0}^m+\left(1-P_{H_0}^m\right)\left[1-P_d^m\left(X,T_s\right)\right]C_{H_1}^m\right\} \tag{2-32}$$

此外，为了充分地利用频谱，各信道的虚警概率不能太高。设系统所允许的最大虚警概率为 $\bar{P}_F$，由于信道由多个认知用户共同感知时使用 OR 准则，因此可以得到每个信道允许的最大的合作感知认知用户数为

$$N_{co\_\max}=\left\lfloor\log_{(1-p_f)}(1-\bar{P}_F)\right\rfloor \tag{2-33}$$

式中 $\lfloor\cdot\rfloor$ 表示向下取整。

因此，可以将如何合理地选取分配矩阵和感知时长使系统有效吞吐量最大的问题，等效为如下非线性多目标优化问题

$$\max_{X,T_s}R_{sum}\left(X,T_s\right)=\sum_{\substack{m=1,1,P_d^m\left(X,T_s\right)\geqslant P_{Psncq}}}^{M}\frac{T-T_s}{T}\left\{P_{H_0}^m\left[1-P_f^m\left(X\right)\right]C_{H_0}^m+\right.$$

$$\left.\left(1-P_{H_0}^m\right)\left[1-P_d^m\left(X,T_s\right)\right]C_{H_1}^m\right\}$$

$$s.t.\sum_{m=1}^{M}x^{mn}=1,\quad n=1,2,\cdots,N \tag{2-34}$$

$$0\leqslant\sum_{n=1}^{N}x^{mn}\leqslant N_{co_{\max}},\quad m=1,2,\cdots,M$$

$$x^{mn}\in\{0,1\}$$

二、基于启发式算法的跨层并行合作频谱感知方法

本节采用启发式算法来解决系统模型中描述的数学问题。这里将该问题分解为两个子问题：一是在感知时间（T_s）固定时，如何确定分配矩阵 X；二是如何确定感知时长。

（一）感知时长固定时确定分配矩阵的方法

当感知时间（T_s）固定时，本文按照如下方法确定分配矩阵：先分配一个信道由一个认知用户感知就能满足检测概率要求的指派，再分配一个信道由多个认知用户感知才能满足检测概率要求的指派。

先将各信道按照信道速率从大到小排列，从速率最大的信道开始，将未被分配感知信道的认知用户根据在该信道上的信噪比进行从大到小排列，选取信噪比最大的认知用户，根据其信噪比（y_{mn}）和感知时间（T_s），计算其所能达到的检测概率，看是否满足检测概率的要求：若满足，则将该信道分配给该认知用户进行感知；若不满足，则继续检查信道速率次大的信道，同样选取信噪比最大的用户进行计算。依此类推，直至检测完所有的信道。

对于未被分配认知用户感知的信道，继续为其分配多个认知用户进行合作感知。首先，将未被分配的信道按照信道速率从大到小排列，从信道速率最大的开始，对于每一个信道，将各认知用户对于该信道的信噪比从大到小排列，选取信噪比最大且没有被分配感知信道的两个认知用户，对该信道进行合作检测，根据 T_s 和 γ_{mn} 计算其合作后的检测概率，看是否满足检测概率的要求：若满足，则将该信道分配给这两个认知用户进行感知；若不满足，则增加一个信噪比次大的认知用户进行合作感知。重复此过程，直至满足检测概率的要求。然后，若有剩余的未被分配感知任务的认知用户，继续检查信道速率次大的信道。如此反复，直至所有的认知用户均被分配感知任务，或所有的信道均被检查完毕。

这种方法称为基于启发式算法的感知时间固定的异构多信道合作频谱感知方法。此方法有如下具体步骤。

步骤 1：将各信道按照信道速率从大到小排列，从信道速率最大的信道开始。

步骤 2：对于该信道，从未被分配感知信道的认知用户中选取在该信道上信噪比最大的认知用户，计算 $P_d^{mn}(T_s)$。

步骤 3：判断检测概率是否大于：若满足，则将该信道分配给该认知用户进行感知；若不满足，则继续检查信道速率次大的信道，跳到步骤2。如此反复，直到检查完所有的信道。

步骤 4：将未被分配认知用户进行感知的信道按照信道速率从大到小排列，从信道速率最大的开始。

步骤 5：对于该信道，将未被分配感知信道的认知用户按照在该信道上的信噪比从大到小排列，选取信噪比最大的前两个认知用户。

步骤 6：分别利用式（2-26）和式（2-27），计算其合作后的检测概率。

步骤 7：判断是否满足检测概率要求 $P_{D\ req}$：若满足，则将这些认知用户分配感知该信道；若不满足，则在其余未被分配感知信道的认知用户中选择一个信噪比次大的认知用户与之前的认知用户合作感知该信道，跳到步骤6。如此反复，直至满足检测概率的要求或合作的认知用户数大于$N_{co\max}$。

步骤8：继续检查速率次大的信道，跳到步骤5，直至检查完所有信道，得到最终的分配矩阵X。

（二）利用穷举法确定感知时间

按照之前所述的系统模型，T_s只能在K个离散值之中选取，因此最优的T_s值可以通过穷举法获得。对于K个T_s值，分别用一节的方法计算能获得的最大有效吞吐量$R_{sum}(X,T_s)$，选择能获得最大$R_{sum}(X,T_s)$的，值作为最优的感知时间。这种方法称为基于启发式算法的感知时间穷举的异构多信道合作频谱感知方法。

（三）利用启发式算法确定感知时间

尽管HATE方法能够找到最优的感知时长以获得最大的有效吞吐量，但其计算复杂度较高，尤其是当K非常大的时候。为此，本节提出了另一种低复杂度的次优方法来求得最优的感知时长，称这种方法为基于启发式算法的感知时间启发的异构多信道合作频谱感知方法。

将感知时长的K个离散值$T_s(k)$由小到大排列，序号为$k=1$，2，$\cdots$，K。从中间的值开始，即从$k=\text{round}(\dfrac{k}{2})$开始，按照一节描述的"感知时长固定时确定分配矩阵的方法"分别计算感知时长为T_s（$k-1$）、T_s（k）和T_s（$k+1$）时的最大有效吞吐量，$R_{sum}(X,T_s(k-1))$、$R_{sum}(X,T_s(k))$和$R_{sum}(X,T_s(k+1))$，比较三者大小。若$R_{sum}(X,T_s(k))$最大，则$T_s(k)$为最优的感知时长，算法结束；如果$R_{sum}(X,T_s(k+1))$最大，则$k=k+1$，如果$R_{sum}(X,T_s(k-1))$最大，则$k=k-1$，重新计算最大有效吞吐量$R_{sum}(X,T_s(k-1))$、$R_{sum}(X,T_s(k))$和$R_{sum}(X,T_s(k+1))$。以此类推，直到$R_{sum}(X,T_s(k))$为最大，或最大值为$R_{sum}(X,T_s(1))$及$R_{sum}(X,T_s(k))$，得到最优的感知时长，算法结束。

此算法有如下具体步骤。

步骤1：置$k=\text{round}(\dfrac{k}{2})$

步骤2：按照描述的"感知时长固定时确定分配矩阵的方法"分别计算感知时长为T_s（$k-1$）、T_s（k）和T_s（$k+1$）时的最大有效吞吐量$R_{sum}(X,T_s(k-1)$、$R_{sum}(X,T_s(1))$和$R_{sum}(X,T_s(k+1))$。

步骤3：比较三者大小，对以下不同情况做不同处理。

（1）如果$R_{sum}(X,T_s(k+1))$最大，且$K+1=K$，则T_s（K）为最优的感知时长，

算法结束；

（2）如果 $R_{sum}(X, T_s(k+1))$ 最大，且 $K+1<K$，则 $K=K+1$，跳到步骤2。

（3）如果 $R_{sum}(X, T_s(k-1))$ 最大，且 $K-1=1$，则 $T_s(1)$ 为最优的感知时长，算法结束；

（4）如果 $R_{sum}(X, T_s(k-1))$ 最大，且 $K-1>1$，则 $K=K-1$，跳到步骤2。

（5）如果用 $R_{sum}(X, T_s(k))$ 最大，则 $T_s(K)$ 为最优的感知时长，算法结束。

（四）仿真分析

设感知的异构信道数（M）为10，每帧时长（T）为0.2 s，感知时长（T_s）可以在 $K=10$ 个离散值中选取，由小到大排列，最小值 $r(1)=0.003$ s，最大值（K）=0.03 s，各值之间间隔0.003 s，各认知用户处于各信道的信噪比（γ_{mn}）服从均值为 -5 dB 的指数分布，每个认知用户的虚警概率（P_f）为0.01，系统所允许的信道最大虚警概率（$\overline{P}_F$）为0.05。将采样频率 f_s 设为 10 000 Hz，各信道空闲时所能达到的信道速率（C_{H0}^m）在 0.1~10 Mbit/s 随机选取，各信道的空闲概率在 0~1 随机变化，检测概率要求（$P_{D\ req}$）为0.95，Monte Carlo 仿真次数为 10 000 次。

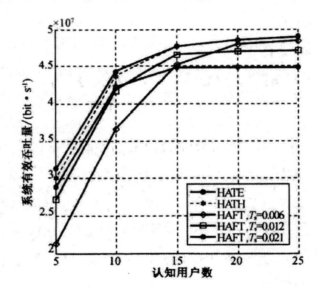

图 2-12　不同方法不同感知时间下有效吞吐量的比较

为分析感知时长固定时各方法的性能，本节将 HATE 和 HATH 与 T_s 取三个固定值时描述的感知时间固定的 HAFT 方法相比较。图 2-12 为当认知用户数从 5 到 25 变化时，三种方法系统有效吞吐量的变化曲线。由图 2-12 可以看出，随着认知用户数的增加，系统有效吞吐量逐渐增大。这是因为随着 N 的增加，可选择的参与合作感知的认知用户越多，达到检测概率要求所需要的感知时间就越少，因此所能达到的系统有效吞吐量就越大。在三种方法中，HATE 和 HATH 方法的系统有效吞吐量高于 HAFT 方法的有效吞吐量，这是因为 HATE 和 HATH 方法的感知时长能够随认知用户数的增加而变化，从而使系统有效吞吐量增加。此外，在用户数较少时，HATH 方法的系统有效吞吐量略低于 HATE 方法的系统有效吞吐量，当认知用户数增加时，两者逐渐重合。这是因为在认知用户数较少时，不同的系统有效吞吐量会因合作频谱感知的感知任务分配不同而呈现非单调特性，因此会导致 HATH 方法所选择的 T_S 并非最优的 T_S，虽然其在系统有效吞吐量上略低于穷举法，但却大大缩短了算法的运算量，在实际应用时，可根据系统要求和成本进行选择。在取三个固定值时的 HAFT 方法中，当认知用户数较少时，较大的感知时长能够获得更高的系统有效吞吐量；而当认知用户数较多时，较小的感知时长能够获得更高的系统有效吞吐量。这是因为在认知用户数比较小的时候，缺乏足够认知用户进行合作频谱感知，导致每个信道的检测概率较低，因此较大的感知时长能够获得更高的检测概率，从而使系统有效吞吐量更高；当认知用户数比较多时，由于有充足的认知用户进行合作频谱感知，因此较小的感知时长就能够满足检测概率的要求，而较小的感知时长又能获得更多的传输时长，从而使系统有效吞吐量更高。

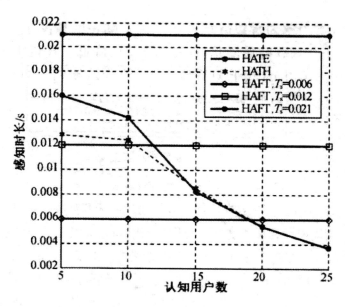

图 2-13　不同方法感知时长的比较

图 2-13 比较了 HATE、HATH 和 HAFT 方法的感知时长。由图 2-13 可见，HATE 和 HATH 方法的感知时长随认知用户数的增多而减少。这是因为随着认知用户数的增多，有更多的认知用户能够参与合作频谱感知，使达到检测概率要求的感知时长变短。此外，HATH 方法的感知时长在用户数较少时，会与 HATE 方法的感知时长存在一定

差异；当认知用户数增加时，逐渐与 HATE 方法的感知时长重合。

下面将 HATE 和 HATH 方法与基于迭代匈牙利算法的并行合作频谱感知方法、改进的基于迭代匈牙利算法的并行合作频谱感知方法以及基于贪婪算法的并行合作频谱感知方法进行比较。在基于迭代匈牙利算法的并行合作频谱感知方法中，由于缺乏有效的终止条件，因此为了追求较高的检测概率，会导致过多的认知用户进行感知。这不仅会增加信道的虚警概率，降低频谱资源的利用率，还会导致过多的认知用户能量消耗。为此，本节对其进行改进，引入与本节相同的检测概率要求（$P_{D\ req}$），如果某个信道的检测概率值高于 $P_{D\ req}$，则该信道不再分配其他认知用户与已分配认知用户一同进行感知。这种算法称为改进的基于迭代匈牙利算法的并行合作频谱感知方法。

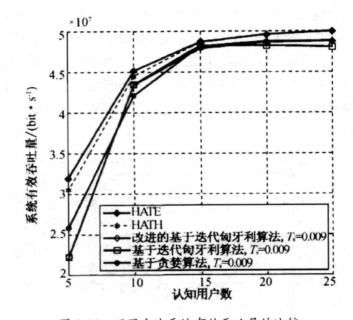

图 2-14　不同方法系统有效吞吐量的比较

图 2-14 比较了 HATE 和 HATH 方法与基于迭代匈牙利算法的并行合作频谱感知方法、改进的基于迭代匈牙利算法的并行合作频谱感知方法以及基于贪婪算法的并行合作频谱感知方法的系统有效吞吐量。在后三种方法中，由于不能进行感知时长的选取，因此设感知时长（T_S）为 0.009 s。对于其他 T_S 值，其有效吞吐量变化特性与图 2-14 相同，由于篇幅有限，这里不再描述。由图 2-14 可见，所有方法的系统有效吞吐量都会随认知用户的增加而增加。这是因为随着认知用户数的增加，更多具有高检测性能的认知用户被指派进行合作感知，从而使系统有效吞吐量增加。其中，HATE 和 HATH 方法由于能够动态调整感知时长，因此较其他三种方法能够获得更高的系统有效吞吐量。当 N 较小时，HATH 方法的系统有效吞吐量略低于 HATE 方法的系统有效吞吐量；当认知用户数增加时，两者逐渐重合。

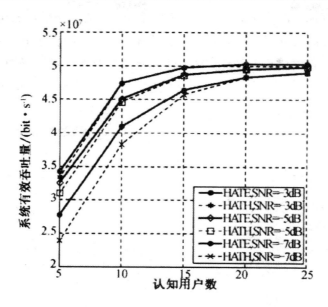

图 2-15 HATE 和 HATH 方法在不同 SNR 均值时系统有效吞吐量的比较

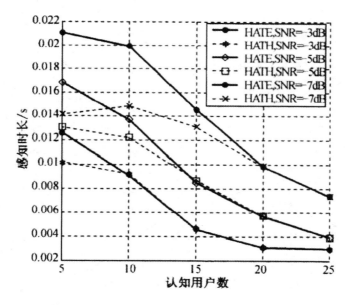

图 2-16 HATE 和 HATH 方法在不同 SNR 均值时感知时长的比较

图 2-15 和图 2-16 为在不同信噪比均值下 HATE 方法与 HATH 方法的系统有效吞吐量及感知时长的变化曲线。由图 2-15 和图 2-16 可以看出，信噪比越低，所需的感知时长就越大，系统有效吞吐量就越低。这是由于较低的 SNR 值会导致各认知用户的检测概率较低，这样就需要更长的感知时长来达到检测概率的要求，因此如图 2-16 所示，SNR 值越低，同等认知用户数情况下所需的感知时长就越长。在固定帧长的情况

下，感知时长的增加会使传输时长变短，因此系统有效吞吐量随信噪比的降低而降低。HATH 方法的感知时长和系统有效吞吐量在认知用户较少时低于 HATE 方法；随着认知用户数的增加，HATE 方法和 HATH 方法的系统有效吞吐量及感知时长均逐渐趋于一致。

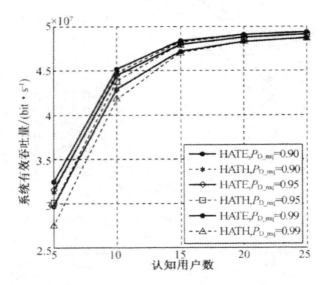

图 2-17　HATE 和 HATH 方法在不同（$P_{D\ req}$）时系统有效吞吐量的比较

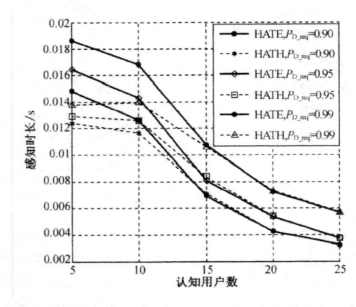

图 2-18　HATE 和 HATH 方法在不同（$P_{D\ req}$）时感知时长的比较

图 2-17 和图 2-18 为在不同系统检测概率要求（$P_{D\ req}$）下 HATE 方法与 HATH 方法的系统有效吞吐量及感知时长的变化曲线。由图 2-17 可以看出，系统检测概率要求

越高，所能达到的系统有效吞吐量就越低。这是因为系统检测概率要求越高，为了达到系统检测概率的要求，所需要的感知时长就越长。在固定帧长的情况下，感知时长的增加会导致传输时长变短，因此系统有效吞吐量随系统检测概率要求的降低而降低。HATH 方法的系统有效吞吐量和感知时长在认知用户较少时低于 HATE 方法；随着认知用户数的增加，HATE 方法和 HATH 方法的系统有效吞吐量及感知时长均逐渐趋于一致。

综上所述，本节提出的 HATE 和 HATH 两种方法能够在检测概率与虚警概率的约束下，通过最优地确定感知任务的分配和感知时长的选取，使系统的有效吞吐量最大。其中，HATE 方法运算量稍大，得到的是最优的感知时长，即最优解，HATH 方法运算量较少，得到的是与最优解非常接近的次优解，当认知用户数较多时，次优解与最优解一致。实际应用时，可根据实际需求以及对运算量是否敏感进行选取。

三、基于迭代 KM 算法的跨层频谱感知方法

（一）算法描述

本节将系统模型中式（2-34）描述的问题分解为两个子问题来解决：一是固定时长（T_s）下如何确定最优的感知任务分配 X；二是如何选择最优的。

1. 利用迭代 KM 算法确定固定 T_s 时的 X

对于固定的 T_s，确定 X 的过程可以等效为一个线性分配问题。本节将该线性分配问题等效成一个二分图，采用 KM 算法求解最优匹配问题，使系统的有效吞吐量最大。在二分图中，N 个认知用户和 M 个信道分别对应于二分图一侧的 N 点与另一侧的 M 点。点与点之间的边表示边一侧对应的认知用户感知边另一侧对应的信道。这样，通过 KM 算法就能得到二分图的最优匹配，即最优的感知任务分配。但 KM 算法只能解决一对一的匹配问题，而在合作频谱感知中，一个信道可能会被同时分配给多个认知用户进行感知。

本节采用迭代的方式解决该问题，在每次迭代中，给每个信道分配一个或不分配认知用户。在迭代过程中，边的权重在不同情况下有不同的定义。当该边对应的认知用户感知对应信道时的检测概率高于 $P_{D\ req}$ 时，匹配的目的是最大化吞吐量，则将边的权重定义为有效吞吐量 $R_{sum}(X, T_s)$；当该边对应的检测概率低于 $P_{D\ req}$ 时，则该信道的有效吞吐量为 0。匹配的目的是提高检测概率，因此将边的权重定义为该边对应认知用户感知对应信道的检测概率。基于上述内容，第 n 个认知用户和第 m 个信道对应边的权重为

$$W^{mn} \begin{cases} \dfrac{T-T_s}{T}\left\{P_{H0}^m\left[1-P_f^m(X')\right]C_{H_0}^m + (1-P_{H_0}^m)\left[1-P_d^m(X',T_s)\right]C_{H1}^m\right\}, & P_d^{mn} \geqslant P_{D-req} \\ P_d^{mn}, & P_d^{mn} < P_{D-req} \end{cases} \quad (2\text{-}35)$$

式中 $P_d^m(X,T_s)$ 和 $P_f^m(X')$ 可由式（2-34）与式（2-35）计算得到；X' 为计算矩阵，用于计算每个边的权重（W^{mn}），定义为 $X'=X+Xp$，其中 X 为之前迭代得到的最优分配矩阵，在第一次迭代中设 $X=0$；X_p 为计算边权重时的临时矩阵，仅 $X_p(m,n)=1$，其他值均为 0。

确定权重后，运用一次 KM 算法，即可得到当前迭代的最优匹配矩阵（X_0）；更新分配矩阵 $X=X+X_0$；只有未被分配感知信道的认知用户和检测概率低于 P_{D_req} 且分配感知的认知用户数小于 $N_{co\max}$ 的信道参与下一次迭代。

当满足以下三个条件之一时，迭代终止：①所有的认知用户都被分配去感知信道；②所有信道都由 $N_{co\max}$ 个认知用户感知；③所有信道的检测概率均高于 P_{D_req}。最后，得到最优分配矩阵 X。

X 的确定方法有如下具体步骤。

步骤 1：设初始值 N、M、$\overline{P}_F$、P_{D_req}、P_f、P_d、T、$T_{s-\max}$、K、P_{H0}^m、C_{H1}^m 和 C_{H0}^m。设 $X=0$，$X_0=0$；根据式（2-33）计算 $N_{co\max}$。

步骤 2：选择符合要求的信道和没有被分配的认知用户参与本次迭代。符合要求的信道是指信道的检测概率低于 P_{D_req}，且分配感知的认知用户数小于 $N_{co\max}$。

步骤 3：为参与本次迭代的认知用户和信道根据式（2-35）计算各边的权重（W^{mn}）。

步骤 4：利用 KM 算法得到最优当前分配矩阵（X_0），使系统有效吞吐量（R_{sum}）最大，更新最优分配矩阵 $X=X+X_0$。

步骤 5：当满足以下条件之一时，算法终止：①所有的认知用户都被分配去感知信道；②所有信道都由 $N_{co\max}$ 个认知用户感知；③所有信道的检测概率均高于 P_{D_req}。最后，得到最优分配矩阵 X。否则，转到步骤 2 开始下一次迭代。

2. 四分法选择 T_S

将感知时长的 K 个离散值 $T_S(K)$ 由小到大排列，$K=1$，2，$\cdots$，K。设 $K=4j$，其中 j 是一个正整数。为了得到最优的 T_S，迭代地从 K 个 $T_S(k)$ 中选取三个进行比较。设 c 为比较的中心值，s 为比较的范围，首先将以下三个 K 值的 $T_S(k)$ 进行比较：$c-$、c 及 $c+$ 在第 i 次比较中，有

$$s = \frac{k}{2^{i-1}} \quad (2\text{-}36)$$

在第一次比较中，设 $C=\dfrac{K}{2}$，$S=K$。分别利用迭代 KM 算法计算三个不同 k 值时的最大有效吞吐量，即感知时长分别为 $T_S(\frac{1}{4}k)$、$T_S(\frac{2}{4}k)$ 和 $T_S(\frac{3}{4}k)$ 时的最大有效吞吐量 $R_{sum}(X,\ T_S(\frac{1}{4}k))$、$R_{sum}(X,\ T_S(\frac{2}{4}k))$ 和 $R_{sum}(X,\ T_S(\frac{3}{4}k))$，比较三者大小。将能获得最大有效吞吐量的 k 值赋值给 C 进行下一次比较。例如，如果 $T_S(\frac{2}{4}k)$ 可以获得最大的有效吞吐量，在下一次比较中，$C=\dfrac{2}{4}K$，$S=\dfrac{k}{2}$ 则进行比较的 T_S 值为 $\dfrac{3}{8}k$，$\dfrac{4}{8}k$ 和 $\dfrac{5}{8}k$。以此类推，直到 $s=4$ 因此总的比较次数为

$$I=1+\log_2\frac{k}{4} \tag{2-37}$$

在最后一次比较中，获得最大有效吞吐量的 $T_S(k)$ 即为最优的感知时长。但如果最后得到最优的 $T_S(k)$ 中的 k 值为 $K-1$，则需要继续比较 $R_{sum}(X,\ T_s(k))$ 和 $R_{sum}(X,\ T_s(k))$，最终选取两者中最大的作为最优的感知时长。

此方法有如下具体步骤。

步骤 1：置 $C=\dfrac{K}{2}$，$S=K$，$i=1$。

步骤 2：利用上述"利用迭代 KM 算法确定固定 T_S 时的 X"的方法分别计算有效吞吐量 $R_{sum}(X,T_s(c-\frac{s}{4}))$、$R_{sum}(X,T_s(c))$ 和 $R_{sum}(X,T_s(c+\frac{s}{4}))$。

步骤 3：如果 $s\neq4$，则将获得最大有效吞吐量的 k 值赋值给下一次比较中的 c，即 $c=k$，置 $i=i+1$，$s=\dfrac{k}{2^{i-1}}$，跳转到步骤 2；如果 $s=4$，则继续进行步骤 4。

步骤 4：如果 $k\neq K-1$，则三者中获得最大有效吞吐量的 $T_S(k)$ 为最优感知时长，算法终止；如果 $k=K-1$，则继续比较 $R_{sum}(X,T_s(k))$ 和 $R_{sum}(X,T_s(K))$，两者中较大者对应的 $T_S(k)$ 为最优的感知时长，算法终止。

（二）仿真分析

在仿真分析中，仿真软件为 Matlab，使用蒙特卡洛方法，仿真次数为 10 000 次。仿真参数除特殊说明外均设置如下：用 $M=10$；各认知用户所处信道的信噪比（γ_{mn}）服从均值为 -5 dB 的指数分布；$T=200$ ms；$P_s=0.01$；$\overline{P}_F=0.05$；$P_{D\ req}=0.95$；$f_s=10\ 000$ Hz；最大的感知时长为 $T_{s-max}=32$ ms，它被均匀地分成 $K=16$ 段，每段间隔 2 ms，从最短的 $T_S(1)=2$ ms 到最长的 $T_S(k)=32$ ms 共 K 个离散值；C_{H0}^m 在 0.1~10 Mbit/s 随机选取；C_{H1}^m 却在 0.1 ~1 Mbit/s 随机选取；P_{H0}^m 的概率在 0~1 随机变化。

下面将本节所提出的基于迭代 KM 算法的跨层异构多信道频谱感知方法与 WangZ.

提出的基于迭代匈牙利算法的合作感知方法、改进的基于迭代匈牙利算法的合作感知方法，以及富爽、杜红、许杰提出的基于贪婪算法的合作感知方法进行比较。在改进的基于迭代匈牙利算法的合作感知方法中，引入检测概率要求（$P_{D\ req}$），当某信道的检测概率大于或等于$P_{D\ req}$时，则停止对该信道的继续指派。

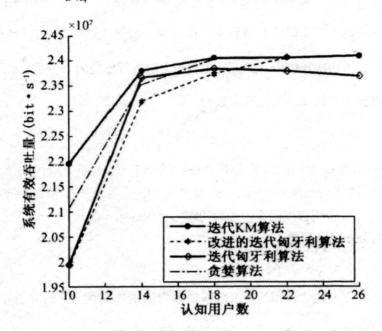

图 2-19　四种寻找最优分配矩阵的方法比较

图 2-19 为四种寻找最优分配矩阵的方法比较，包括本节提出的利用迭代 KM 算法确定固定 T_S 时的 X 的方法、基于迭代匈牙利算法的合作感知方法、改进的基于迭代匈牙利算法的合作感知方法和基于贪婪算法的合作感知方法。由图 2-19 可以看出，本节提出的基于迭代 KM 算法的频谱感知方法相较于其他三种方法能够获得更大的有效吞吐量。这说明本节所提出的迭代 KM 算法确定分配矩阵的方法可以比其他三种方法更好地进行感知任务分配。

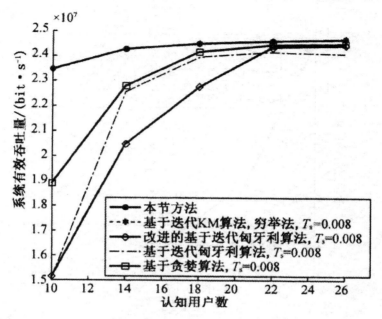

图 2-20　五种频谱感知方法的有效吞吐量比较

图 2-20 为五种频谱感知方法的有效吞吐量比较：第一种方法为本节所提方法，采用迭代 KM 算法确定分配矩阵，采用四分法确定感知时长；第二种方法也采用迭代 KM 算法确定分配矩阵，但采用穷举法确定感知时长，即在选择感知时长时，对所有感知时长的取值均计算其最大有效吞吐量，取有效吞吐量最大的作为最优的感知时长；后三种方法（改进的基于迭代匈牙利算法的合作感知方法、基于迭代匈牙利算法的合作感知方法和基于贪婪算法的合作感知方法）由于不具备确定感知时长的能力，因此我们以 T_s =6 ms 为例进行仿真，T_s 为其他值时仿真结果均相似。由图 2-20 可见，本节方法相较于后三种方法能获得更高的有效吞吐量。当信噪比分别为 10 dB、14 dB、18 dB、22 dB 和 26 dB 时，相较于后三种方法，本节方法的系统有效吞吐量分别平均提升 45.89%、1.60%、4.27%、1.30% 和 1.38%。从确定最优感知时长的方法来看，本节所提出的四分法与穷举法的吞吐量几乎完全重合，说明采用四分法能够有效地得到最优感知时长，从而获得较大的系统有效吞吐量。在运算量上，本节所提出的四分法相较于穷举法能使运算量大大减少。

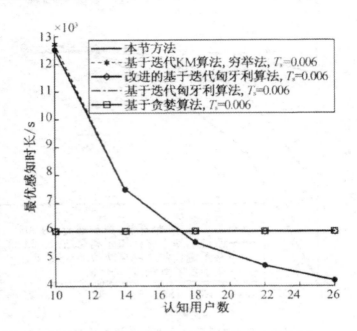

图 2-21　五种频谱感知方法的感知时长比较

图 2-21 为以上五种频谱感知方法的感知时长比较。由 2-21 可见，本节方法的感知时长随认知用户数的增加而减少。这是因为随着更多的认知用户参与合作感知，在较短的时间内就能获得较高的检测概率，因此感知时长减少。本节所提出的四分法选取的 T_s 与穷举法选取的 T_s 相比，在认知用户数较少时，两者有轻微差异；但当认知用户数较多时，两者几乎完全重合。这说明采用四分法能够有效地选取最优的感知时长，相较于穷举法求 T_s，能使运算量大大减少。

因此，本节所提出的基于迭代 KM 的跨层并行合作频谱感知方法，能够在异构信道环境中，充分考虑不同认知用户对不同异构信道感知性能的差异，通过最优地确定感知时长并进行感知任务分配，使系统有效吞吐量最大，解决了多个认知用户如何在较短的感知时隙内以合作的方式同时感知多个异构信道的问题。相较于基于迭代匈牙利算法的合作感知方法、改进的基于迭代匈牙利算法的合作感知方法和基于贪婪算法的合作感知方法，本节所提方法能够获得更大的系统有效吞吐量。

第三章 认知无线网络频谱分配技术

第一节 认知无线电频谱分配模型

一、干扰温度模型

认知无线电频谱分配是根据接入到频段内的认知用户数和认知用户的接入需求将频谱分配给某一个或者多个认知用户。认知无线网络的自适应动态频谱分配不仅可以提高系统的灵活性、降低信道的能耗，还可以使主用户与认知用户之间合理、公平地共享频谱资源，避免产生资源争抢冲突。

认知无线电频谱分配模型包括干扰温度模型、基于图着色理论的频谱分配模型、博弈论模型、拍卖竞价模型和网间频谱共享模型等。

2003 年，FCC 引入了干扰温度的概念来量化和管理干扰，其基本思想是管理接收功率而不是发射功率。采用干扰温度模型，工作在授权频段的认知无线电设备可以测量当前的干扰环境，相应调整发射机的属性（如发射功率、频谱等），从而避免对主用户的干扰超过干扰温度限。干扰温度的概念与噪声温度的概念等价，它是干扰的功率及其相应带宽的一个量度。干扰温度 T_1 的单位为 K，定义为

$$T_1(f_c, B) = \frac{P_1(f_c, B)}{k_B B} \tag{3-1}$$

式中，$P_1(f_c, B)$ 表示中心频率为 f_c、带宽为 B（单位为 Hz）频带内的平均干扰功率；k_B 为玻尔兹曼常数。对于某固定区域，FCC 确定干扰温度限 T_L，作为给定区域、给定频段上的授权无线电可容忍干扰的上限。任何使用该频段的认知无线电用户必须保证其信号的发射不会使得该频段的干扰温度超过 T_L。

设置干扰温度限的目的是对获得的干扰温度估计值进行判定，当认知无线电对主用户的干扰低于温度限时，该频段空穴被认为是空白，即可以被认知用户利用。因此，

设置干扰温度限时需要考虑主用户的业务要求特性，认知用户使用该频段时不能对主用户的业务造成影响。针对通信业务而言，为了获得良好的通信质量，一般要求保证通信频段内的信噪比。在认知无线电中，对主用户的噪声首先源于认知用户形成的干扰，也就是进行谱估计时的干扰温度估计值。因此，可以根据主用户的信噪比要求设置干扰温度限。

干扰温度限的计算过程为：从主用户处获得最低信噪比 SNR_{min}、发射功率 P_T、发射频率 f 和传输距离 d，通过估计无线信道的传输增益 $h(f,d)$，得到主用户接收端的接收功率，即

$$P_R = P_T h(f,d)^2 \quad (3-2)$$

进而求得主用户所要求的最大背景噪声功率为

$$N_{max} = P_R / SUR_{min} = P_T h(f,d)^2 / SUR_{min} \quad (3-3)$$

可获得针对该带宽的基本干扰温度限为

$$T_L = N_{max} / (k_B B) \quad (3-4)$$

由于认知正交频分复用（Cognitive OFDM，C-OFDM）系统采用多载波调制技术，需要利用多个传感器或多个接收天线接收信号，干扰温度是对多个接收信号分别进行估计得到的，可以对其进行加权求和得到总干扰温度估计值，因此干扰温度限 $T_{L,\text{COFDM}}$ 通常可以设定为基本干扰温度限 T_L 的若干倍，即

$$T_{L,\text{COFDM}} = N T_L = N P_T h(f,d)^2 / (SUR_{min} k_B B) \quad (3-5)$$

式中，N 为 C-OFDM 系统的子载波个数。在实际环境中，信号与干扰的区分、中心频率 f_c 和带宽 B 等均存在不确定性，这里主要研究以下两种干扰模型。

1. 理想干扰模型

理想干扰模型是指系统能够区分噪声和信号，干扰温度包括背景干扰、认知用户信号传输对主用户的干扰，在此框架下的干扰温度考虑的是主用户带宽。

定义理想干扰模型在于限制认知用户对主用户的干扰。假设认知用户的平均功率为 P，中心频率为 f_c，带宽为 B，在频段 $[f_c - B/2, f_c + B/2]$ 上有 n 个中心频率为 f_i、带宽为 B_i 的主用户信号。理想干扰模型的目的是保证

$$T_1(f_i,B_i) + \frac{h_i^2 p}{k_B B_i} \leqslant T_L(f_i), i=1,2,\cdots,n \quad (3-6)$$

式中，h_i 为认知用户与主用户之间的信道增益；$T_1(f_i,B_i)$ 为第 i 个用户的噪声干扰温度；$T_L(f_i)$ 为第 i 个用户的干扰温度限。

在理想干扰模型中，主要有两方面的问题需要解决：①确定主用户信号；②在主用户信号存在情况下如何衡量 T_1。如果已知信号的带宽 B 及其中心频率 f_c，则 T_1 可近似表示为

$$T_1(f_c, B) \approx \frac{N(f_c - B/2 - \tau) + N(f_c + B/2 + \tau)}{2k_B B} \qquad （3-7）$$

式中，τ 为安全冗余频谱。

若已知带宽 B，则计算平均功率 $\overline{P}$：

$$\overline{P} \leqslant \frac{B_i k_B}{h_i^2}(T_1(f_i, B_I)), i = 1, 2, \cdots, n \qquad （3-8）$$

在理想模型中，最大可用带宽是由频段内多个不同主用户信号所决定的。在中心频率为 f_c、带宽为 $B_{\max}$ 的频段上，假设有 n^* 个主用户信号存在，对于每个主用户信号频段都可以计算出相应的最大发射功率 P_i。为了不干扰主用户，认知用户功率 P 必须小于 P_i 中的最小值，即

$$P \leqslant \min_{i=1,2,\cdots,n^*} \frac{B_i k_B}{h_i^2}(T_L(f_i) - T_1(f_i, B_i)) \qquad （3-9）$$

此时，无论带宽 B 取多少，都不会对主用户信号造成干扰。因此，在此情况下的认知带宽限制为

$$B \leqslant B_{\max} \qquad （3-10）$$

严密起见，可以选择距离中心频率 f_c 最近的造成干扰的用户序号 i^*，可得

$$B \leqslant 2(|f_c - f_i| - B_i/2) \qquad （3-11）$$

2. 通用模型

该模型不包括授权信号的先验信息，干扰温度包括背景干扰、其他主用户信号和认知用户信号传输对主用户的干扰，在此框架下的干扰温度限考虑的是认知无线电用户带宽。基于此的干扰温度分布在整个频段内而不仅仅是主用户带宽内，因此可得

$$T_1(f_c, B) + \frac{h^2 p}{k_B B} \leqslant T_L(f_c) \qquad （3-12）$$

式中，h 是信道中的平均信道增益。

由此可以得到认知用户功率上限为

$$P^L \leqslant \frac{B k_B}{h^2}(T_L(f_c) - T_1(f_c)) \qquad （3-13）$$

当 PU 接收机收到来自多个 SU 的干扰时，噪声底限升高，引起 PU 信号覆盖范围减小。FCC 频谱管理工作组推荐采用干扰温度度量 PU 受 SU 干扰的程度，即频谱感知中基于干扰温度的 PUR 检测。此外，Haykin 首先提出认知循环模型，并提出了"干扰温度"概念及其度量指标。干扰温度从单纯 PUR 对干扰的测量转向 SUT 与 PUR 之间的自适应实时交互测量。不同载波用户间的信道频谱泄露，会引起背景噪声的升高，等同于干扰温度的升高。干扰温度限制了频谱中的功率分配和信道容量上限。认知无

线网络根据检测到的 PU 频谱使用情况和相应频谱上的干扰温度，在多用户中动态地分配资源，以充分利用频谱。SU 利用的不同子信道必须正交或具有子载波间的干扰阈值，以降低干扰温度。若不考虑信道间和用户间的干扰，干扰温度功率表示为

$$\sigma_n^2 = k_B T \Delta f_i \qquad (3\text{-}14)$$

式中，k_B 为玻尔兹曼常量；$\Delta f_{i+} - f_{i-}$ 为信道带宽，f_{i+}、f_{i-} 分别为频带上下限；T 为干扰温度。若考虑用户间干扰与频谱泄露，干扰温度功率可表示为

$$\sigma_{\text{inter}}^2 = \sum_{j=1}^{N} \int_{f_{i-}}^{f_{i+}} P_j \left| H_i(f) \right|^2 \, \mathrm{d}f \qquad (3\text{-}15)$$

式中，P_f 为第 j 个的 SU 功率；$G_j(f)$ 为第 j 个 SU 与 PU 间的信道频率响应；$H_i(f)$ 为 PUR 的频率响应；N 为 SU 的数量。对于 PU 接收机，总干扰功率为

$$\sigma_{\text{total}}^2 = \sigma_n^2 + \sigma_{\text{inter}}^2 \qquad (3\text{-}16)$$

因此，等效干扰温度为 $T_{\text{total}} = \dfrac{\sigma_{\text{total}}^2}{k_B \Delta f_i}$。干扰温度限提供了特定频段和特定地理位置射频环境的最恶劣情形描述。在特定频段下，SU 可在干扰温度范围内使用该频段，干扰温度功率限 σ_{total}^2 为该频段干扰功率上限，采用干扰温度模型可控制 SU 对 PU 的干扰。干扰温度模型如图 3-1 所示。由式（3-15）可知，要使 σ_{total}^2 最小，由于 σ_n^2 为系统固有的干扰功率，故要求 $\left| H_i(f) G_i(f)(i \neq j) \right|$ 最小化，从而降低 T_{total}。采用滤波器组设计 SU 前端频谱估计器，可在低复杂度和不增加额外带宽的前提下使 $\left| H_i(f) G_i(f)(i \neq j) \right|$ 达到最小。

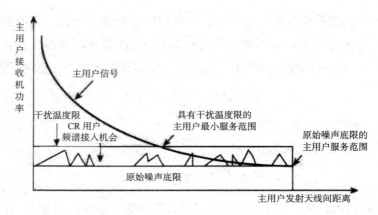

图 3-1　干扰温度模型

二、基于图着色理论的频谱分配模型

频谱分配可以映射成对无向图 G 进行顶点着色。认知无线电中的图论着色模型考虑了对主用户的干扰和具有空时差异性的可用频谱。图着色理论的频谱分配数学模型

建立在相应的干扰和约束条件之上口。进行频谱分配时，将认知用户组成的网络拓扑抽象成图的概念。图内每个顶点代表一个用户，每一条边代表一对顶点间存在的冲突或干扰。若图中的任意两个顶点仅有一条边连接，则表示这两个节点不能同时使用同一频段。另外，将每个顶点与一个集合关联起来，该集合代表在所在区域位置内该顶点可以使用的频谱资源。每个顶点的地理位置不同，因此不同顶点所关联的资源集合是不同的。蜂窝系统小区间的频谱规划一般就采用基于图着色理论的频谱分配模型。

图论中的"图"，与人们通常指的图，如圆、函数图形等是不同的，它是指某类具体事物及这些事物间的相互联系，也就是由一个表示具体事物的点集合和表示这些事物间联系的线段集合所构成。这些点称为图的顶点，线段称为边，一条边连接的两个点称为这条边的端点。图的本质内容是顶点与边之间的相互关系，用数学语言可以将图 G 表述为一个偶对（V、E），记作 $G=(V, E)$，其中 V 是一个 $1 \times m$ 的向量，它的元素称为顶点，E 是无序乘积 $n \times n$ 的一个矩阵，其元素称为边。

图的着色问题是图论的一个重要内容，也是比较活跃的研究方向之一。若用 n 种颜色为图 G 的顶点进行上色，且任一条边的两个端点不着同一种颜色，则该过程可看作 G 的一个 n 着色问题。若图 G 按以上方法需要上 n 种颜色，则称 G 为 n 色的，n 为 G 的色数。

基于图着色理论的频谱分配采用"0/1"频谱分配模型，具有 n 个子信道的频谱分配问题可以看作图 G 的 n 着色问题。在传统无线通信系统中，图着色模型也曾用于进行蜂窝系统小区间的频率划分，应用到认知无线网络中，则需要考虑无线环境的时变性和信道质量的不稳定性，以及对主用户的干扰避免问题。因此，认知无线电的图着色频谱分配以对认知节点的条件约束为理论前提。

在基于图着色理论的认知无线电频谱分配机制中，由认知节点组成的网络可建模为一个无向图 G，网络中的每个认知节点用图 G 中的顶点表示，任意两个认知节点之间的干扰关系用连接两个顶点的边表示。若两个认知节点之间不能同时使用某一子信道进行传输，则进行该信道的分配时，这两个顶点之间就存在一条边。每个认知节点有一个可用频谱资源集合，该集合随节点地理位置的不同而改变。顶点与一个集合相关联，该集合代表此顶点所在区域可以使用的频谱资源。图 3-2 给出了基于图着色理论的认知无线网络模型。

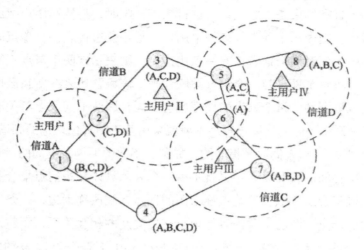

图 3-2   认知无线网络的图论模型

图 3-2 中，有 A、B、C、D 四个可用子信道供认知节点选择，8 个节点分布成图中的拓扑结构。在认知网络范围内共存在 4 个主用户，分别用 Ⅰ、Ⅱ、Ⅲ、Ⅳ 表示，它们使用的信道分别为信道 A ～信道 D，虚线表示该主用户的传输范围。主用户使用不同的子信道工作，信号覆盖范围由其传输功率决定，为避免干扰，在对应的主用户使用它的授权频段进行传输时，处于其虚线圈内的认知节点就不能使用同一信道进行通信，从图中可以看出，处于各个主用户信号覆盖范围内的认知节点，其可用频率中都没有包含相应的授权信道。由于认知节点 4 未处于任意一个主用户的覆盖范围内，它可以使用所有授权频段进行传输，而不会对主用户产生干扰。

假设图 3-2 中的 8 个认知节点可用 $V_i(i=1,2,\cdots,8)$ 表示，认知节点的可用频率集合 B 是一个 8×4 的矩阵，$B_{i,j}=1$ 表示子信道 j 当前对认知节点 V_i 是可用的，则图论表达式 $G=(V,E)$ 以及矩阵可通过如下向量和矩阵来描述：

$$D=\left[V_1,V_2,\cdots,V_8\right] \tag{3-17}$$

$$E=\begin{bmatrix} 0 & 1 & 0 & 1 & 0 & 0 & 0 & 0 \\ 1 & 0 & 1 & 0 & 0 & 0 & 0 & 0 \\ 0 & 1 & 0 & 0 & 1 & 0 & 0 & 0 \\ 1 & 0 & 0 & 0 & 0 & 0 & 1 & 0 \\ 0 & 0 & 1 & 0 & 0 & 1 & 0 & 1 \\ 0 & 0 & 0 & 0 & 1 & 0 & 1 & 0 \\ 0 & 0 & 0 & 1 & 0 & 1 & 0 & 0 \\ 0 & 0 & 0 & 0 & 1 & 0 & 0 & 0 \end{bmatrix},\quad B=\begin{bmatrix} 0 & 1 & 1 & 1 \\ 0 & 0 & 1 & 1 \\ 1 & 0 & 1 & 1 \\ 1 & 1 & 1 & 1 \\ 1 & 0 & 1 & 0 \\ 1 & 0 & 0 & 0 \\ 1 & 1 & 0 & 1 \\ 1 & 1 & 1 & 0 \end{bmatrix} \tag{3-18}$$

实际上，各个节点的可用频率集合呈现无规律的时变性，主要取决于主用户的传输情况和认知节点的位置变化。认知系统在各个子信道分配之前都会对网络拓扑改变情况进行检测，认知节点根据系统检测报告对网络的拓扑信息进行实时更新。

图 G 的着色问题的最优解是 NP 难问题，其复杂的求解过程给分配算法的设计带来困难。因此，认知无线网络的信道分配优化算法一般采用简化模型来求解。假设获得每个信道带来的效用都采用归一化的计算方式，首先计算各节点存在的干扰边条数，并选择其中干扰最少的顶点 i^*，满足如下要求：

$$i^* = \arg\min_{i=0,1,\cdots,N-1} \sum_{j=0}^{N-1} e_{ij} \qquad (3\text{-}19)$$

节点 i^* 竞争到当前分配的信道，即为该顶点涂上当前信道代表的颜色，更新图 $G = (V, E)$ 及可用信道矩阵 B，从 $V(G)$ 中删除顶点 N_i，从 $E(G)$ 中删除 N_i 对应的干扰边，可用信道矩阵 B 中与 N_i 存在干扰的顶点对应的当前子信道将不再可用。之后根据新的图 G 继续下一轮分配，直到 E 为全零矩阵，或 B 为全零矩阵。上述基于图着色理论的信道分配流程，如图 3-3 所示。

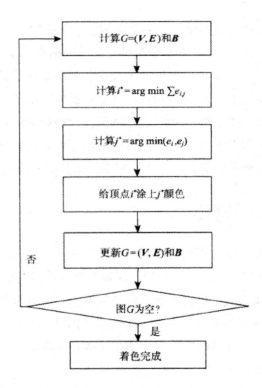

图 3-3　基于图着色理论的信道分配流程

三、博弈论模型

博弈论衍生于象棋、围棋、扑克等传统的游戏，将游戏中的具体问题抽象化，建立起完备的逻辑框架和体系，即博弈论的基础。它指一些个人、团队或组织在一定的条件约束下，依靠所掌握的信息，同时或先后，一次或多次从各自可能的行为或策略集合中进行选择并决策，各自取得相应结果或收益的过程。在认知无线网络中，博弈论模型主要用于分析和解决分布式网络架构下的频谱竞争问题。

博弈论是研究决策主体的行为发生直接相互作用时的决策以及这种决策的均衡问题的理论，是一种使用严谨的数学模型来解决现实中冲突利害的理论。将博弈论模型引入认知无线网络中，可以分析并解决用户之间竞争频谱的分布式行为问题。

四、拍卖竞价模型

拍卖竞价模型是利用微观经济学中的定价拍卖原理而制定的。在拍卖竞价模型中，网络一般采用集中式结构，中心接入点或基站在一次拍卖活动中充当拍卖人，而 CR 用户是投标人。在拍卖活动中，各投标人为满足自身需要而给频谱资源投标，拍卖人根据不同的效用需求确定自身的目标函数，即确定投标人的胜出规则，例如，将最大化系统吞吐量作为目标函数，胜出者就是吞吐量投标值最大的用户，同时利用效用公平和时间公平等原则保证投标者在拍卖过程中的公平性。这一频谱分配机制在近年来得到广泛的研究，且已经被证明是认知无线网络频谱分配问题的有效解决方法之一。

五、网间频谱共享模型

认知无线电技术可应用到不同的无线网络中，使其具备伺机接入空闲授权频段的功能，不同的动态频谱接入系统可在频域、时域、空域等多个维度上实现共存。因此，不同认知网络之间的频谱共享机制需通过特定的网间频谱共享模型来分析。目前关于网间频谱共享机制的研究主要针对工业科学医学（ISM）频段上无线局域网与蓝牙系统之间的共存问题，而对动态频谱分配网络迄今为止尚没有很成熟的研究成果，这里简单介绍网间频谱共享模型的最新研究进展。

针对集中式架构的网间频谱共享模型，提出了共用频谱合作信道（CSCC）协议。为实现 IEEE802.1b 和 IEEE802.16a 的网间频谱共享，需对原有的节点配置进行修改，增加动态频谱接入功能。节点间的协作信息通过控制信道进行广播，用于节点传输信道的选择，而功率控制功能用于避免网间干扰的产生。与传统的静态频谱共享机制相比，CSCC 协议可使系统吞吐量增加 35%~160%。

第二节　CR 多跳网络频谱分配

一、保障 QoS 的多跳网络动态频谱分配

　　动态频谱接入（DSA）技术是对频谱管理方面存在的问题而提出的一种提高频谱资源利用率的新技术。它可以在时域和空域上提高频谱复用度，使不同架构的网络在同一频段中实现共存，动态使用已授权的频谱资源。目前，DSA 技术在无线多跳网络中已经得到了应用。无线多跳网络是一种自组织的无线网络，节点兼具主机和路由器的功能，通过一定的路由协议实现数据的中继传输。将 DSA 技术与无线多跳网络相结合，处于主用户传输范围内的节点可以在自身与接收端之间建立一条新的中继路由，通过多跳中继方式实现数据传输。然而，DSA 机制使节点的工作参数不断变化，需要自适应 MAC 协议支持频谱共享系统的实现。另外，认知用户服务质量（QoS）需求的变化也需要多跳 DSA 网络对信道分配方案进行优化。

　　认知无线电通过认知用户动态利用主用户的频谱空穴进行数据传输，以有效提高频谱利用率。目前，已经提出许多针对多跳 DSA 网络的资源分配和路由选择算法。Takeo 等提出了 Adhoc 认知无线电的概念，使用空时分组编码和自动请求重传方法来提高传输可靠性，并进一步提出了自适应路由选择算法，节点在中继处可以自适应避免对主用户的干扰。Pal 在信道分配时考虑了不同应用要求下的可达数据速率，并将其作为衡量 QoS 的标准。本节介绍一种适用于多跳 DSA 网络的信道分配算法，根据收发节点的距离以及它们与主用户的距离确定可使用的传输功率区间，通过多跳路由将传输功率降低到主用户可以接受的程度，从而顺利实现认知用户的数据传输。同时，考虑不同传输需求的 QoS 参数，通过一定的分配策略保障认知无线网络的传输质量。

　　在信道参数频繁变化的无线环境中，如果将占用时间较少、信干比低的信道分配给数据量大、信干比要求高的认知用户，或者超过认知用户可容忍的等待时间后进行数据传输，则难以确保网络的 QoS。因此，有必要设计一种合适的信道分配算法来保证网络 QoS 且不对主用户产生干扰。

　　考虑由 N 个具有动态频谱接入能力的认知用户（SU）组成的认知无线网络，同时存在 K 个使用授权频段的主用户（PU），认知节点使用授权频段的频谱空穴进行数据传输，假设可使用的频段被分为 M 个相互正交的子信道。图 3-4 为多跳认知无线网络

拓扑示意图，SU 之间存在着随机的传输需求，PU 有不同的辐射范围，当 SU 位于 PU 的传输范围内时，其数据传输将会对 PU 的传输产生干扰。

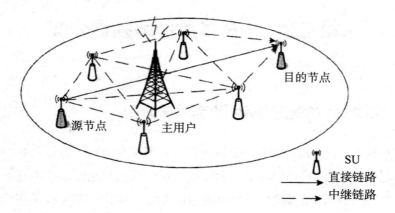

图 3-4 多跳认知无线网络拓扑示意图

假设 SU_i（源节点）需要对 SU_j（目的节点）传输数据，则它们使用信道 C 时 SU_i 的接收信干比 γ 可表示为

$$\gamma_j^c = \frac{G_{ij}^c P_i^c}{N_0 + \sum_{k=1,k \neq j}^{N} G_{ik}^c P_k^c}, i = 1, 2, \cdots, N \qquad （3-20）$$

式中，P_j^c 表示 SU_j 使用信道 C 时的传输功率；N_0 表示 SU 的高斯噪声功率谱密度；G_{ij}^c 表示 SU_i 和 SU_j 之间使用信道 C 传输时的信道增益，其他节点使用此信道进行的数据传输都视为干扰。

由于多跳无线网络大多采用全向天线接收发信号，根据无线传输特性，G_{ij}^c 可近似为

$$G_{ij}^c = \left[\lambda / (4\pi d_{ij}) \right]^2 \qquad （3-21）$$

式中，λ 表示无线电波的波长；d_{ij} 表示节点 i 与 j 的距离。

结合式（3-20）和式（3-21）可以看出，对的接收信干比近似与两节点间距离的平方成反比，即相距越远，接收性能越差。任意的 γ_i^c 必须满足 $\gamma_i^c \geq \gamma_{\min}$，其中 $\gamma_{\min}$ 为 SU 成功收发信号所需的信干比门限。

为了限制对的干扰，将发射总功率控制如下：

$$\sum_{i=1}^{N} P_i^c G_p^i \leqslant P_{safe}, p = 1, 2, \cdots, K \qquad （3-22）$$

式中，G_p^i 表示 SU_j 使用信道 C 传输时对 PU 的增益；P_{safe} 表示 PU 所能忍受 SU 干扰功率的最大值。同时，SU 传输功率 P_i^c 须满足

$$0 < P_i^c < P_{\max} \qquad （3-23）$$

式中，P_{max} 表示 SU 最大传输功率。

定义以上约束条件后，可以得出同时使用同一信道进行传输的节点集合 $I = \{i_1, i_2, \cdots, i_m\}$，它们的传输功率向量 $P^C = \left(P_{i_1}^c, P_{i_2}^c, \cdots, P_{i_m}^c\right)^T$，满足式（3-20）、式（3-22）和式（3-23）的限制。为了得到这个节点集合，定义一个 m 维列向量 $U^c = \left(\dfrac{\gamma_{min} N_0}{G_{i,i_1}^c}, \dfrac{\gamma_{min} N_0}{G_{i_2,i_2}^c}, \dfrac{\gamma_{min} N_0}{G_{i_m,i_m}^c}\right)^T$，以及 m 维矩阵 F^c，其元素为

$$F_{rs}^c = \begin{cases} 0, & r = s \\ \dfrac{\gamma_{min} G_{i,i_s}^c}{G_{i,i_s}^c}, & r \neq s \end{cases} \quad, r, s = 1, 2, \cdots, m \qquad (3\text{-}24)$$

根据 Perron-Frobenious 理论，当且仅当 F^c 所有的特征值都不大于 1 时，可以得到元素为正的功率向量 P^c，因此最优化的功率向量满足

$$P^C = (I - F^C)^{-1} U^C \qquad (3\text{-}25)$$

本节通过两个标准来衡量认知用户的 QoS。首先假设每个传输需求都有一个等待时间 delay $|i$，用 delay $|i - a\mathrm{sgn}$ 表示从开始到 SU_i 分配到信道的时间间隔，如果 delay 在规定时间分配到合适的信道进行传输，即 $delay_i < delay_{i-a\mathrm{sgn}}$ 求能够得到满足。

其次，在认知无线网络中，可用信道的占用时间往往是不固定的，PU 可能随时需要使用 SU 正在使用的信道。在这种情况下，SU 就需要进行频谱切换，但是频繁的频谱切换将导致很高的传输中断率，使得 SU 的 QoS 无法满足。设 T_{req}^c 表示某个 SU 在信道上 C 完成数据传输所需要的时间，它是有待传输的数据量与传输信道的数据速率之间的比值。由于当前的研究技术对香农公式所表示的网络容量的逼近程度约为 70%，这里将信道 C 上的传输容量近似估计为 $0.7B^c \log_2(1 + SINR^c)$，其中 B^c 表示信道带宽，$SINR^c$ 为节点在该信道上的接收信干比，它可以由式（4.20）计算得到。因此，在某一信道上的服务需求时间可表示为

$$T_{req}^c \approx \frac{Q}{0.7B^C \log_2(1 + SINR^2)} \qquad (3\text{-}26)$$

式中，Q 是待传输的数据量。假设分配到的信道占用时间为 T_{hold}^c，为保证较低的频谱切换率，必须使得 $T_{req}^c < T_{hold}^c$ 的概率尽可能大。保障 QoS 的多跳认知无线网络动态频谱分配算法结合以上两个标准来实现信道（频谱）分配。首先通过问题模型描述的方法找到最优功率向量，在它所包含的节点中，考察每个传输需求的参数 delay $|i$ 和 T_{req}^c，将信道分配给 delay $|i\, T_{req}^c$ 值最小的用户，完成分配以后更新网络的传输需求列表以及节点之间的干扰关系，直到所有信道分配完毕，算法流程如图 3-5 所示。假设认知无线网络使用 OFDMA 调制方式，可用子信道的带宽和占用时间均相同，通过综合考虑用户的 QoS 要求，可以显著提高用户在等待时间内接受服务的概率，降低频谱

切换发生的概率。

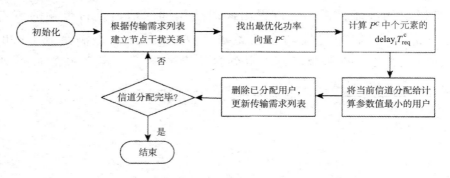

图 3-5　保障 QoS 的信道（频谱）分配算法流程

将本节所提算法在保障认知用户 QoS 的性能方面与已有两种算法及随机信道（频谱）分配算法进行比较。仿真参数设置如表 3-1 所示。

表 3-1　仿真参数设置

参数名称	参数值
仿真区域大小	1000 m × 1000 m
信道数 M	[4，12]
信道带宽 B^c	32 kHz
信道占用时间 T_{hold}^c	400 s
SU 信干比门限 γ_{min}	15 dB
SU 最大发射功率 P_{max}	50 mW
噪声功率谱密度 N_0	-100 dBm
主用户最大干扰功率 P_{safe}	90 dBm

在随机信道分配算法中，系统随机选出有传输需求的 SU，并将任意的信道分配给它，直到所有信道分配完毕。设 $T_{req}^c < T_{hold}^c$ 和 delay $|i <$ delay $|i-a$sgn 的概率分别为 Pr_1 和 Pr_2，将本节所提算法的 Pr_1 和 Pr_2 随子信道 M 数变化的情况进行仿真，仿真结果分别如图 3-6 和图 3-7 所示，图中 stable、dynamic、rand 分别表示所提算法和随机分配算法。由图 3-6 和图 3-7 可以看出，本节所提算法的 Pr_1 和 Pr_2 均高于其他算法。在图 3-6 中，各种算法 Pr_1 的 M 随的增加变化都不明显，仅因为 M 的增加会导致信道分配时间的增加，使得 Pr_1 略有下降。因为 stable 算法一次可以分配若干个信道，故缩短了信道分配的时间，而 dynamic 算法和 rand 算法都是每次分配一个信道，因此 stable 算法的 Pr_1 和 Pr_2 比 dynamic 和 rand 两种算法有一定的提高。

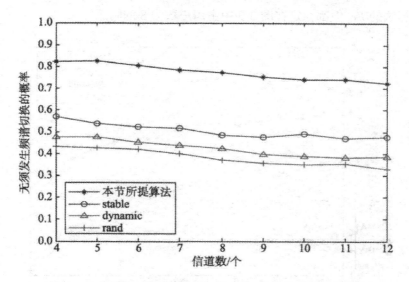

图 3-6　各算法不发生频率切换的概率随信道数的变化

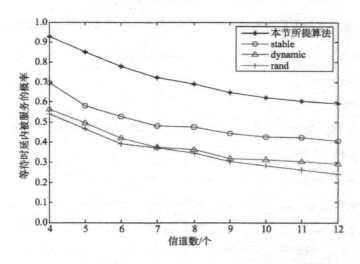

图 3-7　各算法等待时延内被服务的概率随信道数的变化

将子信道数固定为 8，各算法的 Pr_1 和 Pr_2 随主用户数增加的变化情况分别如图 3-8 和图 3-9 所示。主用户数据传输使得认知用户使用的信道质量下降，为了避免对主用户的干扰，认知用户必须降低传输功率以满足功率控制要求，这将直接影响服务所需时间。因此，各种算法无须发生频谱切换的概率都随主用户数增加而减少。当主用户数与认知用户数相同时，本节所提算法的 Pr_1 下降 0.4 到以下，其余三种算法的 Pr_1 则接近于零，由图 3-8 可知，本节所提算法在主用户数接近于认知用户数时，可以保证在以上，有利于在网络环境较差的情况下保证认知用户的 QoS。另外，Pr_2 的变化与信道（频谱）分配时间长度有关，而与其信道质量无关。因此，Pr_2 几乎不受主用户数的影响，各算法的 Pr_2 值都稳定在图 3-9 中主用户数为 8 的附近。

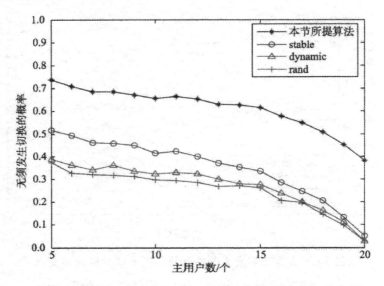

图 3-8　各算法无须发生频率切换的概率随主用户数的变化

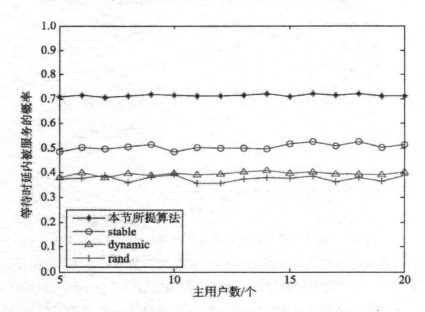

图 3-9　各算法等待时延内被服务的概率随主用户数的变化

二、基于图着色理论的频谱分配

根据第二节，假设一个认知无线网络存在 N 个 CR 用户和 M 个互不干扰的正交子信道，定义如下矩阵来描述信道的分配过程。

（1）空闲矩阵 $L = \left\{ l_{n,m} \middle| l_{n,m} \in (0,1) \right\}_{N \times M}$，表示认知用户 n 对信道 m 的可用状况。$l_{n,m} = 1$ 表示信道 m 对于认知用户 n 可用。

（2）分配矩阵 $A = \left\{ a_{n,m} \middle| a_{n,m} \in (0,1) \right\}_{N \times M}$，表示各个信道的分配情况。$a_{n,m} = 1$ 表示将信道 m 分配给认知用户 n。分配矩阵必须满足一些限制条件，当前信道对欲分配的用户必须是可用的，信道不能同时分配给相互干扰的认知用户。

（3）干扰矩阵 $C = \left\{ c_{n,k,m} \middle| c_{n,k,m} \in (0,1) \right\}_{N \times M}$，表示认知用户之间的相互干扰。$c_{n,k,m} = 1$ 表示认知用户 n 和 k 不能同时使用信道 m。

（4）效用矩阵 $B = \left\{ b_{n,m} \middle| b_{n,m} \in (0,1) \right\}_{N \times M}$，表示认知用户获得某段频谱的效用。$b_{n,m}$ 表示认知用户 n 分配到信道 m 获得的效用，若信道 m 对信道 n 不可用，则 $b_{n,m} = 1$。

由于每个顶点各自的地理位置不同，不同顶点相关联的资源集合也互不相同。因此，可以根据图着色理论对节点进行频谱分配。考虑两个 QoS 参数，分别为频谱资源占用时间 T_h 和业务传输时延 D_t，根据一定的规则将合适的频谱资源分配给认知节点，使系统效用函数达到最大化。

本节将节点使用某一信道的效用定义如下：

$$b_{n,m} = -T_h D_t \tag{3-27}$$

则总效用函数定义为

$$U = \sum_{n=0}^{N-1} \sum_{m=0}^{M-1} a_{n,m} b_{n,m} \tag{3-28}$$

式（3-28）表示系统频谱利用率的总和。在 CR 节点获得频谱资源以后，将该节点从图 $C(V,E)$ 中删除，并删除与其相应的干扰，同时将分配给该节点的频谱标记为已占用，直至该节点告知笑头节点其信息已传输完毕，此时该节点资源被重新释放。

三、基于博弈论的频谱分配

1. 博弈论算法

博弈论模型主要针对分布式的网络架构，假设认知无线网络由 N 个位置固定的源节点和目的节点对组成，它们各自对无线信道进行感知并确定传输信道。有 K 个子信道可供选择，且满足 $K < N$，为保证谱效，系统采用非独占式的频谱共享方式，各认知节点可同时使用同一个子信道进行传输。各信道干扰可用信干比进行度量，源节点 i 与 j 目的节点之间的信干比可表示为

$$SIN = \frac{p_i G_{ij}}{\sum_{M=1,k \neq i}^{N} P_k G_{kj} I(k,j)} \tag{3-29}$$

式中，p_i 表示节点 i 的发射功率；G_{ij} 表示源节点 i 与 j 目的节点之间的信道增益。除源节点外的任意节点 k 对目的节点 j 产生的干扰可定义为

$$I(k,j)=\begin{cases}1, & \text{节点} k \text{与} j \text{使用相同的信道}\\0, & \text{其他}\end{cases} \qquad (3\text{-}30)$$

在基于博弈论的频谱分配问题中，认知网络的节点可看作博弈玩家，它们基于个体利益和系统的整体利益对频谱进行选择，而频谱分配结果可看成整个博弈过程的结果。博弈过程的数学描述如下：

$$E\left\{N,\{S_i\}_{i=1,2,\cdots,N},\{U_i\}_{i=1,2,\cdots,N}\right\} \qquad (3\text{-}31)$$

式中，N 表示博弈玩家的数目；S_i 表示任一博弈玩家 i 的策略集；U_i 是玩家 i 的效用函数集合，它与玩家 i 的策略集 S_i 及其对手（用 $-i$ 表示）的策略集有关 S_{-i}。

2. 博弈论效用函数

在认知无线网络频谱分配中，可选的策略为频率（信道）分配策略，而效用函数的设计是算法研究的重点。根据实现目标的不同，效用函数的形式也各不相同，效用函数设计的原则包括基于最小化系统干扰水平、基于保证用户公平性、基于最大化系统频谱利用率等。

效用函数将每个用户对不同行为策略的偏好关系进行量化处理，从而得到定量的效用表示。假定博弈玩家都是理性的，具有明确的偏好，以获得个人效用的最大化为目标来进行决策。效用函数的选择不是唯一的，必须选择针对某个特定的应用具有实际意义的函数，且具备某些数学特征，即效用函数的选择要保证频谱分配算法能够达到均衡收敛。如果博弈玩家的策略中只存在一组策略使效用函数 $U_i(s)$ 取得最大值，那么这时系统就达到平衡稳定状态。

一般来说，有两类可供选择的效用函数。第一类是基于用户"自私"的选择，用户根据在某个特定传输信道上感知到的其他用户的干扰级别来评估该信道，具体描述如下：

$$U_{1i}(S_iS_{-i})=-\sum_{i\neq j,j=1}^{N}p_jG_{ij}f(S_i,S_j), \qquad i=1,2,\cdots,N \qquad (3\text{-}32)$$

式中，$p_i(j=1,2,\cdots,N)$ 表示 N 个 CR 用户的发射功率；G_{ij} 为用户 i 在 j 第个信道感知的干扰级别；$\{S_1,S_2,\cdots,S_N\}$ 表示策略集合；$f(S_i,S_j)$ 表示干扰情况，定义为

$$f(S_i,S_j)=\begin{cases}1, & S_iS_j \text{使用相同信道传输}\\0, & \text{其他}\end{cases} \qquad (3\text{-}33)$$

效用函数 U_1 需要对某个特定用户在不同信道上的干扰进行测量，但是只考虑了其他用户对该用户的干扰，并选择其中受干扰最小的信道进行通信，忽略了自身的选择对其他用户的干扰。处于相同信道内的各用户之间的干扰是相互的，这种"自私"的

选择并不能保证其对网络中其他用户的干扰最小，整个系统的总干扰水平也达不到最小。

第二类是将自身节点对其他用户的干扰考虑到函数中。效用函数 U_2 的表达式为

$$U_{2i}(S_i, S_{-i}) = -\sum_{i \neq j, j=1}^{N} p_{ij} f(S_i, S_j) - \sum_{i \neq j, j=1}^{N} p_{ij} f(S_i, S_j), \quad i = 1, 2, \cdots, N \qquad （3-34）$$

可简写为

$$U_{2i}(S_i, S_{-i}) = -I_{D_i} - I_{C_i}, \quad i = 1, 2, \cdots, N \qquad （3-35）$$

式中，I_{D_i} 表示认知无线网络其他用户对自身产生的干扰；I_{C_i} 表示自身对其他用户产生的干扰。

因为要多计算 I_{C_i} 的部分，所以效用函数 U_2 的计算量比效用函数 U_1 大，其复杂度稍有增加，但是可以更真实地反映 CR 最小化干扰的情况。

根据是否可以达成具有约束力的协议，博弈分为合作博弈和非合作博弈。合作博弈是研究人们达成合作时如何分配合作得到的收益，即收益分配问题。合作博弈采取的是一种合作的方式，或者说是一种妥协。合作博弈强调的团体理性，是效率、公平、公正。

多跳认知无线网络拓扑，T_i 表示第 i 个 CR 用户的吞吐量要求，$T_{\min}^i$ 表示每个 CR 用户的最小吞吐量要求，该网络的效用函数可以定义为

$$U = \prod_{i=1}^{K} (T_i - T_{\min}^i) \qquad （3-36）$$

提出了一个基于合作博弈的非对称纳什协商效用函数，定义向量 $\theta = (\theta_1, \theta_2, \cdots, \theta_k)$，$\theta_1 + \theta_2 + \cdots + \theta_k = 1$，$\theta_i > 0$，$i = 1, 2, \cdots, k$，表示 CR 用户感知频谱所消耗的能量，则式（3-36）变为

$$U = \prod_{i=1}^{K} (T_i - T_{\min}^i)^{\theta_i} \qquad （3-37）$$

上述效用函数考虑了 CR 用户感知耗费能量的影响，实现了基于感知加权的比例公平性频谱分配，最终达到有效的频谱分配目标。这种公平性机制也激励 CR 用户更多地投入到频谱感知中。在实际网络环境下，CR 设备之间存在差异，不同 CR 用户的最小吞吐量不尽相同，因此增加了算法的计算复杂度。

非合作博弈主要研究人们在利益关系相互影响的形势中如何选择决策，而使自己的收益最大，即策略选择问题。在非合作博弈中，参与者不可能达成具有约束力的协议，这是一种具有互不相容的情形。非合作博弈过程包括如下内容。

（1）纳什均衡。在认知节点组成的非合作博弈过程中，判断频谱分配算法有效性

的标准之一是算法的策略组合是否具有稳定性，即每个博弈方的策略都是针对其他博弈方策略或策略组合的最佳对策。具有这种性质的策略组合即博亦中的"纳什均衡"，也称为非合作博弈均衡。

纳什均衡的定义为：在一个标准博弈过程中，若策略集合 $U_i(S_1^*,\cdots,S_{i-1}^*,S_i^*,S_{i+1}^*,\cdots,S_n^*) \geqslant U_i(S_1^*,\cdots,S_{i-1}^*,S_{ij},S_{i+1}^*,\cdots,S_n^*)$，对任意 $S_{ij} \in S_i$ 都成立，则称策略集 $(S_1^*,\cdots,S_n^*)$ 是该博弈过程的一个纳什均衡。针对效用函数的博弈论中，频谱分配的关键任务是论证效用函数纳什均衡的存在，讨论得到的纳什均衡是否满足需要，确定收敛的条件，这样就可以针对相应的算法预计效用函数的收敛性、论证均衡状态的最优性等。

（2）效用函数设计。在传统的集中式网络中，若中心节点出现故障则会导致覆盖区域内的所有通信中断，而分布式网络能提供很高的网络容错能力，即使部分节点不可用，网络仍然能够进行通信。分布式网络易于架设，且带宽很宽，故非合作式博弈更适合应用于分布式网络，网络内的所有 CR 终端都具有路由功能，可作为网络中继节点使用，更适用于高移动性的多跳环境。

使用帕累托（Pareto）最优方法对效用函数 U_2 进行改进。帕累托改进是指一种变化，在没有使任何人的境况变坏的条件下，使得至少一个人的境况变得更好。帕累托改进后的效用函数为

$$Pareto(S_i,S_{-i}) = \sum_{i=1}^{N}\left[-0.5\sum_{i\neq j,j=1}^{N} p_iG_{ij}f(S_i,S_j) - 0.5\sum_{i\neq j,j=1}^{N} p_iG_{ij}f(S_i,S_j) \right], \quad i=1,2,\cdots,N \qquad （3-38）$$

若只考虑一个节点的效用，大多不能达到纳什均衡，因此引入位势博弈进行改进，使得效用函数能够保证网络的整体效率最大化，可以使整体最优化并快速达到收敛平衡，代价是会使某些节点的效率有所下降。

非合作式博弈的频谱分配算法的主要优势是提高了收敛速度，简化了计算复杂度，并可以保证系统的吞吐量，使得通信可靠性大大提高。

第三节　CR 动态频谱接入与多跳网络容量分析

一、动态资源管理与功率控制

认知无线网络的环境是不断发生变化的，必须对认知用户的资源进行动态管理与分配，才能不断地适应网络环境的变化，为认知无线网络系统提供可靠的传输认知无

线电动态资源管理技术主要包含基于正交频分复用（OFDM）的子载波分配、功率控制和自适应传输技术等。

OFDM 技术可以灵活地进行频率选择，方便实现频谱资源的管理，是目前公认的比较容易实现频谱资源控制的方法通过子载波/频率的组合或裁剪，可以实现频谱资源的充分利用，灵活控制和分配频谱、时间、功率、空间等资源。这也促进了 OFDM 技术在认知无线电中的应用，成为"衬于底层"的技术，它是实现认知无线电系统中自适应频谱资源分配和频谱检测的关键技术。在基于 OFDM 的认知无线电频谱分配方案中，子信道组基于环境状况进行分配，尽可能多地使用"频谱空穴"，避免使用信道状况很差的子信道，使得整个系统受到的干扰最小，提高系统性能。

OFDM 技术的抗多径、频率利用率高等特性使其自身具有优越的性能。它支持灵活的选频方案，可以很好地实现认知无线电中的自适应频谱资源分配。OFDM 技术将宽带频谱划分成多个窄带子信道，为认知无线电的频谱检测提供了很好的基础。因此，将 OFDM 技术与认知无线电相结合具有广泛的应用前景。

认知用户通过频谱感知检测出频谱空穴，根据自己的需求选择最优的频谱空穴进行动态频谱接入。若主用户需要使用该频段，则认知用户切换到其他空闲频段以交互式或者仍然在该频段通过功率控制以重叠式进行频谱共享，以避免对主用户接收机的干扰。

在重叠式频谱共享方式下，当授权频段被主用户占用时，认知用户通过功率控制方式进行动态频谱接入，即认知用户传输功率需要满足一定的功率限制，从而使认知用户对主用户的干扰限制在主用户可容忍的范围之内，实现认知用户与主用户的共享。此时，认知用户不对主用户通信产生干扰，并可获得最大的频谱利用率。

在认知用户进行高速数据传输时，认知 OFDM 将实际具有频率选择性衰落的宽带信道划分为若干个平坦的窄带子信道，能够根据各子信道的实际数据传输情况，灵活地分配发送功率和信道传输比特，从而更加有效地利用无线频谱资源。

基于认知 OFDM 的 CR 频谱分配算法主要基于如下两个条件。

（1）在单用户条件下，不需要考虑不同用户之间的子载波分配问题，所有子载波都提供给单个 SU 使用，该用户只需要根据子载波的信道状况，为每个子载波分配不同数量的比特，即采用不同的调制方式实现功率的最优分配。

（2）在多用户 OFDM 系统中，资源分配问题变得非常复杂。因为多个用户不能共享同一个子载波，所以为某个用户在一个子载波上分配比特就意味着禁止其他用户再次使用该子载波。当一个用户所期望使用的子载波已被其他用户使用，且该用户又不存在更好的选择时，就不能为该用户分配到最佳的子载波，因此，必须联合考虑了载波分配、功率控制、自适应传输等 CR 动态资源管理技术才能使无线资源得到最有效的利用。

目前，认知 OFDM 系统自适应频谱分配技术的研究内容主要基于两个优化准则——基于速率自适应准则的认知 OFDM 子载波功率联合分配和基于裕量自适应准则的认知 OFDM 子载波比特联合分配。

二、CR 多跳网络容量分析

在多跳认知无线网络中，发送端、接收端和中继端采用多天线可以大幅提高系统的频谱有效性和链路可靠性。将 MIMO 技术引入认知无线网络中，能够同时提供空间分集和复用增益。

研究了相干与非相干两种 MIMO 中继网络的近似容量。假定 M 表示源端与目的接收端的天线数，N 表示中继节点数，K 表示中继节点的天线数，且满足 $K \geqslant 1$。因此，相干型 MIMO 中继网络的容量可以近似表示为 $C = (M / 2)\log_2 N + 0(1)$（$M$、$N$ 值为任一整数且固定，$N \to \infty$）；在高信噪比条件下，非相干型 MIMO 中继网络的容量近似表示为 $C = (M / 2)\log_2 SNR + 0(1)$（$M$、$N$ 值为任一整数且固定，$K \geqslant 1$）。

在具有 QoS 要求的多中继认知无线网络中，每个中继子信道都存在成功传输信号所需的期望信噪比（或称为目标信噪比）。根据这一要求，中继方案设计要满足两个优化条件，即期望信噪比和功率控制阈值，求解带约束的优化方程从而获得 MIMO 中继网络的渐近最优解。

中继处理矩阵直接影响信号 x。接收端有用信号 $\hat{x}$ 与原始信号 x 之间的关系是影响网络 QoS 的关键，它们之间的均方误差表示为在具有 QoS 要求的多中继认知无线网络中，每个中继子信道都存在成功传输信号所需的期望信噪比（或称为目标信噪比）。根据这一要求，中继方案设计要满足两个优化条件，即期望信噪比和功率控制阈值，求解带约束的优化方程从而获得 MIMO 中继网络的渐近最优解。

中继处理矩阵直接影响信号 $\hat{x}$。接收端有用信号 $\hat{x}$ 与原始信号 x 之间的关系是影响网络 QoS 的关键，它们之间的均方误差表示为

$$MSE(\{Q_k\}) = E\left\{\left|\hat{x} - x\right|^2\right\} \tag{3-39}$$

定义信噪比增益为期望信噪比与输入端信噪比的比值。将信噪比增益代入式（3-39），在原信号 x 左乘一实对角矩阵 $G, G = diag(G_1, G_2, \cdots, G_{N_s})$，其元素为各中继子信道的信噪比增益。因此，得到修正后的均方误差为

$$M\_MSE(\{Q_k\}) = E\left\{\left|\hat{x} - x\right|^2\right\} \tag{3-40}$$

最佳认知中继处理矩阵为

$$\{Q_k\}_{opt} = \arg\min_{\{Q_k\}} M\_MSE\_(\{Q_k\}) \tag{3-41}$$

简化起见，令各认知子信道的信噪比相等，则各中继子信道的信噪比增益相同。为得到最佳中继矩阵，需求解式 3-41。对 Q_k 求偏导，令 $\dfrac{\partial M\_MSE(\{Q_k\})}{\partial Q_k}=0$，$k=1,2,\cdots,K$ 并且信号 x 与 n_{1k} 噪声分量互相独立。

接收信号写成矩阵形式为

$$y_d = H_x + n \tag{3-42}$$

由香农公式，系统容量可表示为

$$C = 0.5\log_2(I_{N_s} + \sigma_x^2 R_n^{-1} H H^H) \tag{3-43}$$

式中，$R_n = E\{n^H n\} = \sigma_1^2 \sum_{k=1}^{K} H_{2k} Q_{k-opt} Q_k^H H_{2k}^H + \sigma_2^2 I_{N_s}$；上标 H 表示矩阵的共轭转置。当中继节点数足够大时，可使用下式进行近似：

$$\sum_{k=1}^{K} H_{1k}^H H_{1k} \approx K N_r I_{N_s} \tag{3-44}$$

用 SNR_k 表示各分支中继的接收信噪比，式（3-43）可用下式近似表示：

$$C \approx 0.5 \sum_{k=1}^{N_s} \log_2 \left| \frac{(KN_r)^2}{KN_r\sigma_1^2/\sigma_x^2 + (KN_r + \sigma_1^2/\sigma_x^2)^2/SNR_k} \right| \tag{3-45}$$

当 K 足够大时，系统容量趋近于一组并联单人单出（SISO）信道的容量，即

$$C \to 0.5 \sum_{k=1}^{N_s} \log_2 |1 + SNR_k| \tag{3-46}$$

当期望信噪比的值远大于 K 值时，有

$$C \to 0.5 \sum_{k=1}^{N_s} \log_2 \left| 1 + KN_r\sigma_x^2/\sigma_1^2 \right| \approx 0.5 N_s O(\log_2 K) \tag{3-47}$$

综上所述，CR 多跳网络的容量与认知中继个数、各中继天线数、信号功率和噪声功率有关。它随着信源天线数呈线性增长，即 CR 多跳系统容量可以获得大小为的空间复用增益。

利用 MATLAB 软件对 CR 多跳网络容量进行数值仿真。不失一般性，令认知源端、中继端和认知接收端的天线数相同，即 $N_s = N_d = N_r = 2$；后向和前向信道的噪声功率相等，即 $\sigma_1^2 = \sigma_2^2$；信号调制方式为 QPSK；期望信噪比为 15 dB。因此，可计算各分支的信噪比增益 $G = diag(G_1, G_2, \cdots, G_{N_s})$。例如，当传输信道的信噪比为 10 dB 时，信噪比增益约为 1.77 dB。假定每一帧有 200 次采样，随机产生 100 000 组不同的信道，对 CR 多跳网络容量进行数值仿真与性能分析。

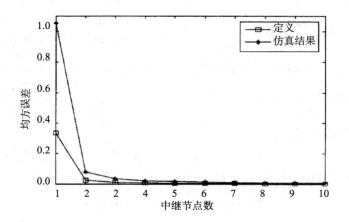

图 3-10　均方误差与认知中继节点数的关系

图 3-10 给出了当信噪比固定为 15 dB 时，认知中继节点数对均方误差的影响。由图可知，均方误差随着中继节点数的增加而显著降低，随着中继节点数的增加，仿真与理论结果的差距逐渐变小。当中继节点数大于 4 时，两者的均方误差几乎为零。可见在认知 MIMO 方案中，若要求认知无线网络获得更高的性能，则认知中继节点数选择要适当，以达到理想的 QoS 需求。

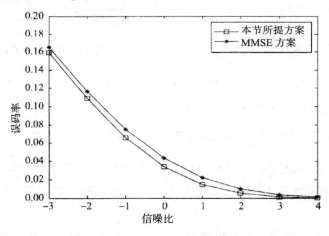

图 3-11　认知链路的信噪比对误码率的影响

图 3-11 给出了当认知中继节点数一定时认知链路的误码率（在链路高信噪比条件下，也可表示为中断性能）。由图可知，本节所提方案在误码率性能上较最小均方误差（Minimum Mean Square Error，MMSE）方案具有优势，这是因为在总功率相同的情况下，本节所提方案中每个认知中继节点均采用自适应功率分配，而 MMSE 方案中的中继节点仍然受本地功率的限制。

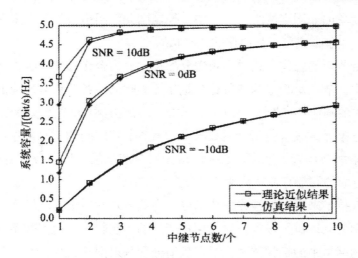

图 3-12　中继节点数和 SNR 对系统容量的影响

图 3-12 给出了认知中继节点数和认知 MIMO 分支链路的接收 SNR 对系统容量（频带利用率）的影响。由图可知，认知中继节点数 N 与系统容量呈正比关系，认知中继节点数越多，系统容量增加越显著。在低信噪比时，系统容量的对数增长趋势比较明显；在高信噪比时，系统容量接近于一组并联 SISO 信道的容量。

三、CR 动态频谱分配及面临的问题

频谱分配技术是指根据需要接入到频谱的用户及其 QoS 需求，将可用频谱分配给一个或多个指定用户，其主要目的是通过一个自适应策略有效地选择和利用频谱。动态频谱分配不仅提高了 CR 无线通信的灵活性，还降低了信道能量，使 PU 和 SU 之间避免冲突并公平地共享频谱资源。

频谱分配技术可从分配方式、网络结构、网络节点的合作方式和接入技术等角度进行分类。

（1）从频谱分配方式的角度看，频谱分配技术有静态分配和动态分配两种方式。静态分配方式需在 CR 网络系统中保存一张可用频谱表，频谱可用性不变，基站或中心控制节点根据表中的频谱可用性进行频谱分配，该分配过程较简单，不需要用户节点的参与。动态分配方式通过 CR 网络节点的交互来获取不同业务的 QoS、优先级等内容，通过自适应分配策略对频谱资源进行优化配置。动态频谱分配方式的效率比静态方式有所提高。

（2）从网络结构的角度看，频谱分配技术可分为集中式和分布式。集中式频谱分配需要在网络中设置一个具有中心控制功能的网元，根据当前可用频率集合对网络中各节点的频谱使用进行协调，频谱分配的依据是节点上传的无线环境检测信息。分布

式分配适用于简单的非固定网络，无须中心控制网元，网络中的节点采用一定的竞争策略占用频谱，竞争方式可以是协作的或自私的。

（3）从网络节点的合作方式看，频谱分配技术分为合作式和非合作式。在合作式频谱分配方案中，节点对频谱的竞争行为是相互影响的，各节点对环境的感知信息会被分享给网络中的其他 CR 节点。在非合作式频谱分配方案中，节点仅考虑自己的行为，以"自私"的竞争方式接入空闲可用频段中，虽然节点之间的交互信息量减少，但整体频谱利用率不如合作式方案高。在实际应用时，应根据不同服务在吞吐量、谱效、数据传输速率方面的需求有针对性地选择节点合作方式。

（4）从接入技术来看，频谱分配技术可分为填充式和衬垫式。填充式频谱分配使用主用户不使用的频段进行接入，对主用户产生的干扰较小，但谱效不高。衬垫式分配采用传统蜂窝网络中的扩频技术，根据频谱分配映射图有选择性地接入主用户的传输频段，并被同时进行传输的主用户当作噪声处理。这种方式的谱效比填充式有所提高，但增加了对硬件设备的要求。

从动态频谱接入策略的分类可以看出，动态频谱分配属于动态频谱接入中动态排他使用模型的一种技术，是一种智能资源分配技术，其最早在欧洲 DRiVE 项目中提出动态频谱分配借用按需分配的概念，根据无线通信系统的实际业务量，动态地分配频谱资源给该系统，以避免业务量大时频谱资源不够而导致的业务请求拒绝和业务量小时频谱资源的浪费。动态频谱分配技术主要应用在商业领域，如 4G 和数字视频广播等。动态频谱分配策略的优点是可以动态调整频谱分配，在指定的时间和地域内把某部分无线频谱分配给某一用户，而其他用户不得使用。动态频谱分配的主要缺点是不能完全消除因突发的通信业务而产生的频谱空穴。

对 CR 频谱分配算法的研究主要考虑频谱使用的效率与公平性指标，即根据不同拓扑架构的网络形成不同的效用函数，以达到频谱利用率的最大化和多认知用户之间的公平性。频谱共享是对动态频谱分配机制进行完善，以实现主用户与认知用户之间的机会频谱共享，它主要通过图着色理论和博弈论两种数学工具进行分析并寻找最优策略。要使 CR 用户接入时对主用户不产生干扰或降低干扰的程度，认知无线网络的频谱分配机制必须同时考虑 CR 节点之间的干扰避免和认知无线网络对主用户的干扰避免，以及频谱分配的公平性和系统分配开销的问题。CR 频谱分配面临的问题主要包括以下方面。

（1）CR 节点接入网络时的干扰问题，包括 CR 节点对主用户产生的干扰和 CR 节点之间的相互干扰问题。为避免 CR 节点对主用户的干扰，不仅要提高物理层频谱检测的效率及可靠性，在设计频谱分配算法时还需要将 CR 节点对主用户的频谱租用和议价的"竞争"机制考虑在内。而 CR 节点之间的干扰，可通过节点的功率控制来解决，并借助传统无线通信网络中的多用户干扰避免的相关思想。

（2）认知无线网络的系统效益和公平性问题，也是频谱分配所必须考虑的。基于图着色理论和博弈论都可对频谱分配过程中的系统开销进行度量。例如，基于图着色理论的模型提高系统效益和改进分配公平性的标签机制，分别在集中式和分布式网络两类拓扑条件下分析算法的可行性，各节点的标签值与获得信道的回报成反比，竞争到信道的节点具有最大的标签值，以此保证节点获得最大信道的公平性。

第四章　认知无线电分层次多用户合作频谱感知

在认知无线电的频谱感知中，合作频谱感知是目前被广泛采用的频谱感知方法，能够有效地解决信道衰落和阴影效应导致的单节点感知结果不准确的问题。该技术能够使各认知用户相互合作，从而提高频谱感知性能，并降低频谱感知时间。

协作检测的融合方式可分为集中式和分布式。分布式协作检测利用认知用户的中继转发功能，通过不同支路的分集增益，提高处于可正常检测授权发射机范围边缘的认知用户的频谱检测速度。集中式合作检测是指，各认知用户在完成本地频谱检测后，将检测结果发送给信息融合中心，最终由信息融合中心根据一定准则对本地感知结果进行处理，并做出最终判决。由于分布式合作检测的通信调度协议非常复杂，因此，本章主要研究集中式合作频谱检测技术。

合作检测按融合内容的不同，分为判决融合和数据融合，也称为硬合并和软合并。判决融合是指各认知用户只需发送各自的本地检测结果，信息融合中心就会根据一定准则做出最终判决。数据融合是指认知用户直接将原始检测数据发送给信息融合中心，进而提高频谱检测的准确性。但是数据融合需要控制信道传输各认知用户的检测数据，而且一旦控制信道的通信质量恶化，就将影响信息融合中心最后的判决结果。所以，目前更多的学者选用判决融合对协作检测进行研究。

第一节　认知无线电网络中多用户合作频谱感知技术

频谱感知是认知无线电的关键技术之一，快速、准确地检测到空闲频谱是认知无线电实现频谱共享的首要任务。由于认知用户的可用频谱不断变化，因此认知用户必须能够独立、准确地感知空闲频谱，尽量避免对主用户造成有害干扰。

频谱感知技术包括基于干扰的检测、主用户信号检测和协作检测。基于干扰的检测是FCC于2003年提出的干扰温度估计的检测。干扰温度模型对多个射频信号能量进行累加，根据累加后的总能量是否超过干扰温度界限来判决是否有可利用的频谱。然而到目前为止，还没有一种切实可行的干扰温度测量模型及方法。因此，目前的频谱感知技术主要基于主用户发射机检测。本章主要关注主用户发射机检测中的能量检测，以及基于能量检测的协作检测技术。

在认知无线电网络中，单个认知用户感知通常会受隐终端、多径、阴影等不利因素的影响，导致频谱检测性能较差。然而，如果各认知用户可以相互交换感知信息，就能在一定程度上提高频谱感知的可靠性。因此，对于频谱检测技术，很多学者集中在多用户协作感知方面进行研究。

在集中式多用户协作频谱检测的信息融合中，各认知用户执行本地频谱检测，感知授权用户的可用频谱信息，并将检测结果上报给信息融合中心（如认知基站），信息融合中心根据一定准则做出最终感知决策，如图 4-1 所示。

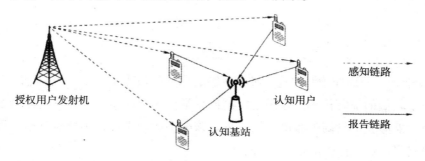

图 4-1　集中式多用户协作频谱感知场景

根据认知用户上报本地检测判决信息的不同，协作检测包括决策融合和数据融合两种方式。

一、判决融合方式

在判决融合方式中，各认知用户将本地的检测判决结果以单比特信号汇报到信息融合中心，信息融合中心根据一定的判决准则进行信息融合，做出授权用户是否存在的最终决策。

常见的判决融合方式的判决准则有 OR 准则、AND 准则和 q-out-of-N 准则。以下将介绍这些判决准则，并分析各准则的优势和不足。

（一）OR 准则

在 OR 准则中，只要有一个认知用户报告授权用户出现，则最终判决授权用户出现。假设所有用户的决策是相互独立的，且性能相同，即其中 $P_{dj}=P_{d,0}, P_{f,j} P_{f,0}$, $j=1, \cdots, N$，则其协作检测概率和协作虚警概率分别为

$$Q_d = 1-\left(1-P_{dj}\right)^N \qquad (4-1)$$

$$Q_f = 1-\left(1-P_{fj}\right)^N \qquad (4-2)$$

式中 P_{dj} 为第 j 个认知用户的检测概率，P_{dj} 为第 j 个认知用户的虚警概率。

OR 准则下协作检测的优点在于，保护授权用户免受认知用户由于漏检而造成的有害干扰，即在给定虚警概率的条件下，提高检测概率。该准则虽然能在很大程度上保护授权用户，却以牺牲更多的频谱利用机会为代价。该准则适用于认知用户对频谱资源需求量较小、授权用户对干扰要求较高的场景。

(二)AND 准则

在 AND 准则中，只有当所有认知用户都判决授权用户存在时，才最终判决授权用户存在。同样假设所有用户的决策是相互独立的，则其协作检测概率和协作虚警概率分别为

$$Q_d = (P_{dj})^N \tag{4-3}$$

$$Q_f = (P_{fj})^N \tag{4-4}$$

AND 准则下的协作检测更追求频谱资源利用率的最大化，虽然检测概率有所下降，但可以换来较低的虚警概率。在满足检测概率最低要求的情况下，它能够最小化虚警概率，因而能够获得较高的频谱使用效率。该准则适用于认知用户对频谱资源需求量较大、授权用户对干扰要求较低的场景。

(三)q-out-of-N 准则

前两种准则都比较极端，要么只关注保护授权用户不被干扰，要么只关注最大化利用频谱资源，因此在实际应用中需要一种折中的方案。q-out-of-N 准则是指在 N 个合作认知用户中，当有 0 个或多于 q 个用户判决授权用户存在时，则最终判决授权用户存在。同样假设所有用户的决策是相互独立的，则协作检测概率和协作虚警概率为

$$Q_d = \sum_{j=k}^{N} \binom{N}{j} P_d^j (1-P_d)^{N-j} \tag{4-5}$$

$$Q_f = \sum_{j=k}^{N} \binom{N}{j} P_d^j (1-P_f)^{N-j} \tag{4-6}$$

当 $q=N$ 和 $q=1$ 时，q-out-of-N 准则将分别退化为 AND 准则和 OR 准则。

二、数据融合方式

在实际认知无线电网络中，参与合作检测的认知用户容易受信道衰落、噪声不确定性等因素的影响，使融合后的检测信息仍然具有不确定性，采用数据融合方式可以有效解决此类问题。

常见的数据融合方式有以下三种：选择合并、等增益合并和最大比合并。这几种

融合方式都属于线性合并。中心节点将各认知用户的感知结果 U_j 进行线性加权，W_j 为第 j 个用户的权值，则

$$U = \sum_{j=k}^{N} W_j U_j \tag{4-7}$$

设 y_j 为第 j 个认知用户的信噪比，M 为采样点数，由于 U_j 近似服从高斯分布，因此其线性组合也服从高斯分布，即

$$U \sim \begin{cases} N(\sum_{j=1}^{N} W_j, 2\sum_{j=1}^{N} \dfrac{W_j^2}{M}), H_0 \\ N(\sum_{j=1}^{N} (1+y_i)W_j, 2\sum_{j=1}^{N} \dfrac{W_j^2(1+2y_j)}{M}, H_1 \end{cases} \tag{4-8}$$

假设中心节点的最终判决门限为 λ，则系统的协作虚警概率和协作检测概率分别为

$$Q_f = Q\left(\frac{\lambda - N(\sum_{j=1}^{N} W_j)}{\sqrt{2\sum_{j=1}^{N} \dfrac{W_j^2}{M}}} \right) \tag{4-9}$$

$$Q_d = Q\left(\frac{\lambda - \sum_{j=1}^{N} w_j(1+y_j)}{\sqrt{2\sum_{j=1}^{N} \dfrac{w_j^2(1+2y_j)}{M}}} \right) \tag{4-10}$$

因此，协作检测概率和协作虚警概率的关系可以表达为

$$Q_d = Q\left(\frac{Q^{-1}(Q) - \sqrt{\sum_{j=1}^{N} w_j^2} - \sqrt{\dfrac{M}{2}} \sum_{j=1}^{N} w_j y_j}{\sqrt{2\sum_{j=1}^{N} w_j^2(1+2y_j)}} \right) \tag{4-11}$$

下面的分析中均选择归一化权重，即 $\sum_{j=1}^{N} w_j^2 = 1$（$0 < w_j < 1$）。

上述三种合并方式的区别仅在于权重不同，以下将介绍三种软合并方式。

1. 选择合并

认知用户分别将判决结果和信噪比等级发送到融合中心，则最高信噪比用户的判决结果将被选取作为最终判决。在选择合并方式下，最高信噪比认知用户的权重为 1，其他用户的权重均为 0，其权重系数可以表示为

$$w_j^{sc} \sim \begin{cases} 1, \arg, \max(y_j) \\ 0, 其他 \end{cases} \qquad （4-12）$$

2. 等增益合并

在等增益合并方式中，各认知用户的权重相等。其权重系数可以表示为

$$w_j^{EGG} = \frac{1}{\sqrt{N}} \qquad （4-13）$$

3. 最大比合并

各认知用户的权重取决于其信噪比的大小，中心节点通过优化权重值来实现最优的感知性能。其权重系数可以表示为

$$w_j^{MRC} = \frac{y_j}{\sum_{j=1}^{N} y_j^2} \qquad （4-14）$$

第二节　频谱感知性能衡量指标

由于频谱感知是实现认知无线电的关键前提，因此在频谱感知技术的研究中，不同的感知性能衡量指标必不可少。不同的指标能够从不同的角度说明感知性能的好坏，能够衡量不同感知算法的优劣。因此，本节主要分析目前频谱感知研究中涉及的感知性能衡量指标。

一、虚警概率和检测概率

频谱感知中存在一个二元假设检验问题，涉及两个关键的性能指标：检测概率 P_d 和虚警概率 P_f。其中，检测概率为授权用户出现时（信道被占用，H_1）判定信道被占用（H_1）的概率，虚警概率为信道空闲（H_0）时判定信道被占用（H_1）的概率，即

$$P_d = P(H_1|H_1) \qquad （4-15）$$

$$P_f = P(H_1|H_0) \qquad （4-16）$$

一方面，为了降低认知用户对授权用户的干扰，通常希望检测概率 P_d 越大越好；另一方面，认知用户为了获得更多的频谱接入机会，通常希望虚警概率 P_f 越小越好。

此外，在频谱检测中还有一个常用指标，即误检概率 P_m。它与检测概率互补，表示授权用户忙碌时，认知用户没有正确检测出授权用户的概率，即

$$P_m = P(H_0|H_1) \qquad （4-17）$$

在对频谱感知性能优化的研究中，通常从以下两个角度出发：①从保护授权用户的角度出发，可以在使认知用户的虚警概率满足一定限制条件的情况下最大化检测概率；②从充分利用频谱资源的角度出发，可以在使认知用户的检测概率满足一定限制条件的情况下最小化虚警概率。

二、接收机工作特性

衡量频谱检测算法性能好坏还有一种方法就是直接画出检测概率 P_d 和虚警概率 P_f 的关系曲线，即接收机工作特性。在认知无线电网络中，认知用户需要减少对授权用户造成有害干扰，同时希望获得较大的频谱接入机会，因此需要较高的检测概率和较低的虚警概率。根据 IEEE802.22 标准中的限定指标，通常设定 P_d >90% 以及 P_f <10%。为了更清晰地显示检测概率和虚警概率的关系，通常采用误检概率（ P_m =1 $-P_d$ ）和虚警概率的对数关系曲线来描述接收机工作特性。

三、错误概率

此外，还有较少研究采用错误概率来衡量认知用户的频谱检测性能。将虚警概率和误检概率适当地加权可获得总的错误度量，则错误概率 Pe 是授权用户，空闲时认知用户检测为占用的概率与授权用户忙碌时认知用户检测为空闲的概率之和，即

$$P_e = P(H_1|H_0)P(H_0) + P(H_0|H_1)P(H_1) = P_f(H_0) + P_m P(H_1)$$ （4-18）

在这种情况下，错误概率综合考虑了授权用户的使用状态以及相应的检测性能。

四、感知时间

感知时间是频谱检测技术研究的一个很重要的性能指标。感知时间的大小在一定程度上影响着频谱检测的性能和频谱利用的能力。如果感知时间过长，虽然可以提高频谱检测的准确性，但会降低认知用户对频谱的接入时间；如果感知时间过短，虽然可以及时发现可利用频谱，但会导致频谱检测性能的下降，可能会对授权用户造成有害干扰。因此，如何选择合适的感知时间，做到既能保证频谱检测的准确性，又能充分利用频谱资源，是频谱感知性能指标优化的重点。

在 IEEE802.22 中，感知时间称为信道检测时间，是指在 WRAN 系统正常工作时，检测当前 TV 信道内是否有感知门限所花费的最大时间。在检测概率大于 90% 的情况下，这个时间为 500 ms~2 s。多个用户共同感知可以缩短感知时间，也可以保证较高的感知准确率。

第三节　分层次多用户信息融合合作频谱感知方法

对于合作频谱感知的研究，常常在一个认知小区的场景下对多个认知用户的合作频谱感知进行分析。事实上，现实中的认知无线电网络是一个多层分级的网络结构。因此，只分析一个认知小区内用户间的合作频谱感知并不能保证其结论在实际网络结构体系中仍然适用。本节研究主要基于一种混合的认知无线电网络结构，该结构包含集中式网络结构和分布式网络结构。认知小区内以基站为中心形成集中式网络结构，各认知小区间形成分布式网络结构。基于该场景，本节提出一种双信息融合的合作频谱感知方（算）法。

一、系统描述

图 4-2 为混合认知无线电网络结构中双信息融合合作频谱感知的场景。它由一个授权主系统和 K 个认知小区组成（图中 $K=3$），每个认知小区包含一个认知基站和 N 个认知用户。

双信息融合协作检测是指，在每个认知小区内，认知用户以能量检测作为本地频谱感知方法，然后以数据融合的方式发送本地能量到认知基站；在不同认知小区中，各认知基站间采用判决融合方式，交互各自的感知信息，做出最终决策。

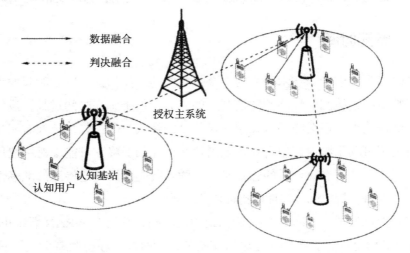

图 4-2　混合认知无线电网络结构中双信息融合合作频谱感知场景

双信息融合有以下具体过程。

首先，每个认知用户基于能量检测技术感知授权用户的频谱。认知用户的决策依赖于接收到的能量。决策为 0 表示授权用户不存在；决策为 1 表示授权用户存在。根据数据融合方案，第 j（$0 < j < N$）个认知用户发送能量 y_j 到认知基站，基站 K 根据一定数据融合准则做出决策 D_k，则

$$D_k = f(Y_1, Y_2, \cdots, Y_N) \tag{4-19}$$

然后，在各认知小区的基站间基于判决融合进行协作感知，认知基站互相发送各自的决策，根据判决融合方案，每个认知基站做出最终决策，则

$$D_{\text{fimal}} = g(D_1, D_2, \cdots, D_N) \tag{4-20}$$

二、双融合合作频谱感知方法

在认知无线电网络中，如果所有用户都参与合作频谱感知，则将导致较高的计算复杂度。因此，采用何种合作频谱感知算法以获得较好的检测性能，同时能够降低计算复杂度，是一个亟待解决的问题。

混合认知无线电网络结构下的合作频谱感知可以分两个步骤来实现：①小区内认知用户间采用数据融合的方式，发送能量给认知基站，认知基站通过数据融合获得初步的感知结果；②认知基站将各自的初步感知结果与其他小区基站的初步感知结果交互，通过判决融合方式获得最终的频谱感知结果。

（一）数融合检测性能

在频谱感知技术中，能量检测因其计算复杂度较低和易实现的特点而被广泛应用。在本地频谱感知中，认知用户通过频谱检测技术区别授权用户的不存在（H_0）与存在（H_1）状态。用 N 和 M 分别表示认知用户数和采样点数，则观察到的第 j 个用户的能量值 Y_j 为

$$Y_j = \begin{cases} \sum_{i=1}^{N} n_{ji}^2, & H_0 \\ \sum_{i=1}^{N} (s_{ji} + n_{ji}), & H_1 \end{cases} \tag{4-21}$$

式中 S_{ji} 和 n_{ji}（$1 < j < N$，$1 < i < M$）分别为第 j 个认知用户在第 i 个采样点接收到的授权用户信号与噪声，假设噪声为加性高斯白噪声。

如前面所描述的，观察信号包含所有可能的授权用户信号和加性噪声。如果授权用户信号存在，则 Y_j 服从自由度为 M 的中心卡方分布；否则，Y_j 服从自由度为 M 的非中心卡方分布，非中心参数为 $M Y_j$，其中 Y_j 为第 j 个认知用户检测到授权用户的瞬时信噪比。

$$Y_j \sim \begin{cases} X_M^2, H_0 \\ X_M^2(My_j), H_1 \end{cases} \tag{4-22}$$

基于给定的二元假设条件，假设 Y_j 是相互独立的。当 M 足够大时，根据中心极限定理，Y_j 近似服从高斯分布，即

$$Y_j \sim \begin{cases} N(M, 2M), H_0 \\ N(M(1+y_j), 2M(1+2y_j)) H_1 \end{cases} \tag{4-23}$$

在数据融合方法中，最终决策统计量 y 为不同认知用户观察到能量值的加权和。令第 j 个认知用户的加权系数为 w_j，则加权和表示为

$$Y = \sum_{j=1}^{N} w_j y_j \tag{4-24}$$

假设 Y_j 和 ω_j 独立，并且 Y 服从高斯分布，即

$$Y_j \sim \begin{cases} N\left(M\sum_{j=1}^{N}\omega_j, 2M\sum_{j=1}^{N}\omega_j^2\right), H_0 \\ N\left(M\sum_{j=1}^{N}\omega_j(1+y_j), 2M\sum_{j=1}^{N}\omega_j^2(1+2y_j)\right), H_1 \end{cases} \tag{4-25}$$

令 λ 为判决门限，则虚警概率 P_f 和检测概率 P_d 可以表示为

$$P_f = Q\left(\frac{\lambda - M\sum_{j=1}^{N}\omega_j}{\sqrt{2\sum_{j=1}^{N}\omega_j^2}} \right) \tag{4-26}$$

$$P_d = Q\left(\frac{\lambda - M\sum_{j=1}^{N}\omega_j(1+y_j)}{\sqrt{2m\sum_{j=1}^{N}\omega_j^2(1+2y_j)}} \right) \tag{4-27}$$

式中 $Q(x) = \int_x^{+\infty} \frac{1}{\sqrt{2\pi}} e^{\frac{t^2}{t}} dt$。

在双信息融合的合作频谱感知方法中，数据融合采用了等增益合并方式，其相应加权系数为

$$\omega_{EGG_j} = \frac{1}{\sqrt{N}}, 1 \leqslant j \leqslant N \tag{4-28}$$

通常，认知用户接收到授权用户信号的信噪比非常低（如 $y_j \ll 1$），因此，$\sqrt{\sum_{j=1}^{N}\omega_j^2(1+2y_j)} \approx 1$，则检测概率可以表示为

$$P_d = Q(\frac{\lambda - M\sqrt{N}}{\sqrt{2M}}) \qquad (4\text{-}29)$$

（二）判决融合检测性能

对于合作频谱感知的判决融合来说，判决准则通常分为 OR 准则、AND 准则和 q-out-of-N 准则。其中，OR 准则不适用于混合认知无线电网络的合作频谱感知方法。这是因为，如果只有一个认知基站认为授权用户存在就判断授权用户出现，则合作频谱感知的决策将变得不准确。

因此，本方法选择 AND 准则作为双信息融合合作频谱感知方法的判决准则。令 和 Q_f 分别表示基于 AND 准则的协作虚警概率和协作检测概率，假设存在 K 个认知小区，各认知小区基站的决策相宜独立，则 Q_f 和 Q_d 分别为

$$Q_f = \prod_{k=1}^{k} P_f^k \qquad (4\text{-}30)$$

$$Q_d = \prod_{k=1}^{k} P_d^k \qquad (4\text{-}31)$$

（三）"双融合"检测性能

在混合认知无线电网络结构的双信息融合合作频谱感知（简称"双融合"）中，认知小区内用户采用基于等增益合并的数据融合方法，在认知基站间采用基于 AND 准则的判决融合做出最终决策。

为了获得双信息融合合作频谱感知方法的检测性能，将式（4-26）和式（4-27）分别代入式（4-30）和式（4-31），则双信息融合合作频谱感知的性能可以表示为

$$Q_f = \prod_{k=1}^{k} \left[Q\left(\frac{\lambda - M\sum_{j=1}^{N}\omega_j}{\sqrt{2M\sum_{j=1}^{N}\omega_j^2}} \right) \right] \qquad (4\text{-}32)$$

$$Q_d = \prod_{k=1}^{k} \left[Q\left(\frac{\lambda - M\sum_{j=1}^{N}\omega_j(1+y_j)}{\sqrt{2M\sum_{j=1}^{N}\omega_j^2(1+2y_j)}} \right) \right] \qquad (4\text{-}33)$$

相应地，根据错误概率的定义，将式（4-32）和式（4-33）代入（4-18）中，则"双融合"方法的协作错误概率可以表示为

$$Q_e = Q_f P(H_0) + Q_m P(H_1) = Q_f P(H_0) + (1 - Q_d) P(H_1)$$

$$= \left[Q \left(\frac{\lambda - M \sum\limits_{j=1}^{N} \omega_j}{\sqrt{2M \sum\limits_{j=1}^{N} \omega_j^2}} \right) \right]^k P(H_0) + \left\{ 1 - \left[Q \left(\frac{\lambda - M \sum\limits_{j=1}^{N} \omega_j(1 + y_j)}{\sqrt{2M \sum\limits_{j=1}^{N} \omega_j^2(1 + 2y_j)}} \right) \right]^k \right\} P(H_1) \quad (4\text{-}34)$$

由式（4-34）可知，协作错误概率不仅与授权用户对信道的占用状态有关，还与参与协作检测的认知小区内用户数和认知基站数有关。

第四节　仿真结果与性能分析

本次仿真分析基于一个混合结构的认知无线网络场景，多个认知用户随机分布在同一认知基站覆盖范围内，有多个类似的认知小区；仿真基于 Matlab 平台；假设所有认知用户都历经相同信道衰落，即所有认知用户的检测概率相同；假设大多数授权用户空闲，授权用户占用信道的概率 $P(H_1)$ 为 0.2；认知小区数 K 为 3；每个小区内认知用户数 N 为 6；信道的信噪比 SNR 为 -10 dB。在不做特别说明的情况下，基于上述基本仿真参数进行仿真，得到本章所提出的合作频谱感知算法的检测性能，并加以分析。

图 4-3 比较了不同信息融合算法的合作频谱感知性能。如图（4-3）所示，与传统的数据融合和判决融合算法相比，本章所采用的双信息融合合作频谱感知算法的检测性能较优。当系统的协作虚警概率 Q_f 为 0.1 时，"双融合"算法的协作检测概率 Q_d 可以达到 0.92，而数据融合和判决融合算法的协作检测概率只达到了 0.78 以及 0.3。

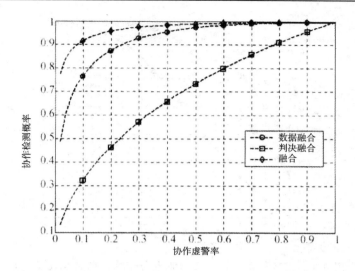

图 4-3　不同信息融合算法的合作频谱感知性能

　　此外，为了分析参与合作频谱感知的认知基站数与认知用户数对"双融合"算法检测性能的影响，以下假设协作虚警概率为 0.1，则图 4-4 比较了双信息融合合作频谱感知算法在不同认知用户数情况下的检测性能，即当认知小区基站数为 3 时，认知小区内用户数对检测性能的影响。可以看出，随着信噪比的逐渐增大，协作检测概率逐渐减小。当参与协作检测的认知用户数为 20、信道的信噪比大于 -8 dB 时，协作检测概率大于 0.9，具有较好的检测性能，能够避免对授权用户造成干扰。此外，随着参与协作感知的认知小区用户数的逐渐增大，协作检测概率也呈上升趋势。当信噪比为 -7 dB 时，10 个认知用户的协作检测概率为 0.8，而 15 个认知用户的协作检测概率为 0.9。这是因为通过数据融合算法，较多的认知用户发送感知结果，可以获得较高的检测概率。

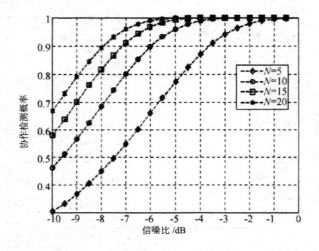

图 4-4　"双融合"算法检测概率与信噪比的关系（K=3）

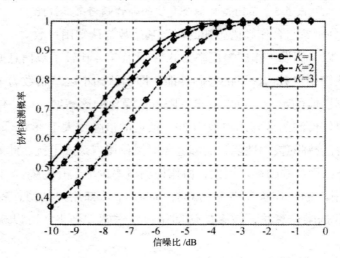

图 4-5　"双融合"算法的协作检测概率与信噪比的关系（N=10）

　　假设每个认知小区参与检测的用户数为 10，则图 4-5 显示了"双融合"算法中认知小区基站数对检测性能的影响。结果表明，随着认知小区数目的增加，协作检测概率逐渐上升。这是因为参与协作检测的认知基站数较多，每个认知小区的各基站可以较充分地交互信息。认知小区用户数固定时，认知基站数的增加虽然可以提高检测性能，但调整参与协作检测的认知基站数对检测性能影响略小。

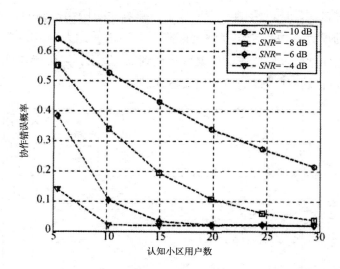

图 4-6　"双融合"算法的协作错误概率与认知用户数的关系（K=3）

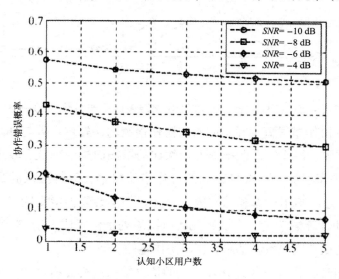

图 4-7　"双融合"算法的协作错误概率与认知基站数的关系（N=10）

以下研究参与合作频谱感知的认知基站数与认知用户数在不同信噪比下对错误概率的影响。假设协作检测概率为 0.9，则图 4-6 和图 4-7 分别显示了双信息融合合作频谱感知算法在不同认知用户数和认知基站数情况下的检测性能。

图 4-6 显示了在"双融合"算法中，当认知小区基站数为 3 时，认知小区内用户数对协作错误概率的影响。可以看出，协作错误概率随着认知小区用户数的增加而减小。通过"双融合"算法，较多的认知用户发送检测结果，可以获得较低的协作错误概率。此外，"双融合"算法在较低信噪比下也具有较好的检测性能。

此外，假设每个认知小区用户数为 10，则图 4-7 显示了双信息融合协作检测算法中认知基站数对检测性能的影响。结果显示，随着参与协作检测的认知小区基站数的增加和信噪比的增大，协作错误概率逐渐降低。当信噪比为 -4 dB 时，两个认知小区基站参与判决融合就可以使协作错误概率降低到 0.7 以下；当信噪比低于 -4 dB 时，较多的认知基站也可以获得较低的协作错误概率。

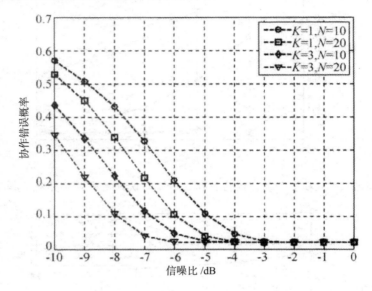

图 4-8　"双融合"算法的协作错误概率与信噪比的关系

最后，研究协作错误概率在不同参与协作检测的认知用户数与基站数情况下的性能。如图 4-8 所示，协作错误概率随着信噪比的增加而逐渐降低。较多的认知基站与认知用户参与协作检测，将获得较低的协作错误概率。值得注意的是，当信噪比大于 -3 dB 时，无论认知用户数和基站数为多少，都不会改善检测性能。因此，为了降低系统的开销和计算复杂度，当认知无线电网络处于信噪比大于 -3 dB 的环境时，应尽量采用较少的认知用户数和基站数参与协作感知。

通过对双信息融合合作频谱感知方法的仿真结果进行分析可知，该算法与传统协作检测算法相比，在相同虚警概率下，具有较好的频谱检测性能。此外，该算法在较低信噪比环境下仍具有较好的检测性能，能够在一定程度上很好地保护授权用户不被干扰。同时，仿真结果显示，同参与协作检测的认知基站数相比，认知用户数对协作错误概率的影响较大。

第五章 基于压缩感知的认知无线电宽带频谱检测

第一节 认知无线电宽带频谱检测模型

本章主要讨论基于多用户分布式协作频谱感知的认知无线电（CR）宽带频谱检测。相比于窄带检测，宽带检测对采样硬件要求更高，为此引入压缩感知理论，提出了基于压缩感知的多用户分布式协作频谱感知方案□一句。本章讨论的宽带感知是指采用并行扫描方式的多信道宽带感知，即目标宽带是由已知的、确定的多个等宽窄带构成，系统以并行的方式对多个窄带（信道）同时进行扫描感知。

在 CR 中，宽带无线电信号往往具有频域稀疏性。压缩感知得以引入 CR 中正是基于宽带无线电信号频域稀疏性的事实。图 5-1 给出了具有稀疏性的多信道功率谱密度（Power Spectral Density，PSD）示意图。图中，假设目标宽带被等分为 N 个互不重叠的子带（子信道），且一般认为窄带大小和信道的子带划分信息对于认知用户（SU）是未知的。假设信道是慢时变信道，即在检测周期内可认为是时不变信道。空闲信道即频谱空穴，可供 SU 接入占用，而忙信道是正被主用户（PU）或其他 SU 占用的信道。

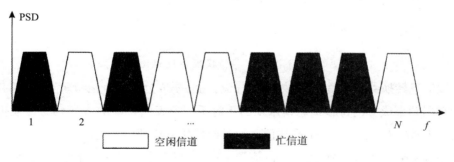

图 5-1 宽带信号稀疏模型

假设 J 个 SU 接收端对同一个 PU 信号进行感知检测。简单起见，假设 CR 高层协议（如介质访问控制层）可保证其他 SU 在检测过程中不发送信号，只有 PU 发送信号。因此，接收端接收的信号或为噪声，或为含噪信号，如式（5-1）所示。事实上，在压缩频谱感知模型中，SU_j $(j=1,2,\cdots,j)$ 接收的模拟信号 $X_j(t)$ 需要先通过模拟信息转换器压缩离散化为 y_j，再根据 y_j 利用已有的稀疏重构算法重构出频域信号 $\widehat{S}_{f,j}$，然后利用能量检测器最终得到空穴判决向量 $\widehat{d}_j$，如图 5-2 所示。

图 5-2 压缩频谱感知模型

此时，式（5-1）的二元检测模型可改写为式（5-1），其中 y 为观测向量，勿为 N 维观测矩阵，尤为接收信号的时间离散形式。压缩频谱感知问题中的信号恢复模型可改写为式（5-2）所示的形式，为接收信号的频域离散形式，它具有稀疏性，有 $x_f = F_N x$，F_N 为 $N \times N$ 的 FFT 矩阵。

$$\begin{cases} H_0 : y = \phi n \\ H_1 : y = \phi x = \phi(s+n) \end{cases} \quad （5\text{-}1）$$

$$\arg\min \|x_f\|_1, s.t. y. = \phi F_N^{-1} x_f \quad （5\text{-}2）$$

在宽带压缩频谱感知中，一个宽带模拟信号要压缩采样成为一个离散信号，可以使用模拟信息转换器。模拟信息转换器是 CR 接收机的重要组成部分。图 5-3 给出了模拟信息转换器的实现框图。

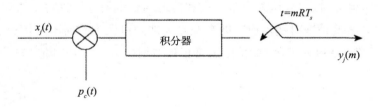

图 5-3 模拟信息转换器实现框图

模拟信息转换器主要针对信号中所含的有用频率成分相对于信号带宽很小的情况，且这些有用频率成分的位置信息是未知的。对于一个 K 阶稀疏的 N 维信号，模拟信息转换器只需 $O(K\log_2(N/K))$ 个采样值并通过凸优化方法即可重构信号。

在图 5-3 中，接收端接收的模拟信号 $x_j(t)$ 先与一个高速率的最大长度伪随机序列 $p_c(t)$ 相乘，然后经过一个低速率的低通模拟滤波器并以低速率采样获得离散数据。$p_c(t)$ 是一个以高于奈奎斯特速率采样获得的等概率离散序列。模拟信息转换器本质上是一个模数转换器，只不过它经过两次采样：奈奎斯特采样和压缩采样。

若设奈奎斯特采样率为 $1/T_s$，则在一个 RT_s 时间内的积分输出经过采样后得到

$y_j(m)$，其中 R 是大于 1 的整数。y_j 可以认为是欠采样所得，欠采样频率为 $1/(RT_s)$。在 $[0, MRT_s]$ 时间内，可获得 M 点样本 $y_j = [y_j(1), y_j(2), \cdots, y_j(M)]^T$。若用奈奎斯特速率进行采样，相同时间内可获得 N 点样本，$N = MR$。可见，实现的压缩采样比为 $M/N = 1/R$。模拟信息转换器输出的压缩向量 y_j 可以通过压缩感知重构算法进行稀疏重构。

　　模拟信息转换器和调制宽带解调器是将离散域压缩感知理论推广到模拟域的重要器件。在模拟信息转换器的启发下，Mishali 和 Eldar 于 2010 年提出了调制宽带解调器。图 5-4 给出了调制宽带解调器的实现结构框图。除模拟信息转换器和调制宽带解调器之外，将离散域的压缩感知理论推广到模拟域的方法还有随机滤波器和奈奎斯特折叠模拟信息转换器。

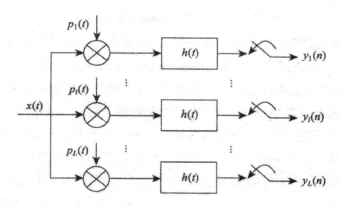

图 5-4 调制宽带解调器实现结构框图

　　上述过程先对模拟信号进行欠采样并获得压缩离散信号，然后利用压缩感知理论中已有的信号重构方法对信号的频谱或功率谱进行重构，最后采用传统的单用户检测法进行频谱空穴检测。可见，压缩感知理论主要应用于频谱感知部分，而 DCS 理论主要应用于多用户协作频谱检测中。本章主要基于 DCS 理论，利用多用户的空间分集增益完成多用户协作频谱感知任务口。结合压缩感知理论，频谱感知技术可有效实现信号采样，特别是宽带信号的压缩采样，减少数据传送量进而降低用户功耗，延长系统运行周期。

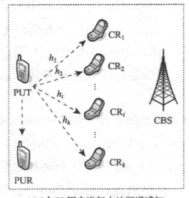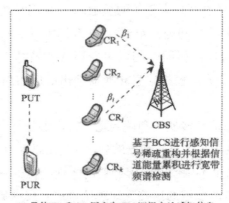

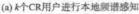

(a) k 个 CR 用户进行本地频谱感知   (b) 最佳 CR_1 和 CR_i 用户向 CBS 汇报本地感知信息，CBS 进行宽带频谱检测

图 5-5 CRN 宽带频谱检测系统场景

认知无线网络宽带频谱检测系统场景如图 5-5 所示。主用户发射机（Primary User Transmitter，PUT）与主用户接收机（Primary User Receiver，PUR）利用授权宽带频谱进行通信。在认知无线网络宽带压缩频谱检测中，网络中可用信道带宽很宽，但 PU 实际传输信号占用的带宽很小，由于 PU 信号在频域上随机占用一部分子带，具有稀疏性，可以利用压缩感知对 SU 感知信号进行重构，并根据能量检测对 PU 占用的子带信号进行检测判决，最终确定 PU 信号所占子带位置。在本场景中，k 个 CR 用户对 PU 宽带频谱占用情况进行本地感知，通过选择最佳 CR 用户，利用其报告信道向认知基站（Cognitive Base Station，CBS）汇报本地感知信息，CBS 基于 BCS 进行感知信息融合与稀疏重构，并根据信道能量累积进行宽带频谱检测。

在 t 时刻，CR 用户进行本地频谱感知的信号为

$$x_{CR_i}(t)\begin{cases} h_j x_{PUT}(t)+n_i(t), H_1 \\ n_i(t), \quad H_0 \end{cases} \tag{5-3}$$

式中，$n_i(t)$ 表示感知信道的加性高斯白噪声；H_1 和 H_0 名分别表示 PUT 存在和不存在的两种假设。

假设系统中 CR 请求接入而 PU 未使用频谱，由于多个 CR 用户进行协作检测将在提高检测性能的同时大幅度增加感知能耗，考虑到节点能耗、CBS 检测性能和隐蔽终端等因素，需要在 CR 集合中选择最佳 CR 用户进行协作检测。所选择的最佳 CR 和 PU，用户共同向 CBS 汇报本地感知信息，同时系统模型参数如下。

（1）感知信道与报告信道均为锐利衰落信道。h_1、h_i 分别表示 PUT 与 CR_1、PUT 与 CR_i 之间的感知信道增益，在感知过程中信道增益为常数。

（2）CR_1 和 CR_i，接收端噪声满足均值为零、方差分别为 $\sigma_{CR_1}^2$ 和 $\sigma_{CR_2}^2$ 的独立同分布高斯随机变量。

（3）PUT 信号 $x_{PUT}{}^{(n)}$ 为均值为零、方差为 σ_{PUT}^2 的独立同分布随机序列。

第二节 基于最大似然比的协作宽带频谱检测

考虑具有 N 个子载波的 CR 多载波调制（CR Multi-Carrier Modulationn，MCM_CR）系统，一个系统传输符号 $\{R_k, k \in [0, N-1]\}$ 与其等效复基带信号 $\{r_n, N \in [0, N-1]\}$ 之间为 N 点的离散傅里叶逆变换，即

$$r_n = \frac{1}{\sqrt{N}} \sum_{k=0}^{N-1} R_k W_N^{-kn}, \ n \in [0, N-1] \tag{5-4}$$

式中，凡为第 k 个子载波上的正交幅度调制或相移键控调制符号；r_n 为第几个系统传输符号的基带采样信号；$W_N = \exp(-j2\pi / N)$。

为分析 MCM_CR 系统的子载波利用情况，采用子载波空穴矢量进行表征，即表示为 $V(n) = \{U(0, n), U(1, n), \cdots, U(k, n), \cdots, U(N{-}1, n)$。其中，$U(k, n)$ 表示主用户在 n 时刻对第 k 个认知 OFDM 子载波的占用情况

$$U(k,n) = \begin{cases} 1, 被PU占用 \\ 0, 未被PU占用 \end{cases} \tag{5-5}$$

具有 N 个子载波的 MCM_CR 系统频谱如图 3-6 所示。在 MCM_CR 系统中，SHV 作为认知用户发射机频谱检测器的 N 点快速傅里叶逆变换输入矢量，根据 N 点基 2-FFT 算法，其复杂度为 $O(\frac{N}{2}\log_2 N)$。

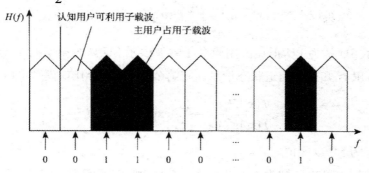

图 5-6　具有 N 个子载波的 MCM_CR 系统频谱示意图

考虑 N 具有个子载波的 MCM_CR 系统，在 n 时刻认知用户接收机接收到的信号可以写成

$$r_n = whs_n + \eta_n \tag{5-6}$$

式中，$w=1(0)$ 表示 n 时刻 PU 发送（不发送）QAM 或 PSK 信号 S_n；信道加性噪声 η_n 服从均值为零、方差为 σ_η^2 的复高斯分布；信道衰落系数 $h = a\exp(j\theta)$，

其中 α 为均值为零、方差为 σ_h^2 的锐利分布随机变量，其概率密度函数为 $p_\alpha(r) = \dfrac{r}{\sigma_h^2}$

$\exp(-\dfrac{r^2}{2\sigma_h^2}), r \geq 0$，相位 θ 在 $[0, 2\pi]$ 上服从均匀分布。将式（5-6）代入式（5-4）的逆变换表达式，可以得到 MCM_CR 系统的频域表达式为

$$R_k = wa\exp(j\theta)S_k + \xi_k, k \in [0, N-1] \tag{5-7}$$

式中，$\{S_k\}$、ξ_k 分别为 s_n、η_n 的 N 点 DFT。

此时，子载波频域系数 $\{R_0, R_1, \cdots, R_{N-1}\}$ 相互不独立，而第 k 个子载波在各时刻之间是相互独立的，即 $R_k = \{R_k(1), R_k(2), \cdots, R_k(n), \cdots\}$ 各元素相互独立。采用基于子载波的最大似然检测（Maximum Likelihood Detector，MLD）进行子载波频谱的动态分配。

当 $n \to \infty$ 时，由中心极限定理，在某一时刻 PUR 对 k 第个子载波的接收信号 R_k 可认为是一复高斯变量 $R_k \sim N(0, \sigma_{R_k}^2)$。其中，$\sigma_{R_k}^2 = \sigma_\eta^2(1 + w^2\bar{\gamma}_k)$ 为 R_k 的方差，$\bar{\gamma}_k = \dfrac{\sigma_h^2 s_k^2}{\sigma_\eta^2}$ 为 SUR 第 k 个子载波的平均接收 SNR。将 R_k 进行幅度归一化，得到 $x_k = \dfrac{|R_k|}{\sigma_\eta}$，则归一化幅度 x_k 是均值为零、方差为 $\sigma_{R_k}^2 = \dfrac{1 + \omega^2\bar{\gamma}_k}{2}$ 的锐利分布随机变量。其概率密度函数和累积分布函数可分别写作

$$f_R(x_k) = \frac{x_k}{\sigma_{x_k}^2}\exp(-\frac{x_k^2}{2\sigma_{x_k}^2}) \tag{5-8}$$

$$F_R(\lambda_k) = \Pr\{x_k \leq \lambda_k\} = \int_0^{\lambda_k} f_R(u)du = 1 - \exp(-\frac{\lambda_k^2}{2\sigma_{x_k}^2}) \tag{5-9}$$

令 H_1 表示 SU 认为 PU 正在占用第个子载波表示 SU 认为第空穴个子载波处于频谱空穴，假 SUR 已知全部信道状态信息，则第个子载波的 MLD 模型可以表示为

$$\Lambda = \frac{f(x_k|H_1)}{f(x_k|H_0)} = \frac{1}{1 + \bar{\gamma}_k}\exp(\frac{\bar{\gamma}_k x_k^2}{1 + \bar{\gamma}_k}) > \beta_k \tag{5-10}$$

式中，β_k 为 MLD 阈值。

当 H_1 为真时，判决区域为 $DR = \{x_k : \Lambda > \beta_k\}$，则 β_k 值变为

$$\beta_k = \Lambda|x_k = \lambda_k = \frac{1}{1 + \bar{\gamma}_k}\exp(\frac{\bar{\gamma}_k x_k^2}{1 + \bar{\gamma}_k}) \tag{5-11}$$

可得判决门限 $\lambda_k = \sqrt{\dfrac{1 + \bar{\gamma}_k}{\bar{\gamma}_k}\ln[\beta_k(1 + \bar{\gamma}_k)]}$。由于 $\beta_k > 1$，且 λ_k 为 β_k 增函数，可知 $\lambda_k \geq \sqrt{\dfrac{1 + \bar{\gamma}_k}{\bar{\gamma}_k}\ln(1 + \bar{\gamma}_k)}$，判决区域 $DR = \{x_k > \lambda_k\}$，则 PU 占用第 k 个子载波的检测概率

$\Pr_{dk}$、虚警概率 $\Pr_{fk}$ 和漏检概率 $\Pr_{mk}$ 分别为

$$\Pr_{dk} = \int_{DR} |f(x_k)|H_1)\mathrm{d}x_k = \exp(-\frac{\lambda_k^2}{1+\overline{\gamma}_k}) \tag{5-12}$$

$$\Pr_{fk} = \int_{DR} |f(x_k)|H_0)\mathrm{d}x_k = \exp(-\lambda_k^2) \tag{5-13}$$

$$\Pr_{mk} = 1 - \Pr_{dk} = 1 - \exp(-\frac{\lambda_k^2}{1+\overline{\gamma}_k}) \tag{5-14}$$

式（5-11）式（5-14）则表明，β_k 增大也使判决门限 λ_k 增大，从而使 P 也减小，因此在 P 系统，漏检概率 $\Pr_{mk}$ 必须小于门限 $\Pr_0$ 以防止 SU 对 PU 造成干扰，通常使 SU 对 PU 干扰小于某一干扰温度限 T_{PU}，即

$$T_{PU_k \to PU} = \frac{P_k \Pr_{mk}}{k_B B_k} \leqslant T_{PU} - T_0 \tag{5-15}$$

式中，T_0 为不考虑 SU 时的 PU 固有干扰温度；$k_B = 1.38 \times 10^{-23}$ J/K；P_k 为第 k 个的 SU 平均发射功率；β_k 为第 k 个子载波的带宽。

由式（5-15）可知门限 $\Pr_0$ 为

$$\Pr_{mk} \leqslant \Pr_0 = \frac{k_B(T_{PU} - T_0)B_k}{P_k} \tag{5-16}$$

将式（5-14）代入式（5-16），可得

$$\lambda_k \leqslant \sqrt{-(1+\overline{\gamma}_k)\ \ \ln(1-\Pr_0)} \tag{5-17}$$

将式（5-17）代入式（5-11），可以得到 MLR 判决门限 β_k 的上、下界：

$$1 \leqslant \beta_k \leqslant \frac{1}{1+\overline{\gamma}_k}(1-\Pr_0)^{-\overline{\gamma}_k} \tag{5-18}$$

取判决门限的上界为 $\beta_u = \dfrac{1}{1+\overline{\gamma}_k}(1-\Pr_0)^{-\overline{\gamma}_k}$。

由于 λ_k 为 β_k 的增函数，可以得到第 k 个子载波判决门限 λ_k 的上、下界：

$$\sqrt{(1+\frac{1}{\overline{\gamma}_k})\ \ \ln(1+\overline{\gamma}_k)} \leqslant \lambda_k \leqslant \sqrt{(1+\frac{1}{\overline{\gamma}_k})\ \ \ln[\beta_u(1+\overline{\gamma}_k)]} \tag{5-19}$$

由式（5-18）可知，第 k 个子载波的 MLR 判决门限 β_k 与最小漏检概率 $\Pr_0$ 和第 k 个子载波的平均接收 SNR $\overline{\gamma}_k$ 有关。

通常，由于式（5-7）中 S_k、ξ_k 的未知，$\overline{\gamma}_k$ 也无法获知，可以采用最大似然方法对 $\overline{\gamma}_k$ 进行估计，即

$$\overline{\gamma}_k = \arg\max_{\overline{\gamma}_k} f(x_k | \overline{\gamma}_k, H_1) = x_k^2 - 1$$

（5-20）

将式（5-20）代入式（5-10），得到 MLR 判决门限为

$$\frac{f(x_k|H_1)}{f(x_k|H_0)} = \frac{1}{x_k^2}\exp(x_k^2-1) > \beta_0 \tag{5-21}$$

式中，$\beta_0 \in [1, \beta_u]$。

将认知用户最大似然检测与能量检测两种方法进行比较。由于能量检测阈值与子载波接收 SNR 无关，MLR 判决门限与漏检概率门限 Pr_0 和接收 SNR 有关。因此，相比于能量检测，MLR 判决门限变化对检测性能影响较小。当 $\mathrm{Pr}_0 = 0.15$、$\bar{\gamma}_k = 20$ dB 时，由式 5-18 和式 5-19 可得到 $\beta_u = 1.1318\mathrm{e}^5$，则判决门限 λ_k 的下界 $\lambda_l = 2.1590$，上界 $\lambda_u = 4.0515$，两种假设情况下的 MLR 概率密度与接收信号幅度之间的关系如图 5-7 所示。

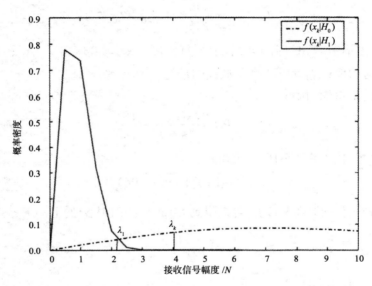

图 5-7　两种假设情况下 MLR 概率密度数值与接收信号幅度之间的关系

采用接收机工作特性（ROC）曲线表述第 k 个子载波在不同检测算法下的频谱感知性能，即 $\mathrm{Pr}_{mk} = f(\mathrm{Pr}_{fk})$。由于 ROC 曲线不仅与检测方法和待检测信号的结构有关，也与 SU 平均接收 SNR 有关，考虑到 PU 与认知无线网络之间的距离通常远大于认知网络半径，可以认为对同一子载波进行感知时，不同 SU 具有相同的接收 SNR，对应的感知性能 ROC 函数相同。图 5-8 给出了不同 MLR 判决门限条件下子载波采用最大似然检测的 ROC 曲线。由图可知，随着判决门限上界的增大，虚警概率明显降低。可见，MLR 判决门限是影响最大似然检测 ROC 曲线的主要因素。

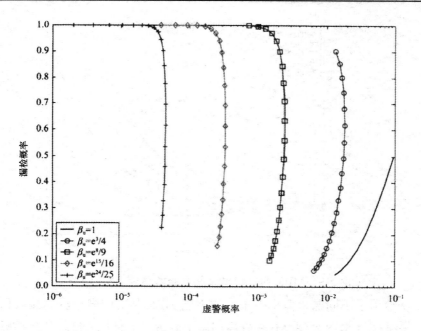

图 5-8　子载波最大似然检测 ROC 曲线

由式（5-11）~式（5-14）可知，一旦确定 MLR 阈值 β_0，即可求出第 2 个子载波判决门限 $\lambda_k (\lambda_k \in [\lambda_1, \lambda_u])$、$\mathrm{Pr}_{dk}$、$\mathrm{Pr}_{fk}$ 和 Pr_{mk}。根据 MLR 模型，若在 n 时刻 SU 探测到第 k 个子载波被 PU 所占用，则 SHV 中元素 $u(k, n)$=1（以概率 Pr_{dk}；反之，$U(k, n)$=0（以概率 $1-\mathrm{Pr}_{fk}$），则式（5-5）等效为

$$U(k,n)=\begin{cases}1, & \mathrm{Pr}_{dk} \\ 0, & 1-\mathrm{Pr}_{fk}\end{cases} \tag{5-22}$$

采用对数似然概率 $\ln\dfrac{1-\mathrm{Pr}_{fk}}{\mathrm{Pr}_{fk}}$ 度量第 k 个子载波的空闲度区，并 $\ln\dfrac{1-\mathrm{Pr}_{fk}}{\mathrm{Pr}_{fk}}$ 按递减顺序对各子载波进行分配，最先分配的子载波为

$$
\begin{aligned}
k^* &= \arg\max_{k=1,2,\cdots,N}\left\{\ln(1-\mathrm{Pr}_{fk}) - \ln\mathrm{Pr}_{fk}\right\} \\
&= \arg\max_{k=1,2,\cdots,N}\left\{\ln\left[1-\exp(-\lambda_k^2) + \frac{\lambda_k^2}{1+\bar{\lambda}_k}\right]\right\}
\end{aligned}
\tag{5-23}
$$

最先分配的子载波即认知用户感知到空闲度最大的子载波。采用这种子载波分配机制后，越先感知的子载波其空闲度越大，认知用户一旦获得所需带宽，就可以使用相应空闲的子载波，而无须再对其他子载波进行感知，从而大大降低感知耗费的时间和功率。

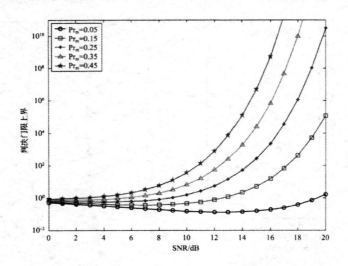

图 5-9　MLR 判决门限上界与接收信号 SNR 的关系

图 5-9 给出了不同漏检概率下子载波不同 MLR 判决门限上界与接收信号信噪比的关系。根据式（5-18），当 MLR 判决门限上界 β_u <1 时，若接收信号信噪比非常小（SNR<5 dB），即在 PU 干扰温度限 T_{pu} 之下，则必须增加接收信号幅度或减小干扰等级，否则 SU 不能接入频谱空穴。若 SNR>5 dB，贝 IJ 在 Pr_m =0.45 时有 β_u >1。随着信噪比的增大，凡呈指数增长。若 SNR=20 dB，在不同漏检概率情况下均有 β_u >1，此时第后个子载波的 SU 用户接入 PU 频谱空穴的概率为 Pr_{dk}。

图 5-10 给出了相同判决门限下第 k 个子载波采用 MLD 与 ED 时的性能比较。由式（5-21）可知，MLR 判决门限是接收信号幅度平方的指数函数，在判决门限较小的情况下，能量检测具有较好的检测性能。当判决门限突然增大时，能量检测的性能急剧下降，这是由于能量检测判决门限与接收信号信噪比无关，能量检测不能自适应信道变化。根据式（5-12）和式（5-21），MLR 判决门限与接收信号信噪比有关，具有自适应特性，判决门限的急剧变化对 MLD 的性能影响非常小，例如，当 SNR=20 dB 时，三种不同 MLR 判决门限对 Pr_{dk} 的影响仅为 0.05。因此，MLR 更适合于判决门限动态变化的自适应频谱感知，采用基于 MLR 频谱检测的子载波分配方法，可以明显提高认知 OFDM 中子载波频谱的感知性能，从而高效利用频谱资源，实现认知无线网络中的"绿色通信"。

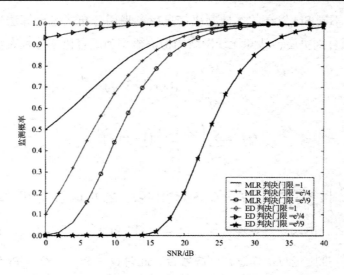

图 5-10　相同判决门限时 MLD 与 ED 的性能对比

　　多个认知用户将各自的感知数据发送给认知基站可以实现空间域感知数据的融合，从而实现基于多载波调制的空时频三维联合宽带频谱感知与资源优化分配。CBS 作为 MCM_CR 系统的中心控制单元，它将各认知用户的本地感知结果进行融合，并采用一定的数据融合准则对主用户频谱使用情况作出判决。认知无线网络中 CBS 数据融合与宽带频谱检测场景图如图 5-5 所示。根据 CBS 接收到的感知结果，数据融合过程可分为两类：集中式融合（软融合）与分布式融合（硬融合）。其中集中式融合是各 SU 直接将感知数据传送到融合中心，由融合中心经过处理后作出判决。此方法虽然具有感知信息无丢失、判决结论可信度高的优点，但是传输的数据量大，CBS 负担重，需要大量的频谱进行感知数据的传输，将对频谱资源造成大量浪费，有违认知无线网络高效利用频谱的目的。而分布式融合则是各 SU 对各自的感知数据进行初步分析处理并作出本地判决后，将本地判决结果向 CBS 汇报，CBS 以某种融合策略获得最终的判决结论。尽管分布式融合没有接收到完整的观测值会使性能略有降低，但具有传输数据量少、对传输网络要求低、数据融合处理时间短和响应速度高等优点。因此，下面考虑分布式数据融合过程。

　　假设认知无线网络中有 M 个认知用户，第 j 个认知用户的本地判决结果可以表示为

$$d_j = \begin{cases} 1, & H_1 : Y_j \geq \lambda_j \\ 0, & H_0 : Y_j \geq \lambda_j \end{cases}, j = 0, 2, \cdots, M \qquad （5-24）$$

　　式中，Y_j 为第 j 个认知用户的接收信号能量值；λ_j 为采用 ED 或 MLD 时的判决门限。

CBS 汇聚不同 SU 发送的本地判决信息后，采用分布式融合算法进行感知数据融合。经 CBS 融合判决后，认知无线网络的检测概率和虚警概率分别表示为

$$Q_d = \sum_{l=T}^{M} \binom{M}{l} \mathrm{Pr}_d^l \left(1 - \mathrm{Pr}_d\right)^{M-l} \tag{5-25}$$

$$Q_f = \sum_{l=T}^{M} \binom{M}{l} \mathrm{Pr}_f^l \left(1 - \mathrm{Pr}_f\right)^{M-l} \tag{5-26}$$

式中，$\binom{M}{l} = \dfrac{M!}{l!(M-l)}$。$T$ 为 CBS 判决门限，当 $T=1$ 时，采用"或"准则进行协作感知判决融合，由二项式定理可知，$Q_d = 1-(1-\mathrm{Pr}_d)^M$，$Q_f = 1-(1-\mathrm{Pr}_f)^M$；当 $T=M$ 时，采用"与"准则进行协作感知判决融合，此时 $Q_d = \mathrm{Pr}_d^M$，$Q_f = \mathrm{Pr}_f^M$。

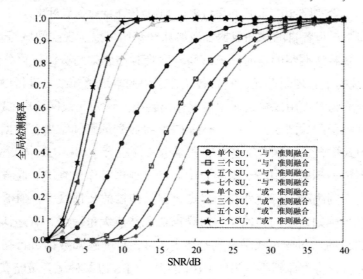

图 5-11　采用 MLR 分布式融合策略的 CBS 全局检测性能

采用 MLR 分布式融合策略时的 CBS 全局检测性能如图 5-11 所示。根据式（5-12）和式（5-25），分布式融合算法中的"或"准则明显优于"与"准则。在"或"准则中，检测性能随着协作用户数的增加而提高；而在"与"准则中，随着协作用户数的增加，检测性能反而下降。图中，当 SNR 为 20 dB 时，三个用户协作时采用"或"准则融合的检测概率接近 1，"与"准则融合的检测概率则为 0.72。在单个 SU 下，两种分布式融合算法的性能相同。对于多个协作SU，"或"准则融合可以显著提高检测性能，而"与"准则融合使检测性能反而出现下降。究其原因，"与"准则融合在降低 CRN 虚警概率的同时也降低了系统的检测概率，而"或"准则融合可以提高检测概率，但同时也增加了系统虚警概率。在固定虚警概率条件下，"或"准则融合优于"与"准则融合，因

为 CBS 在得到多个 SU 决策信息后，采用"与"准则融合是将各 SU 决策结果简单相乘，存在错误概率累积的情况，而"或"准则融合可以选择出最优的 SU 决策值，使得 CBS 的最后判决值相对更加正确。

CBS 采用"或"准则融合时 ED 和 MLD 方法的检测性能比较如图 5-12 所示。其中，协作认知用户分别采用 ED 和 MLD 进行本地检测，判决阈值 $\beta = \frac{1}{9}\mathrm{e}^8$ 为由图可知，随着认知用户数的增加，两种方法的检测性能均有明显改善，但 MLD 的性能明显优于 ED，仅当 SNR>24 dB 时，五个 SU 采用 ED 的性能优于单个 SU 采用 MLD 的性能。因此，在高判决门限下，多个协作认知用户采用 MLD 方法可以大大改善 CBS 采用"或"准则融合判决时的检测性能。

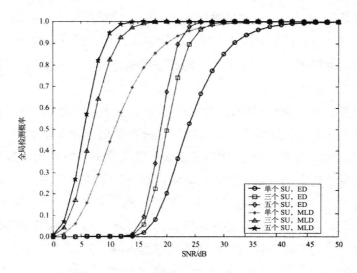

图 5-12　CBS 采用"或"准则融合时 ED 和 MLD 方法的检测性能

第三节　基于分布式压缩感知的宽带频谱检测

一、分布式压缩感知 – 子空间追踪频谱检测

现有 J 个 SU 协作感知稀疏度为 K 的 PU 信号频谱，目标频带等分为互不重叠的 C 个子带，每个子带采样点数为取，则信号总的采样点数相应为 $N=CW$。简单起见，这里假设一个子带即一个子信道（子载波）。在某一时刻 t，其中的 I 个子信道被 PU 占用并认为在频谱检测期间占用情况不变。因此，理想情况下，恢复出的 j 中的非零元

素个数即稀疏度应为 $IW=K$。

本节将 SP 算法推广到 DCS 环境，提出了分布式压缩感知 - 子空间追踪（Distributed Compressive Sensing-Subspace Pursuit，DCS-SP）宽带频谱检测算法（简称 DCS-SP 算法）。基于 221 节给出的 JSM-2 联合稀疏模型，DCS6P 算法主要分为两个阶段：频谱感知阶段和频谱检测阶段。频谱感知阶段主要利用 DCS 环境下的 SP 算法进行信号频谱重构；频谱检测阶段则主要根据重构的频谱利用能量检测法进行频谱空穴的判决。

由于 SP 算法只适用于单个 CR 接收机的情况，在 DCS 环境下显然是不适用的。在多个 CR 接收机情况下，需要考虑接收端分布式信息的相关性与信息共享问题。例如在压缩感知理论中，包括 MP 算法、OMP 算法、ROMP 算法和 CoSaMP 算法在内的贪婪重构算法均利用了剩余量 r 与测量矩阵中原子的相关性。这是由于压缩感知理论认为稀疏信号可由与其最相关的几个原子线性表示，这些原子又称为"正确"的原子。与剩余量的相关程度越大，该原子是正确原子的概率越大，这里均假设噪声与信号是相互独立的。

根据该思想，在频谱估计阶段，DCS-SP 算法首先找出各用户剩余量 r_j 与相应的压缩采样矩阵 $\theta_j = \phi_j \psi$ 中各原子的最大相关性所在 K 的个原子索引值，并将此作为共享的原子信息。由于该算法是基于 JSM-2 联合稀疏模型，即各用户共享同个稀疏基，且对同一个信号进行重构，在初次迭代时可高概率选中正确的原子（即确定解空间的范围），从而有利于加快算法的收敛速度。然后，将这些选中的原子用于频谱重构。

但是，在噪声环境中，特别是在低信噪比条件下，相关性的降低可能会导致算法选择错误的原子进行频谱重构，从而使重构性能下降，此时可利用有效的能量阈值来保证较优的检测性能。在 DCS6P 算法中，由于迭代停止条件的限制，在频谱感知阶段中选中的原子个数是有限的。在理想情况下，这些被选中的原子均是正确的原子，则 PU 的信号能量集中在被占用的子带上，即能量未发生外泄；在非理想情况即低信噪比情况下，强噪声会使算法选择错误的原子，使得重构的 PU 信号能量发生外泄，能量检测器在未被 PU 占用的子带中也能检测到信号能量，而且能量外泄情况会随着信噪比的降低而加重，甚至恶化到完全无法识别正确的子带位置的程度。这是传统能量检测法容易受噪声不确定性影响的缺点。因此，在 DCS6P 算法的频谱检测阶段，能量门限并不固定，而是随着所重构频谱能量的变化而变化。考虑最差的原子选择情况，该算法将所得重构信号的能量均匀分布在目标频带的 C 个子带中，并以此作为门限。这样，即使各子带位置均有原子被选中，若要使所得的子带能量大于门限值而导致错误的检测，则需要在该子带位置上选择更多的错误原子。在实际应用中，噪声的不确定性使得在低信噪比环境下选择原子同样存在着不确定性，这意味着在同一个子带位置上选择多个错误原子的概率是非常小的。因此，该能量门限的设定方法有助于降低虚

警概率并提高检测概率。改进算法的能量判决式为

$$d_j(c)\begin{cases} 1, & \sum_{i=(c-1)W+1}^{cW}\left|\widehat{S}_{s,j,i}\right|^2 \geq \lambda \\ 0, & \sum_{i=(c-1)W+1}^{cW}\left|\widehat{S}_{s,j,i}\right|^2 < \lambda \end{cases}, \quad j=1,2,\cdots,J; c=1,2,\cdots,C \quad （5\text{-}27）$$

DCS-SP 算法的具体步骤如下：

输入：压缩采样矩阵 θ_j；测量向量 y_j；稀疏度 K；目标误差值 ε。

输出：重构的频域稀疏向量 $\text{a\_est}\big|_j^l$；检测概率 $\text{Pr}_{d,j}$；虚警概率 $\text{Pr}_{f,j}$。

1. 阶段一：频谱估计与 SP 重构阶段

（1）初始化。迭代次数 $l=1$，剩余量 $r_j^0=y_j$，索引值集合 $\Lambda\_tem^0=\phi, \Lambda\_it_j^0=\phi$, $\Lambda_j^0=\phi$。

（2）选择原子。假设当前为第 l 次迭代，$j=1,2,\cdots,J$，步骤如下。

①多用户进行原子信息融合：

$$\Lambda\_tem^l = \sup p\left(\max_{n=1,2,\cdots,N}\left(\sum_{j=1}^{J}\frac{\left|\langle r_j^l,\theta_{j,n}\rangle\right|}{\|\theta_{j,n}\|_2},K\right)\right) \quad （5\text{-}28）$$

式中，$\sup p(\cdot)$ 表示获取向量的支撑索引集合；$\max(a,K)$ 用于返回 a 中 K 个较大绝对值对应的下标；θ_j 表示的第 n 个列向量。

②更新支撑集：

$$\Lambda_j^l = \Lambda\_tem^l \bigcup \Lambda\_it_j^{l-1} \quad （5\text{-}29）$$

③计算频域稀疏向量：

$$\alpha_j^l = \theta_{\Lambda_j}^+ y_j \quad （5\text{-}30）$$

式中，$(\cdot)^+$ 表示伪逆运算。

④更新各用户索引值集合：

$$\Lambda\_it_j^l = \sup p(\max(\alpha_j^l,K)) \quad （5\text{-}31）$$

⑤更新频域稀疏向量：

$$\underline{aest\big|_j^l}\Big|_{\Lambda\_it_j} = \alpha_j^l\Big|_{\Lambda\_it_j} \quad （5\text{-}32）$$

式中，$a\big|_{\Lambda\_it_j^l}$ 表示 a 中由 $\Lambda\_it_j^l$ 内元素指定的位置上的元素。式（5-32）是将对应位置上的稀疏值赋给稀疏向量 $a\_est\big|_j^i$。

⑥更新余量：

$$r_j^l = y_j - \Theta_j \cdot \alpha\_est_j^l \quad （5\text{-}33）$$

（3）若 $\left\|r_j^l - r_j^{l-1}\right\|_2 \leq \varepsilon$，则停止迭代；否则，转步骤（2）。

（4）输出 $a\_est\big|_j^i$。

2. 阶段二：频谱能量检测阶段

（1）计算各用户重构出的频域能量：

$$E_j = \sum_n \left\| a\_est_{j,n} \right\|_2^2 \tag{5-34}$$

（2）确定各用户独立判决的门限：

$$\lambda_j = E_j / C \tag{5-35}$$

（3）根据式（5-27）对各子带进行判决。

（4）计算各用户的检测概率和虚警概率。设在 C 个子带中被占用的 I 个子带下标为 $[c_{o1}, c_{o2}, \cdots, c_{oI}]$，未被占用的 $C-I$ 个子带下标为 $[c_{u1}, c_{u2}, \cdots, c_{o(C-I)}]$，第个子载波在被占用子带位置上的判决结果为 $D_j = \left[d_j^{c_{o1}}, d_j^{c_{o2}}, \cdots, d_j^{c_{oI}} \right]$，在未被占用子带位置上的判决结果为 $F_j = \left[d_j^{c_{u1}}, d_j^{c_{u2}}, \cdots, d_j^{c_{u(C-I)}} \right]$，则

$$\Pr_{d,j} = \frac{\left\| D_j \right\|_1}{I}, \quad \Pr_{f,j} = \frac{\left\| F_j \right\|_1}{C-I}, \quad j=1,2,\cdots,J \tag{5-36}$$

分析可知，上述算法的计算量主要来自式（5-28）和式（5-30）。式（5-28）的计算复杂度为 $O(MNJ)$；式（5-30）其实是一个最小二乘问题，其计算复杂度为 $O(KM)$，则该算法总的计算复杂度为 $O(MNJ+KM)$。这里主要考虑阶段一的计算复杂度，因为阶段二对于不同算法一般具有相同的计算复杂度。由该计算复杂度表达式可知，计算复杂度与协作用户数目和压缩比有关。值得指出的是，压缩比应尽可能地小，否则无法达到压缩的目的；协作用户数目不宜过大，否则会增加 SU 作机制的实现复杂度。

假设信道为高斯白噪声信道。目标总带宽为 100 MHz，等分为 $C=50$ 个信道，采样点数 $N=500$，每个子带的采样点数 $W=N/C=10$，被占用的子带数 $I=2$，则稀疏度 $K=IW=20$，相应稀疏度 $S=N/K=4\%$。图5-13给出了当信噪比为 10 dB、认知用户数为2、压缩比 0.2 为时的重构频谱图及空穴判决图。

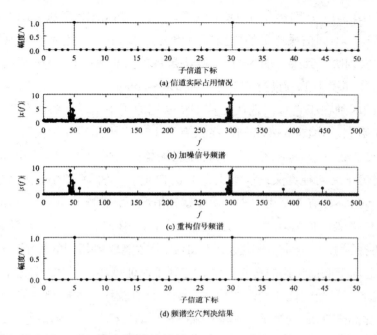

图 5-13　DCS-SP 算法频谱估计性能（J=2，SNR=10 dB，MN=0.2）

　　在宽带频谱检测模型下，可通过两种方式提高判决的可靠性和准确率：①重构出更可靠的频谱；②设定更合理有效的判决门限。在图 5-13 中，由于压缩比较小，DCS-SP 算法在信噪比为 10 dB 时仍无法精确重构出信号频谱，存在频谱能量泄漏的情况，但是采用改进的能量判决门限后可以准确判决出信道的实际占用情况。这表明，所提的能量检测法可以弥补频谱估计阶段可能存在的性能损失。

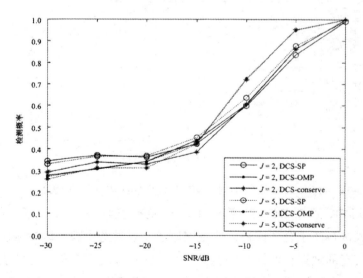

图 5-14　三种算法不同 SNR 下的检测概率（M/N=0.2）

图 5-14 和图 5-15 分别给出了 DCS-SP 算法与 DCS-OMP 算法、DCS-conserve 算法在一定压缩比、不同信噪比下的检测概率和虚警概率比较。它们均是利用能量检测法进行频谱空穴判决。其中，DCS-OMP 算法是将单认知用户的 OMP 频谱重构算法应用于多用户协作环境下的频谱感知算法，而 DCS-conserve 算法网与 DCS-OMP 算法、DCS-SP 算法的区别在于它每次迭代是从多个候选原子中由某个参数值决定进入下一轮迭代的原子数目。由图 5-14 可知，在只有两个用户协作感知情况下，信噪比低于 –15 dB 时，DCS-SP 算法具有较大的检测性能优势；信噪比为 –15~0 dB 时，DCS-SP 算法的性能要劣于另两种算法；信噪比高于 0 dB 时，三种算法的性能均能达到最优，即检测概率达到 1。在有 5 个用户进行协作感知情况下，信噪比低于 –15 dB 时，DCS-SP 算法仍具有优势；信噪比高于 –15 dB 并低于 0 dB 时，DCS-SP 算法的检测性能则劣于其他两种算法，直到信噪比达到 0 dB 以上才能取得相同的性能。图 5-14 表明 DCS-SP 算法适用于低信噪比的恶劣环境，有利于保证该环境下 PU 的正常通信，在不同信噪比环境下不易受到认知网络规模的影响，具有较稳定的检测性能。需要指出的是，对于信噪比高于 0 dB 的情况，考虑到频谱检测的目标是进行频谱空穴的准确判决，此时只要找到判别空穴所需的少量正确原子即可，即在不降低检测性能的前提下可以减少 DCS-SP 算法每次迭代的原子支撑集元素个数，以减少不必要的计算量。

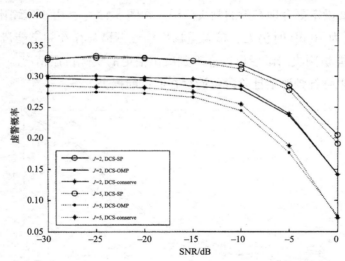

图 5-15　三种算法不同 SNR 下的虚警概率（M/N=0.2）

由图 5-15 可知，由于 DCS-SP 算法在原子选择过程中是多个原子一次性被选中，采用并集的方式进行原子合并使得某些错误原子一旦被选中就难以被淘汰出去，所以存在虚警概率较高的缺点，即该算法能够在低信噪比环境下获得较好的检测概率，但以较高的虚警概率为代价。在实际应用中，对于恶劣的传输环境，人们更希望保证 PU 的正常使用，而不是为 SU 提供频谱接入机会。因此，对于信噪比低至 -30 dB 的传输环境，较高的虚警概率可以避免 PU 受到干扰。

图 5-16 给出了信噪比为 10 dB、不同压缩比下不同算法的检测概率。当压缩比大于 0.1 时，通过多用户协作后各算法的检测概率均可达到 1 从而实现可靠判决；当压缩比小于 0 时，检测概率小于 1，但是检测概率随着协作用户数的增加而提高，这是因为较小的压缩比导致用于重构频谱的可用信息数据较少，从而影响了检测性能。此时可利用多用户进行协作和信息共享的方式获取用户分集增益，从而保证检测性能。另外，当用户协作数为 2 时，DCS-SP 算法在低压缩比情况下的检测性能要优于其他两种算法，而当用户协作数为 5 时，该算法的检测性能要劣于其他两种算法。这表明，DCS-SP 算法更适用于小规模的协作式认知无线电系统（即协作用户数较少，协作用户限制在单跳范围内）

图 5-17 给出了不同压缩比下不同算法的归一化均方根误差比较。该图表明，DCS-SP 算法在低压缩比（M/N=0.05）条件下具有最小的归一化均方根误差，而在高压缩比条件下具有较大的归一化均方根误差。结合图 5-16 可知，尽管 DCS-SP 算法在高压缩比条件下的重构效果劣于其他两种算法，但仍可获得与这两种算法相同的检测概率，这正说明了 DCS-SP 算法在低压缩比下的性能优势。就频谱重构而言，DCS-conserve 算法具有较好的重构性能，但是对于二元频谱检测，这种优势并不存在。

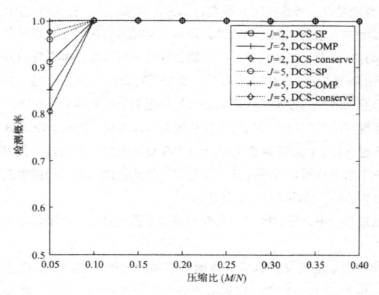

图 5-16　三种算法不同压缩比下的检测概率（SNR=10 dB）

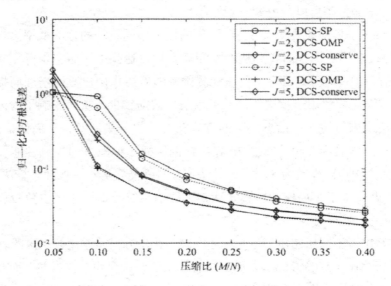

图 5-17　三种算法不同压缩比下的归一化均方根误差（SNR=10 dB）

二、分布式压缩感知—盲协作压缩频谱检测

DCS-SP 算法是以信号稀疏度 K 先验已知为前提条件的，在实际应用中，CR 接收端的信号稀疏度 K 一般为未知，且为时间函数，会随着时间的变化而变化，因此要求压缩频谱感知算法以低复杂度快速、实时地估计信号稀疏度。本节提出分布式压缩感知 - 盲协作压缩频谱检测（DCS-B）算法，这是一种稀疏度未知情况下的盲频谱感知算法。从压缩感知理论的重构算法可知，在保持近似最优性能的条件下，贪婪迭代算法相比于凸松他算法具有较快的执行速度和较少的计算量。因此，DCS-B 算法也借鉴了贪婪迭代思想。与 DCS-SP 算法类似，DCS-B 算法也分两个阶段（频谱感知阶段和频谱检测阶段）来完成频谱检测任务，并在频谱检测阶段采用了相同的改进能量检测法。本节不再赘述频谱检测阶段的具体步骤。

在压缩感知理论中，稀疏度 K 与压缩程度以及重构算法性能密切相关，因此有必要对其进行估计。

算法的频谱感知阶段又可具体分为两个不同的迭代过程：K- 迭代过程和信号重构迭代过程。在 K- 迭代过程中，首先给 K 设置一个较小的初始值，经过多次迭代直到达到迭代停止条件后退出。K- 迭代过程的迭代停止条件与 SNR 有关。然后，转而进入信号重构迭代过程，其迭代停止条件可根据当前已有重构算法（如 OMP 算法、CoSaMP 算法）的迭代停止条件进行放宽和修改后得到。这意味着，算法可以根据不同的应用要求和目标动态设置迭代停止条件。下面给出 DCS-B 算法的具体步骤。

输入：稀疏矩阵 Ψ ；观测矩阵 Φ_j ；测量向量 y_j ；所选原子个数 c_1^i ；误差门限 ε_1 ；迭代步长 Δ_1 ；迭代计数 l 。

输出：重构的频域稀疏向量 $a\_est\big|_j^i$ 和原子选择个数 c_1^l 。

（1）初始化。$\theta_j = \Phi_j\Psi$ ；$l = 0$ ；$flag=1$ ；$r\_new_j^0 = y_j$ ；　$r_j^0 = r\_new_j^0$ ；　$\Lambda\_it_j^0 = \phi$ 。

（2）重复以下步骤直到满足迭代停止条件。

①迭代计数更新，$l = l+1$ 。

②多用户进行原子信息融合：

$$\Lambda\_tem^l = \sup p\left(\max_{n=1,2,\cdots,N}(\sum_{j=1}^{J} \frac{\left\langle r_j^{l-1}, \theta_{j,n} \right\rangle|}{\left\| \theta_{j,n} \right\|_2}, c_1^{l-1}) \right) \tag{3-37}$$

式中 $\theta_{j,n}$ ，表示 Θ_j 的第 n 个列向量。

③更新支撑集：$\Lambda\_it_j^l = \Lambda\_tem^l \cup_{\Lambda\_it_j^{l-1}}$

④计算频域稀疏向量：$\alpha_j^l = \left(\theta_{\Lambda\_it'}^H \theta_{\Lambda\_it'_j} \right)^{-1} \theta_{\Lambda\_it'}^H y_j$ ，其中（ · ）^{H} 表示共轭转置。

⑤更新索引集合：$\Lambda\_it_j^l = \sup p\left(\max_n \left(\alpha_j^l, c_1^{l-1} \right) \right)$ 。

⑥更新频域稀疏向量：$a\_est\big|_j^l\big|_{\Lambda\_it_j} t_j = \alpha_j^l \big|_{\Lambda\_it_j'} ; a\_est\big|_{\Lambda\_it_j' f^f}$ 。

⑦更新余量：$r\_new\ r_j^l = y_j - \theta_j \cdot a\_est_j^l$ 。

⑧若 $flag=1$ 且所有用户满足 $\dfrac{\left\| r\_neww_j^l - r_j^{l-1} \right\|}{\left\| r_j^{l-1} \right\|_2} < \varepsilon_1$ ，则更新原子选择个数 $c_1^l = c_1^{l-1} + \Delta_1$ ；否则，$flag=0$ ，$r_j^l = r\_new\big|_j^l$ 。

（3）输出频域稀疏量 $a\_est\big|_j^l$ 和原子选择个数 c_1^l 。

现假设子信道个数 $C=16, I=4$ ，以保证信号稀疏性。所有用户的压缩比均设置为 $M/N = 0.4, N = 512$ 。稀疏度初始值设置为 $c_1 = 2$ ，迭代步长为 $\Delta_1 = 2$ 。

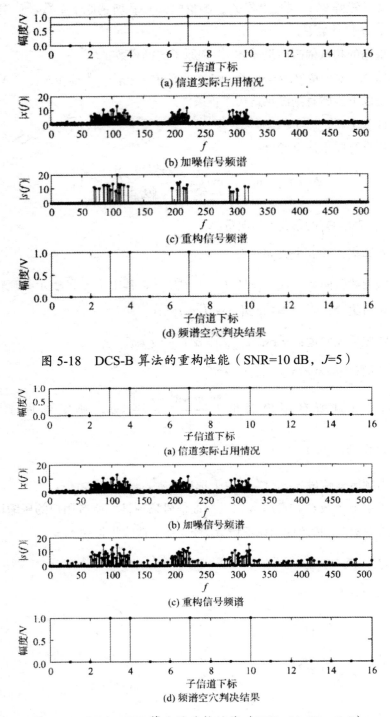

图 5-18　DCS-B 算法的重构性能（SNR=10 dB，J=5）

图 5-19　DCS-OMP 算法的重构性能（SNR=10 dB，J=5）

图 5-18 和图 5-19 分别给出了 DCS-B 算法和 DCS-OMP 算法的重构性能。这里，

DCS-OMP 算法并不具备盲感知功能，它要求信号稀疏度先验已知。从图 5-18（c）可看到，DCS-B 算法重构的信号频谱并不完美，这是由于算法并未精确估计稀疏度，即未找到所有非零频域值所在的位置。若以均方根误差作为重构性能的度量，则 DCS-B 算法的均方根误差性能逊于 DCS-OMP 算法。但是，图 5-18（d）显示，DCS-B 算法仍能正确判断频谱空穴的位置。这表明，频谱的不完美重构并不降低算法的检测概率，即不影响算法的检测性能，根本原因在于频谱检测的本质是仅做信号的存性检测。相比于图 5-19 中 DCS-OMP 算法的重构性能，相同条件下，DCS-OMP 算法选择的原子个数更多，且由于噪声的干扰，在所选择的原子中存在不少错误原子。两种算法均能做出正确的频谱空穴判断，但是 DCS-B 算法在数据减少量和算法灵活快速方面更有优势。

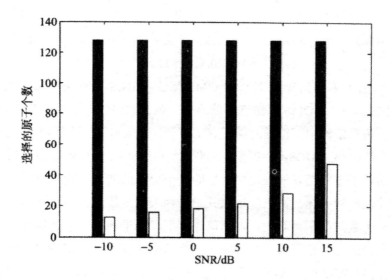

图 5-20 不同信噪比下 DCS-OMP 算法和 DCS-B 算法选择的原子个数

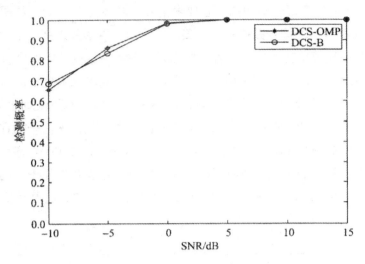

图 5-21　不同信噪比下 DCS-OMP 算法和 DCS-B 算法的检测概率

（M/N=0.4，K=128）

图 5-20 给出了不同信噪比下 DCS-OMP 算法和 DCS-B 算法所选择的原子个数，其中黑色柱体表示 DCS-OMP 算法选择的原子个数，而白色柱体表示 DCS-B 算法选择的原子个数。仿真条件中，正确的原子有 128 个，即 K=128。由图可知，DCS-B 算法选择的原子个数远小于 DCS-OMP 算法，平均约可减少 83% 的数据量。另外，DCS-B 算法所选择的原子个数随着信噪比的增加而有小幅度的增加。究其原因，在低信噪比下，原子相关性遭到破坏，算法仅选取其中最相关的少数原子参与重构，而所选的具体最相关原子个数与门限月有关；在高信噪比下，原子相关性未遭到破坏，在相同所条件限制下所选的相关原子自然会比较多。当信噪比较大时信道条件变好，选择出正确的原子将会相对容易些，所以可适当放宽该门限选择较少的原子用于检测判决。

图 5-21 给出了 DCS-OMP 算法和 DCS-B 算法在不同信噪比下的检测概率。由图可知，DCS-B 算法与 DCS-OMP 算法有相近的检测概率，在信噪比高于 0 dB 时，两种算法均能以接近于 1 的概率做出正确判决；在信噪比低于 0 dB 时，DCS-B 算法的检测概率要略微逊于 DCS-OMP 算法，但当信道环境恶化至 –10 dB 以下时，DCS-B 算法又体现出其优势。结合图 5-20 可知，DCS-B 算法关于稀疏度粗估计的思想并不以检测性能的降低为代价，而是在此基础上探索数据传输量和计算量的减少。

三、分布式压缩感知 – 稀疏度与压缩比联合调整频谱检测

DCS-B 算法虽然已在一定程度上减少了不必要的数据处理量、缩短了频谱感知周期，但是对于实时认知无线网络，该算法需要在频谱检测的准确度和速度上进行改进。

为进一步减少不必要的数据传输量和缓解通信压力，本节考虑为具有不同信噪比的 SU 自适应分配不同的压缩比，提出分布式压缩感知 - 稀疏度与压缩比联合调整（Distributed Compressive Sensing-Sparsity Level and Compression Ratio Joint Adjustment，DCS-SCJA）的频谱检测算法。

在 DCS 环境的 JSM-2 模型下，考虑信号稀疏度未知，DCS-SCJA 算法根据需要满足的目标检测概率决定稀疏度估计值以及具有不同信噪比的 SU 的压缩比值。稀疏度估计仍然采用迭代思想进行，对于每一个新的稀疏度估计值，均可以为每个用户迭代确定最适合的压缩比值，最适合的依据是其相应重构的频谱质量或检测概率达到预先设定的目标值。不同于一般的盲频谱感知算法，该算法并不要求先准确估计出稀疏度值再利用该值确定测量矩阵或压缩比的大小，而是在保证目标检测概率的条件下，将稀疏度估计和压缩比调整联合同时进行。

具体地，首先根据以往的经验确定当前授权频谱的原子选择个数经验值 c_1，相应确定合适的原子选择个数初始值 c_2。然后，利用 DCS-B 算法估计稀疏度并得出初步的频谱稀疏向量，可将该步骤简写为 $a\_est\big|_j^i = CS(\Phi_j, y_j)$。接着，进入压缩比的调整阶段。根据获得的重构频谱计算检测概率 $\widehat{P}_d$，并将该值与理论检测概率计算值 P_d 比较以确定是否需要调整当前用户的压缩比。P_d 是由奈奎斯特采样率确定的理论值，如式（5-38）所示。压缩比调整阶段与稀疏度估计阶段是相互联系、密不可分的。压缩比和稀疏度在联合调整过程中达到折中。该算法没有加入额外复杂的排序操作或乘法计算而只增加了简单的大小比较过程，因此并没有增加计算复杂度。

$$\mathrm{Pr}_{d,j} = Q\left(\frac{Q^{-1}(P_f) - \sqrt{\dfrac{NSNR_j^2}{2}}}{\sqrt{1 + 2SNR_j}} \right) \tag{5-38}$$

稀疏度估计阶段的算法即 DCS-B 算法已在前面给出，本节不再赘述，只给出压缩比调整阶段的具体过程。

输入：稀疏矩阵 Ψ；观测矩阵 Φ_j；测量向量 y_j；原子选择个数 c_1^0；误差门 ε_1、η；迭代步长 Δ_1、Δ_2；迭代计数 l、m；虚警概率 Pr_f；各用户的信噪比 $SNR = [SNR_1, SNR_2, \cdots, SNR_J]$；原子选择个数初始值 c_2^0。

输出：重构的频域稀疏向量 $a\_est\big|_j^i$、$a\_est_j^m$ 和 $\widehat{d}_j^m$，变量 c_1^l、$c_{2,j}^m$、$\mathrm{Pr}_{d,j} + \eta$。

（1）初始化。$\Omega_1 = \{1, 2, \cdots, J\}$；$\eta_{1,j} = \mathrm{Pr}_{d,j} - \eta, \eta_{u,j} = \mathrm{Pr}_{d,j} + \eta$，其中 $\mathrm{Pr}_{d,j}$ 由式（3-38）计算所得；$m = 0; flag = 1; \mathrm{Pr}_{dr} = [\mathrm{Pr}_{d,j}]$。

（2）重复以下步骤直到 $\Omega_1 = \phi$。

① $m = m+1; \Omega_2 = \phi$。

② $a\_est\big|_j^m = CS(\Phi_j^m, y_j^m)$，$j \in \Omega_1$。

③由 $a\_est\big|_j^m$ 根据式（3-27）和式（3-36）分别计算 $\hat{d}_j^m$ 和 $\hat{Pr}_{d,j}^m$。

④若 $flag = 1$，则 $Pr_{dr,j} = \hat{Pr}_{d,j}^m$，$flag = 0$。

⑤若 $\hat{Pr}_{d,j}^m \geq \min(\eta_{u,j}, 1)$，则 $c_{2,j}^m = c_{2,j}^{m-1} - \Delta_2$；若 $\hat{Pr}_{d,j}^m < \eta_j$，且 $m>1$&&$\hat{Pr}_{d,j}^m < Pr_{d,j}$，则 $\hat{Pr}_{d,j}^m = Pr_{dr,j}, \Omega_2 = \Omega_2 \cup j$，并使 $c_{2,j}^m = c_{2,j}^{m-1} + \Delta_2$；若仅有 $\hat{Pr}_{d,j}^m < \eta_j$，则 $\Omega_2 = \Omega_2 \cup j$。

⑥更新用户检测概率，即 $Pr_{dr,j} = \hat{Pr}_{d,j}^m$，并使 $\Omega_1 = \Omega_1 / \Omega_2$。

（3）输出频域稀疏向量 $a\_est\big|_j^m$ 估计的稀疏度值 c_1^l 和压缩比 $c_{2,j}^m$，以及检测概率 $\hat{Pr}_{d,j}^m$ 和空穴判决向量 $\hat{d}_j^m$。

假设目标频段等分为 50 个子信道，其中只有 2 个或 4 个子信道被占用。初始压缩比为 0.2，初始原子选择个数为 2，迭代步长为 2。

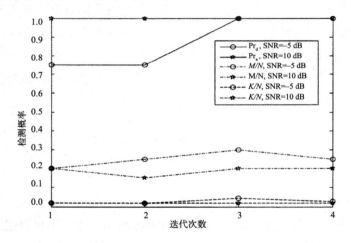

图 5-22　DCS-SCJA 算法稀疏度和压缩比的渐变过程

图 5-22 给出了 DCS-SCJA 算法稀疏度和压缩比的渐变过程。协作用户数为 3，被占用的子信道数为 4，总的采样点数为 500，则相应的稀疏度为 8%。由图可知，随着迭代的进行，具有较高信噪比的用户，如 $SNR = 10$ dB 其压缩比（M/N）逐渐减少，但其检测概率并不降低；而具有较低信噪比的用户，如 $SNR = -5$ dB，其压缩比逐渐增加，直到达到目标检测概率。另外，当达到给定检测概率时，算法还尝试减少压缩比以便在不降低检测性能的条件下减少数据量空间，这将使此时的稀疏度估计值进行进一步调整。图 5-22 中显示该过程可在 4 次迭代后结束。需要指出的是，这里的稀疏度估计过程并不是以寻求真实的稀疏度值为目标，而只是为压缩比的最后确定做参考。事实

上，该图给出的稀疏度估计值要远小于其真实值，但是这并不以牺牲检测性能为代价，这也是算法设计过程中需要考虑的前提条件。

图 5-23 给出了 DCSSCJA 算法和 DCS-OMP 算法在不同信噪比下的检测性能比较。其中，协作用户数为 5。随着 SNR 的增大，两种算法的检测性能均有所改善，但是在相同条件下，DCS-SCJA 算法具有更好的检测性能，再一次证明该算法对压缩比的优化并不以检测性能的降低作为代价。

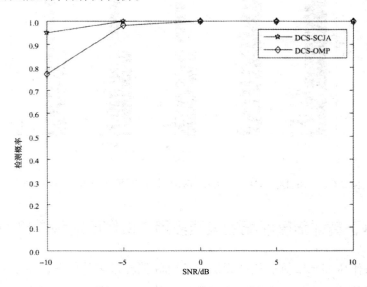

图 5-23　不同信噪比下 DCS-SCJA 算法和 DCS-OMP 算法的检测性能比较

图 5-24 给出了 DCS-SCJA 算法与 DCS-OMP 算法在数据减少量方面的比较。其中，4 个柱体从左到右依次为 DCS-SCJA 算法、DCS-OMP 算法的加值和 DCS-SCJA 算法、DCS-OMP 算法的稀疏度估计值 K，柱体高度差表示 DCS-SCJA 算法在样本值减少量方面的优势和有效性。需要指出的是，这里 DCS-OMP 算法是一个不进行压缩比调整的算法，且一般要求稀疏度已知。设 DCS-OMP 算法的固定压缩比为 0.2。信道被占用数为 2，则 K 为 20，共存在 5 个协作用户，它们的信噪比分别为 –10 dB、–5 dB、0 dB、5 dB、10 dB。结合图 3-23 和图 3-24，以 -10 dB 的 SU1 用户为例，为了达到给定的目标检测概率，相比于 DCS-OMP 算法，DCS-SCJA 算法在低信噪比下的重构过程需要更多的原子及较高的压缩比。为达到相近的检测性能，具有高信噪比的用户，其 M 和 K 的优化值均比低信噪比用户要低。

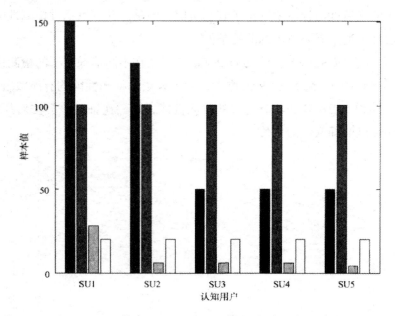

图 5-24 DCS-SCJA 算法和 DCS-OMP 算法的稀疏度估计与压缩比比较

四、基于盲稀疏度匹配的快速多用户协作压缩频谱检测

多用户协作压缩感知算法往往无法避免时间消耗过多的问题，本节介绍一种基于盲稀疏度匹配的快速多用户协作压缩频谱感知算法，可在一定程度上解决基于压缩感知的宽带频谱感知时延问题。该算法首先对各用户的观测向量采用匹配测试的估计方法来获取平均估计值作为稀疏度初始值，然后通过贪婪迭代法来逼近稀疏度，利用多用户协作来重构频谱，最后通过自适应能量判决进行频谱空穴的判决。该算法在保证准确率的基础上大大降低了运算量，减少了仿真时间。

单用户 SAMP 算法并未考虑初始稀疏度对重构算法的影响，而一个合适的初始稀疏度可以在相当程度上减少算法运算量，从而提高算法效率。本节先从单用户原子匹配角度给出初始稀疏度 K 估计，通过匹配测试得到一个原子集合，该集合的元素个数略小于稀疏度，然后将单用户初始稀疏度估计扩展到多用户情况。令 $\theta = A^{CS*}y$，A^{CS*} 是 A^{CS} 的共轭矩阵。设信号 y 的真实支撑集为 F，其势 $|F| = K$。设 θ 的第个元素为 Θ_i，取 $|\Theta_i|$ 中前 $K_0 (1 \leqslant K_0 \leqslant N)$ 个最大值的元素的索引得到的集合为 F^0，$|F^0| = K_0$。

命题 5-1：设 A^{CS} 以参数 (K, δ) 满足 RIP 条件，如果 $K_0 \geqslant K$，则有 $\|A_F^{CS}y\|_2 \geqslant \dfrac{1-\delta}{1+\delta}\|y\|_2$。

证明：

取 $|g_i|(1 \leqslant i \leqslant N)$ 中前 K 个最大值的元素的索引得到集合 $\tilde{F}$，$K_0 \geqslant K$ 时有 $\tilde{F} \subseteq F^0$，

显然 $\left\|A_F^{CS*}y\right\|_2 \geqslant \left\|A_{\tilde{F}}^{CS*}y\right\|_2$ ，有

$$\left\|A_F^{CS}y\right\|_2 = \max_{|\Lambda|=K} \sqrt{\sum_{i\in\Lambda}\left|\langle a_i,y\rangle\right|^2} \geqslant \left\|A_F^{CS*}y\right\|_2 = \left\|A_F^{CS*}A_F^{CS}\theta\right\|_2 \qquad （5-39）$$

式中， a_i 是 A^{CS} 的第 i 列，根据 RIP 的定义， A_F^{CS} 的奇异值范围为 $\sqrt{1-\delta}\sim\sqrt{1+\delta}$ ，用 $\lambda(A^{CS*}A^{CS})$ 表示矩阵的特征值，则 $1-\delta \leqslant \lambda(A^{CS*}A^{CS}) \leqslant 1+\delta$ ，可以得到

$$\left\|A_F^{CS*}A_F^{CS}\theta\right\|_2 \geqslant (1-\delta)\|\theta\|_2 \qquad （5-40）$$

再由 RIP 的定义可知 $\|\theta\|_2 \geqslant \dfrac{\|y\|_2}{1+\delta}$ ，综合式（5-39）、式（5-40）可以证 $\left\|A_F^{CS*}y\right\|_2 \geqslant \dfrac{1-\delta}{1+\delta}\|y\|_2$ 。

记命题 5-1 的逆否命题为命题 5-2。

命题 5-2：设 A_F^{CS} 以参数 (K,δ) 满足 RIP 条件，如果 $\left\|A_F^{CS*}y\right\|_2 \geqslant \dfrac{1-\delta}{1+\delta}\|y\|_2$ ， $K_0 < K$ 已经证明命题 5-1 为真命题，真命题的逆否命题也为真命题，故可用命题 5-2 来得到 K 的初始估计值。其方法为： K_0 取初始值为 1，如果 $\left\|A_F^{CS*}y\right\|_2 \geqslant \dfrac{1-\delta}{1+\delta}\|y\|_2$ ，则依次增加 K_0 ，直到不等式不成立，同时也可得到初始支撑集。

将命题 5-2 运用于多用户情况，可以得到：如果 $\sum_{j=1}^J \left\|A_{j,F}^{CS*}y_j\right\|_2 \leqslant \dfrac{1-\delta}{1+\delta}\sum_{j=1}^J \|y_j\|_2$ ，则 $K_0 < K$ 。

基于盲稀疏度匹配的快速多用户协作压缩频谱感知算法包含三个阶段：多用户稀疏度联合估计、多用户协作重构和频谱能量检测。

输入： M 维测量向量 y ， $M \times N$ 感知矩阵 A^{CS} ，用户数 J 。

输出：第一阶段输出稀疏度估计值 K_0 ，第二阶段输出 a_rest ，第三阶段输出 d 、 Pr 、 Pr_d 和 Pr_f 。

1. 多用户稀疏度联合估计

（1）初始化 $K_0 = 1$ ，支撑集 $F = \phi$ ，残差 $r = y$ 。

（2）获取向量的支撑索引集合 $\Lambda = \sup p\left(\max_{n=1,2,\cdots,N}\left(\sum_{j=1}^J \langle r_j, A_j^{CS}\rangle, K_0\right)\right), \max(a, K_0)$ ，用于返回 a 中最大的 K_0 个绝对值对应的下标。

（3）更新支撑集： $F = union(F, \Lambda)$ 。

（4） $B_j = A_j^{CS}(\cdot, F), s_1 = \sum_{j=1}^J norm(B_{j=1}'y_j), s_2 = norm(y_j)$ 。

（5）若 $s_2 < \dfrac{1-\delta}{1+\delta}s_2$ ，则 $K_0 = K_0$ step，转向步骤（2）；否则，稀疏度估计操作停止。步长 step 取值越大，算法收敛速度越快，但是准确性可能得不到保障，故将 step 设为 1。

实现了稀疏度的联合估计，K_0 是获得的初始稀疏度值。

2. 多用户协作重构

（1） $a\_resta\big|_j = zeros(N,1), c_j = A_j^{CS}(\bullet, F), a\_rest\big|_j(F) = (C_j)^+ y_j, r_j = y_j - A_j^{CS} \cdot a\_rest\big|_j$。

（2） $F\_it = \sup p\left(\max_{n=1,2,\cdots,N}\left(\sum_{j=1}^J \langle r_j, A_j^{CS}\rangle, size\right)\right), \Lambda t = union(F, |F\_it)$。

（3） $Bb_j = zeros(M,N), Bb_j(\cdot, \Lambda t) = A_j^{CS}(\cdot, \Lambda t), F_{new=} = \sup p\left(\max_{n=1,2,\cdots,N}\left(\sum_{j=1}^J r_j^T Bb_j, size\right)\right)$。

（4）估计稀疏频谱及残差： $a\_rest_j(F_{new}) = A_j^{CS}(\cdot, F_{new})^+ y_j, r\_new_j = y_j - A_j^{CS} a\_rest_j$。

（5）如果所有 CR 用户满足 $norm(r\_F_{new}) < norm(r_j) \sin e = step + \Delta$，$\Delta$ 为步长的增量，更新候选集大小；

那么

$F = F_{new}$，更新支撑集；

$r = r_{new}$，更新残差；

转到步骤；

这一部分多次的求逆运算，将花费大量的系统运算时间。若要节约系统耗时，需要尽可能地减少求逆运算次数。在多用户稀疏度联合估计算法中对初始稀疏度进行了估计，从而减少了大量的求逆运算。

3. 频谱能量检测

下面采用 MATLAB 软件进行算法性能仿真。设置采样点数 $N=500$，总带宽为 100 MHz，平均分为 50 个子信道，占用的子信道数为 3，每个子信道采样点数为 $N/C=10$，稀疏度 $K=30$。信道噪声为高斯白噪声。

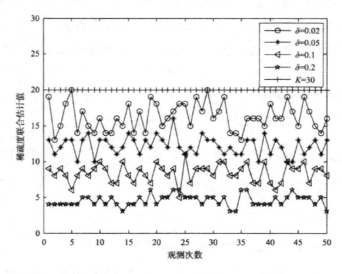

图 5-25　稀疏度联合估计 ($J=5$，SNR=5 dB，MIN=0.2)

图 5-25 为当信噪比为 5 dB、认知用户数为 5、压缩比为 0.2 时不同 δ 下的稀疏度

联合估计图。由图可知，δ 越小，稀疏度估计值就越小。当 δ 为 0.02 时，稀疏度估计值非常接近于真实稀疏度。根据本节所提算法分析，稀疏度估计值与系统运行时间相关。就算法而言，稀疏度估计值越小，重构的准确率就越高，但是耗时会越长。因此，选择合适的 δ 可以减少运算量，提高算法准确率。

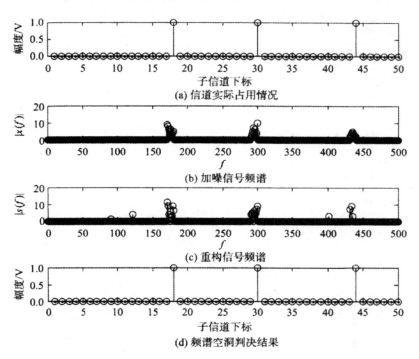

图 5-26　重构频谱和频谱空穴判决性能 (J=5，SNR=5 dB，MIN=0.2)

　　图 5-26 为当信噪比为 5 dB、认知用户数为 5、压缩比为 0.2 时 δ=0.05 下的重构频谱和频谱空穴判决图。由图可知，当压缩比较小、信噪比较低时，可能存在能量泄漏情况，本节所提算法采用的自适应能量判决门限可有效地解决因此类问题导致重构精度不高的问题，弥补频谱估计阶段可能存在的性能损失。从图中可以明显看出，虽然存在能量泄漏，但是本节所提算法的最终判决结果并未受到影响。

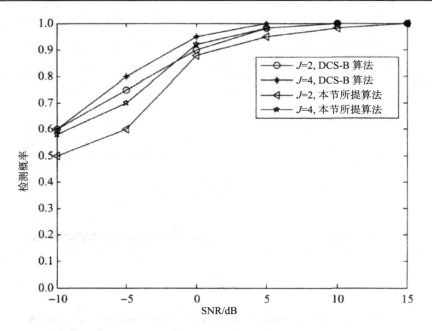

图 5-27 本节所提算法与 DCS-B 算法的检测概率比较

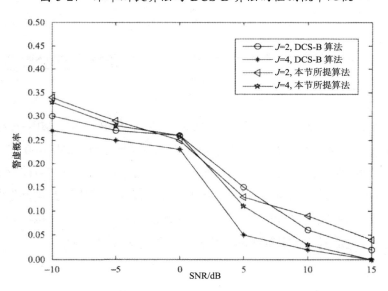

图 5-28 本节所提算法与 DCS-B 算法的虚警概率比较

图 5-27 和图 5-28 分别给出了本节所提算法与 DCS-B 算法在不同信噪比下的检测概率和虚警概率比较。检测概率越大，虚警概率越小，则算法性能更优。本节所提算法与 DCS-B 算法的性能较为接近。但是，算法性能往往是以算法耗时（复杂度）作为代价的，频谱检测算法要求在一定准确性的前提下保证算法的高效性。表 5-1 给出了不同 N 下本节所提算法与 DCS-B 算法的运行时间比较。从表中可以看出，与 DCS-B

算法相比，本节所提算法的运行时间大大减少。δ 越小，稀疏度估计值就越接近真实稀疏度，运行时间大大缩短。算法运行时间还与压缩比有关，当压缩比越小，程序运行时间越短。

表 5-1　本节所提算法与 DCS-B 算法运行时间比较（SNR=10 dB，N=500）

算法	运行时间 /s（MN=0.2）		运行时间 /s（MN=0.3）		运行时间 /s（MN=0.4）		运行时间 /s（MN=0.5）	
	J=2	J=4	J=2	J=4	J=2	J=4	J=2	J=4
DCS-B	1.334	1.397	0.914	1.701	1.345	1.888	2.973	2.090
本节所提算法（=0.02）	0.225	0.082	0.057	0.067	0.069	0.121	0.101	0.163
本节所提算法（=0.05）	0.073	0.063	0.319	0.127	0.083	0.174	0.084	0.247
本节所提算法（=0.1）	0.032	0.075	0.069	0.175	0.086	0.238	0.139	0.253

压缩感知重构算法的时间消耗主要在于求逆运算，减少求逆运算次数是减少算法耗时的有效手段。本节所提算法进行了联合稀疏度估计，δ 较小，估计值就越接近于真实值。因此，应选取适当的 δ 值，多次试验表明，当 δ 取 0.1 时，算法的耗时与准确率能得到较好的折中。

五、基于稀疏度匹配追踪的分布式多用户协作宽带频谱检测

在前文已经指出，基于 DCS 的贪婪重构算法如 DCS-OMP 算法和 DCS-SP 算法是以已知稀疏度 K 作为前提条件的，但在实际应用中，一般 CR 接收端信号的稀疏度未知，而且对多认知用户协作频谱感知而言，相比于频谱的精确重构，基于压缩感知的 CR 宽带频谱检测的目标是对于频谱空穴的准确判别，因为频谱的精确重构会导致运算量的迅速增加。既能保持较低的运算量，又可保证频谱空穴判别的高度准确性，是宽带频谱检测的目标。对此，本节提出一种基于稀疏度匹配追踪的分布式多用户协作宽带频谱检测算法。首先，获得稀疏度初始估计值 K_0。然后，利用压缩采样匹配追踪（CoSaMP）算法在原子库中挑选出多个相关原子，从中剔除部分相关性相对较弱的原子进而保证高重构精度，结合稀疏度自适应匹配追踪（SAMP）算法的思想，在 CoSaMP 算法框架上进行稀疏度的迭代自适应估计，多用户共同完成信号频谱的重构。最后，利用频谱能量检测法来判断授权频谱空闲情况。

本节所提算法分为三个阶段：多用户协作稀疏度初始值估计、分布式多用户协作原始信号频谱重构和频谱能量检测。

输入：稀疏基矩阵 Ψ，观测矩阵 Φ_j，第 j 个认知用户的压缩采样矩阵 $\Theta_j = \Phi_j \Psi_j$，观测向量 $y_j(j=1,2,\cdots,J)$，J 为 SU 个数，步长为 $step$。

输出：第一阶段产生稀疏度初始值 K_0，第二阶段产生重构频域稀疏向量 $a\_rest\big|_j$，第三阶段产生信道占用情况及检测概率 $\mathrm{Pr}_{d,j}$ 和虚警概率 $\mathrm{Pr}_{f,j}$。

1. 多用户协作初始稀疏度估计

在迭代过程中，K_0 与步长 step 的初始化设置极其重要，因为 K_0 与 K 的相近度会直接影响迭代的次数，从而影响运算量。K_0 与步长 step 取值过小，重构精度会增大，但迭代次数会大大增加，运算量也会加大；与 step 取值过大，有可能会错过 K，重构精度会减小。因此，本节所提算法首先进行多用户协作初始稀疏度估计来实现稀疏度的快速逼近。

根据命题 5-2 的逆否命题可以实现单认知用户的初始稀疏度估计，本节构造式（5-41）进行多用户协作初始稀疏度估计来实现稀疏度的快速粗接近，即

$$K_0 \leqslant K, \qquad \sum_{j=1}^{J} \left\| \Theta_{j,F}^T y_j \right\|_2 \leqslant \frac{1-\delta_k}{1+\delta_k} \sum_{j=1}^{J} \left\| y_j \right\|_2 \qquad （5\text{-}41）$$

具体算法如下。

（1）初始化：$K_0 = 1$，step=1，支撑集 $F = \phi$，残差 $r_j = y_j$。

（2）获取向量的支撑索引集合：$U = \sup p \left(\max_{n=1,2,\cdots,N} \left(\sum_{j=1}^{J} \left\langle r_j, \Theta_j \right\rangle, K_0 \right) \right), \max(a, K_0)$ 用于返回 a 中前 K_0 个最大值对应的下标。

（3）更新支撑集：$F = F \cup U$。

（4）$s_1 = \sum_{j=1}^{J} norm\left(\Theta_j^T (?, F) y_j \right), s_2 = \sum_{j=1}^{J} norm\left(y_j \right)$。如果 $s_1 \leqslant \dfrac{0.5(1-\delta_K)}{1+\delta_K} s_2$

则 $K_0 = K_0 + step$ 转入步骤（2）如果 $s_1 \leqslant \dfrac{1-\delta_K}{1+\delta_K} s_2$，则 $step = \lceil step \times 0.5 \rceil$，其中 $\lceil \cdot \rceil$ 表示向上取整，$K_0 = K_0 + step$，转入步骤（2），若该不等式中的等式不成立，则停止估计进入下个阶段。

2. 分布式多用户协作原始信号频谱重构

进入子函数，$f\left(y_j, \Theta_j, K_0, step, r\_pre, a\_pre \right)$。

（1）$a_p re\$_j (F) = \left(\Theta_j (\cdot, F) \right)^\dagger y_j \$$，其中 $0^\dagger$ 表示伪逆运算；$a_p re\$_j = y_j - \Theta_j \$_j a_p re\$_j$。

（2）$\Omega = \sup p \left(\max_{n=1,2,\cdots,N} \left(\sum_{j=1}^{J} \left\langle r_j pre|_j, \Theta_j \right\rangle, 2K_0 \right) \right), T = F \cup \Omega$。

（3）$B_j = zero(M, N), B_j(\cdot, F) = \Theta_j(\cdot, T), F_{new} = \sup p \left(\max_n \left(\sum_{j=1}^{J} B_j^\dagger y_j, K_0 \right) \right)$。

（4）利用最小二乘法求 a_new $a_j : a\_new_j \left(F_{new} \right) = \left(\Theta_j \left(\cdot, F_{new} \right) \right)^\dagger y_j$。

（5）计算新的残差：$r\_new_j \left(F_{new} \right) = y_j - \Theta_j a\_new_j$。

重复上述步骤直到所有用户满足 $\left\| r\_new_j \right\|_2 / \left\| r_{y,j} \right\|_2 < \varepsilon$，停止迭代。

（6）若所有认知用户均满足 $\left\| r\_new_j \right\|_2 < \left\| r_3 pre|_j \right\|_2$，则 $\left(a\_rest\ ro_j \right) = f\left(y_j, \Theta_j, K_0 + step, \_step, r\_new, a\_new \right)$；否则 $\left(a\_rest\ r_j \right) = f\left(y_j, \Theta_j, K_0, step, r\_pre, a\_pre \right)$。

（7）输出稀疏频谱 $a\_rest\big|_j$。

3. 频谱能量检测

下面采用 MATLAB 软件进行算法性能仿真。假设信道噪声为高斯白噪声，目标总带宽为 100 MHz，将其等分为 $C=50$ 个信道，被 PU 占用的信道数 $I=2$，采样点数 $N=500$，则每个信道的采样点数 $W=N/C=10$，稀疏度 $K=IW=20$，压缩比为 0.2。

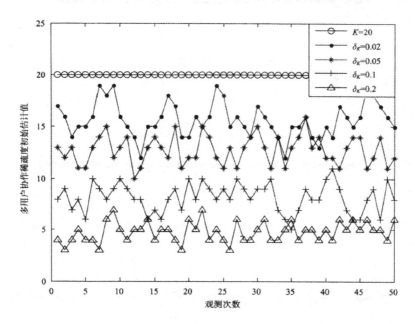

图 5-29　多用户协作估计稀疏度初始值 KQ（SNR=5 dB，J=4）

图 5-29 给出了当信噪比为 5 dB、认知用户数为 4 时 $\delta_K=0.02,0.05,0.1,0.2$ 的多用户协作估计稀疏度初始值 K_0。由图可知，真实稀疏度 $K=20$，δ_K 越小稀疏度初始估计值 K_0 越逼近真实稀疏度 K，当 $\delta_K=0.02$ 时与真实稀疏度 K 最为接近。越小，原始信号的重构越精确，但是迭代次数将会大大增加，运算量也会加大；反之，δ_K 越大，重构精度会相应下降。因此，选择一个适当的 δ_K 在运算量和重构精度上进行折中显得至关重要。

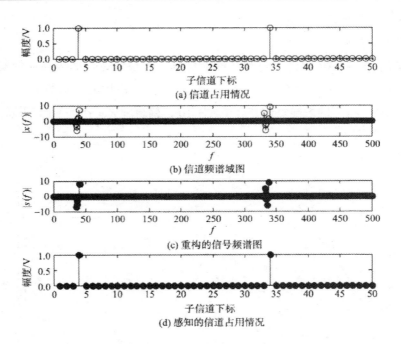

图 5-30 本节所提算法的重构性能 (SNR=5 dB，J=4，δ_K =0.05)

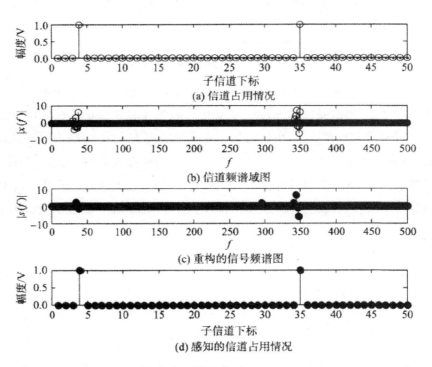

图 5-31 DCS-SAMP 算法的重构性能（SNR=5 dB，J=4，δ_K =0.05）

图 5-30 和图 5-31 分别给出了当信噪比为 5 dB、认知用户数为 4、δ_K =0.05 时，

本节所提算法与 DCS-SAMP 算法的重构性能比较。由图 5-30（d）和图 5-31（d）可知两种算法均能够正确判断信道占用情况，但是从图 5-30（c）和图 5-31 可知，本节所提算法重构的信号频谱比 DCS-SAMP 算法更完美，这是因为该算法结合了 CoSaMP 算法重构精度高的特点，在 SAMP 算法框架上进行了多用户协作重构。原始信号重构越完美，越有助于判决授权频段的占用情况，从而有助于认知用户在不影响主用户的前提下插入空闲频段进行正常通信。

图 5-32 给出了当 SNR=5 dB、J=4、稀疏度取不同值时本节所提算法与 DCS-SAMP 算法的重构误差率比较。由图可知，随着稀疏度不断增大，本节所提算法和 DCS-SAMP 算法的重构误差均增大，但是无论还取何值，本节所提算法的重构信号准确度均高于 DCS-SAMP 算法，而且 δ_K 越小，重构精度越高，这与图 5-29 的结果分析一致。

图 5-33 和图 5-34 分别给出了不同信噪比下本节所提算法（ δ_K =0.05）与 DCS-SAMP 算法的频谱重构检测概率 Ph 和虚警概率 Px 比较。由图 5-33 可知，本节所提算法在低信噪比情况下可以获得比 DCS-SAMP 算法更高的检测性能，这与在频谱感知阶段利用 CoSaMP 算法重构精度高的特点 Ml、结合 SAMP 算法在 CoSaMP 算法框架上进行 K0 的迭代自适应估计、

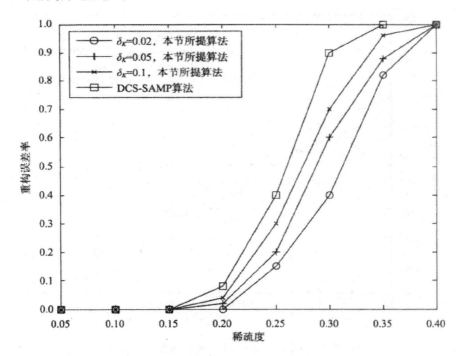

图 5-32　两种算法的重构误差率比较

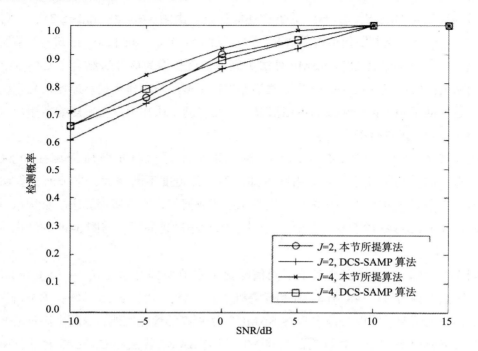

图 5-33 两种算法的频谱重构检测率比较

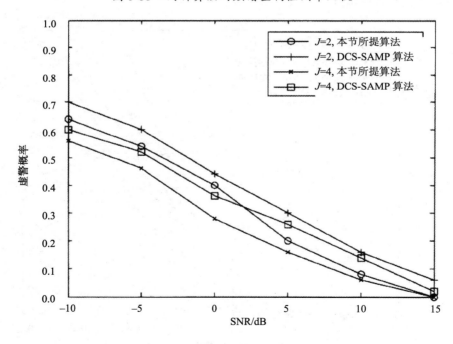

图 5-34 两种算法的频谱重构虚警概率比较

多用户共同完成原始信号频谱重构，以及在第三阶段采用动态自适应能量判决门限对授权频段空闲情况进行判决密不可分；在高信噪比情况下，本节所提算法与传统

DCS-SAMP 算法的频谱检测概率差别不大。因此，本节所提算法在低信噪比条件下显示的优势更为明显。由图 5-34 可知，本节所提算法在信噪比较低情况下具有较高的虚警概率。究其原因是存在能量泄露情况，信噪比越小能量泄露情况越严重，但较 DCS6AMP 算法，本节所提算法的虚警概率已有所下降。与 DCSSAMP 算法相比，本节所提算法可以获得较高的检测概率 PL 和较低的虚警概率 Pl，因此能够更为准确地判决出频谱空穴。

表 5-2 给出了当 δ_K =0.02，0.05，0.10 时本节所提算法与 DCS-SAMP 算法的运算时间比较。由表可知，运算时间与稀疏度（K/N）、认知用户数（J）、算法的 δ_K 均密切相关。当稀疏度越高、认知用户数越多时，两种算法的耗时增加越显著。但在稀疏度相同、认知用户数相同的情况下，本节所提算法（无论 δ_K 取何值）的运算时间均小于 DCS-SAMP 算法。这是因为本节所提算法在第一阶段采用匹配测试的方法获得稀疏度初始估计值，实现稀疏度的快速逼近，所以减小了在第二阶段的迭代次数，从而运算时间大大减小。此外，本节所提算法在 δ_K 取不同值时所耗费的时间也不同，δ_K 取值越大，运算时间越少。但是由图 5-32 可知，δ_K 取值变大，重构精度就下降，即重构误差率上升。结合图 5-32 和表 5-2 可知，当 δ_K =0.05 时，可以使重构精度与运算时间得到有效折中。

表 5-2　本节所提算法与 DCS-SAMP 算法的运算时间比较

算法	运算时间 /s（K/N=0.15）		运算时间 /s（K/N=0.2）		运算时间 /s（K/N=0.25）		运算时间 /s（K/N=0.3）	
	J=2	J=4	J=2	J=4	J=2	J=4	J=2	J=4
DCs-SAMP 算法	4.873	5.088	5.594	5.723	6.028	6.473	6.894	7.094
本节所提算法（δ_K =0.02）	3.893	4.101	4.384	4.782	5.102	5.421	6.002	6.495
本节所提算法（δ_K =0.05）	3.292	3.483	3.523	3.893	4.191	4.332	5.032	5.313
本节所提算法（δ_K =0.10）	3.102	3.178	3.272	3.435	3.609	3.735	4.221	4.313

根据以上性能分析可知，基于稀疏度匹配追踪的分布式多用户协作宽带频谱检测算法可以较为准确地重构出原始信号，且重构误差率和运算时间均低于 DCS-SAMP 算法，同时可实现重构精度与运算时间的有效折中。

第四节　基于贝叶斯压缩感知的宽带频谱检测

一、基于贝叶斯压缩感知的数据融合

由于现有认知无线网络多用户资源分配方法大部分基于感知数据融合的多资源优化分配，数据相关性强且算法复杂度较高，本节基于压缩感知理论，将贝叶斯压缩感知（BCS）应用于大规模认知无线传感器网络中的汇聚节点数据融合，提出一种基于小波树型结构贝叶斯压缩感知（TSWBCS）的数据融合重构策略。根据大量认知节点对实际非平稳信号的空时相关性结构，汇聚节点基于层次化贝叶斯分析模型的压缩感知方法获得稀疏估计，进而构造 TSW 小波基矩阵，以重构各节点的感知数据向量。

在认知无线传感器网络中，Sink 节点汇聚多个感知节点数据，对各节点感知到的 PU 频谱信息进行估计与重构，并使重构误差满足一定要求。假设事件区域中包含 N 个节点，监控 PU 频谱占用情况，在工时刻获得的感知信息向量，$x^{(t)} = \left[x_1^{(t)}, x_2^{(t)}, \cdots, x_N^{(t)} \right]^T$，$t=1$，$2$，$\cdots$，$T$。定义感知数据矩阵 $X = \left[x^{(1)}, x^{(2)}, \cdots, x^{(T)} \right] \in R^{N \times T}$，由于 $x^{(t)}$ 之间存在时间相关性，且节点分布位置不同，节点感知数据之间也具有空间相关性，可以利用压缩感知方法对 t 时刻的感知数据进行稀疏表示、数据融合与重构。基于 BCS 的认知无线传感器网络数据融合与重构场景如图 5-35 所示。

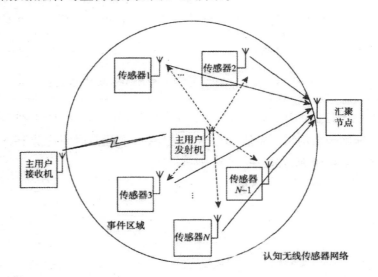

图 5-35　基于 BCS 的认知无线传感器网络数据融合与重构场景

根据压缩感知理论，考虑 $x^{(t)}$ 在正交基矩阵 $B \in R^{N \times N}$ 上的投影系数向量 $\theta^{(t)}$，假设 $\theta^{(t)}$ 中 $M(M<N)$ 个具有较大值的非零元素构成向量 $\theta_s^{(t)} \in R^N$，其余 $(N-M)$ 个元素构成向量 $\theta_e^{(t)} \in R^N$，则 $\theta^{(t)} = \theta_s^{(t)} + \theta_e^{(t)}$，因此有

$$x^{(t)} = B\theta^{(t)} \tag{5-42}$$

利用观测矩阵 Φ 对系数向量 $\theta^{(t)}$ 进行线性变换，$\Phi = \left[\varphi_i \middle| \varphi_i \in R^N, i=1,2,\cdots,M\right]$ 满足不相关性与约束等距性质条件，获得 t 时刻的 M 个观测值，即

$$y^{(t)} = \Phi B^T x^{(t)} = \Theta x^{(t)} \tag{5-43}$$

式中，$\Theta \in R^{M \times N}$ 为压缩感知信息算子。在含噪测量情况下，当测量噪声为 $n_m^{(t)}$ 时，t 时刻的观测向量为

$$y^{(t)} = \Phi \theta_s^{(t)} + \Phi \theta_e^{(t)} + n_m^{(t)} = \Phi \theta_s^{(t)} + n^{(t)} \tag{5-44}$$

式中，$n^{(t)} = \Phi \theta_e^{(t)} + n_m^{(t)} \in R^M$，其中元素服从均值为零、方差为 σ^2 的高斯分布，即 $n_i \sim N(0,\sigma^2), i=1,2,\cdots,M$。考虑在 t 时刻的高斯似然函数

$$p\left(y^{(t)} \middle| \theta_s^{(t)}, \sigma^2\right) = \prod_{i=1}^M \frac{1}{2\pi\sigma^2} e^{\frac{n_i^2}{2\sigma^2}} = (2\pi\sigma^2)^{-\frac{M}{2}} \exp\left(-\frac{1}{2\sigma^2} \left\|n^{(t)}\right\|_2^2\right) \tag{5-45}$$

式中，$\left\|n^{(t)}\right\|_2 = \left(\sum_{i=1}^M \left|y_i^{(t)} - \varphi\theta_{si}^{(t)}\right|^2\right)^{\frac{1}{2}}$。由于 $M<N$，式（5-43）有无穷多解，$x^{(t)}$ 不能直接从观测向量 $y(t)$ 中进行重构，对该欠定方程（方程个数少于未知数个数），可以通过求解 l_0 范数优化问题获得最佳，即

$$\hat{\theta}_s^{(t)} = \arg\min_{\theta_s^{(t)}} \left\{\left\|y^{(t)} - \Phi\theta_s^{(t)}\right\|_2^2 + \tau\left\|\theta_s^{(t)}\right\|_0\right\} \tag{5-46}$$

式中，τ 为常数，$\tau = \lambda/\sigma^2$。通常式（5-46）为 NP 难问题，可以通过求解 l_1 范数优化问题得到它的等价解

$$\hat{\theta}_s^{(t)} = \arg\min_{\theta_s^{(t)}} \left\{\left\|y^{(t)} - \Phi\theta_s^{(t)}\right\|_2^2 + \tau\left\|\theta_s^{(t)}\right\|_1\right\} \tag{5-47}$$

采用层次化贝叶斯分析模型对式（5-47）的重构问题进行求解，定义 t 时刻的联合概率密度函数

$$p\left(\theta_s^{(t)}, \gamma, \lambda, \sigma^2, y^{(t)}\right) = p\left(y^{(t)} \middle| \theta_s^{(t)}, \sigma^2\right) p(\sigma^2) p\left(\theta_s^{(t)} \middle| \gamma\right) p(\gamma|\lambda) p\lambda \tag{5-48}$$

根据 t 时刻 $\theta_s^{(t)}$ 的后验分布服从高斯模型

$$p\left(\theta_s^{(t)} \middle| \gamma\right) = \prod_{i=1}^N p\left(\theta_{si}^{(t)} | 0, \gamma_i\right) \tag{5-49}$$

其中第个元素的条件概率密度服从指数分布 $p(\gamma_i|\lambda) = \frac{\lambda}{2}\exp\left(-\frac{\lambda}{2}\gamma_i\right), \gamma_i \geq 0, \lambda \geq 0$，因此可以得到

$$p\left(\theta_s^{(t)} \middle| \lambda\right) = \int p\left(\theta_s^{(t)} \middle| \gamma\right) p(\gamma|\lambda) d\gamma = \prod_{i=1}^N \int p\left(\theta_{si}^{(t)} \middle| \gamma_i\right) \frac{\lambda}{2}\exp\left(-\frac{\lambda}{2}\gamma_i\right) d\gamma_i = \frac{\lambda^{\frac{N}{2}}}{2^N}\exp\left(-\sqrt{\lambda}\left\|\theta_s^{(t)}\right\|_1\right) \tag{5-50}$$

式中，$\left\|\theta_s^{(t)}\right\|_1 = \sum_{i=1}^{N}\left|\theta_{si}^{(t)}\right|$；参数 λ 和 σ^2 分别服从条件伽马分布，即

$$p(\lambda|\upsilon) = \Gamma\left(\lambda\left|\frac{\upsilon}{2},\frac{\upsilon}{2}\right.\right)$$ （5-51）

$$p(\sigma^2|a,b) = \Gamma(\sigma^2|a,b)$$ （5-52）

这里，条件伽马分布定义为 $\Gamma(x|a,b) = \dfrac{b^a}{\Gamma(a)}x^{a-1}e^{-bx}$，伽马函数 $\int_0^\infty t^{a-1}e^{-t}|dt$，$a>0$。因此，根据最大后验概率准则，将式（5-45）、式（5-50）式（5-52）代入式（5-48），通过迭代更新式（5-48）中的参数，可得到 $\theta_s^{(t)}$ 的最佳估计 $\hat{\theta}_s^{(t)}$。

考虑在 t 时刻之前的 T 个时刻汇聚节点感知信息向量为，$X^{(t)} = \left[x^{(t-1)},x^{(t-2)},\cdots,x^{(t-T)}\right]$ $\in R^{N\times T}$ 它与感知数据矩阵 X 具有时间相关性，时间参数 T 可根据它与 X 的相关性强弱确定。定义 t 时刻感知数据矩阵 X 的时间平均和协方差矩阵分别为

$$E(X) = \overline{x}^{(t)} = \frac{1}{T}\sum_{t=1}^{T}x^{(t)}$$ （5-53）

$$\mathrm{cov}(X) = C^{(t)} = \frac{1}{T}\sum_{t=1}^{T}\left(x^{(t)}-\overline{x}^{(t)}\right)\left(x^{(t)}-\overline{x}^{(t)}\right)^T$$ （5-54）

由于时间相关性，$E\left(X^{(t)}\right)\overset{def}{=}\overline{x}^{(t)}, \mathrm{cov}\left(X^{(t)}\right)\overset{def}{=}C^{(t)}$。令 $\theta_s^{(t)} = Us^T\left(x^{(t)}-\overline{x}^{(t)}\right)$，其中 U 为正交基矩阵 $U^T=U^{-1}$，对比式（5-42），通过构造特殊的正交基矩阵 U 获得稀疏系数向量 $\theta_s^{(t)}$。在本节，采用树型结构小波基（TSW）构造正交基矩阵 U，即利用小波的 Mallat 分解构造树型结构小波基。在 TSW 下，$\theta_s^{(t)}$ 具有统计稀疏性，各节点感知数据可以进行压缩，进而通过层次化贝叶斯分析模型获得最佳估计。因此，通过 TSW 变换可以得到汇聚节点数据融合后的最佳估计 $\hat{\theta}_s^{(t)[63]}$ 即

$$\hat{x}_s^{(t)} = \overline{x}^{(t)} + U\dot{\theta}_s^{(t)}$$ （5-55）

定义重构均方误差为

$$MSE_{BCS} = E\left(\frac{\left\|\theta_s^{(t)}-\hat{\theta}_s^{(t)}\right\|_2^2}{\left\|\theta_s^{(t)}\right\|_2^2}\right)$$ （5-56）

考虑到大规模认知无线传感网络中的节点随机均匀分布于某一事件区域内，假设该事件区域内分别分布有 120、180 个节点。在指定时刻，各节点分别对 PU 频谱占用情况进行本地感知，产生 1 bit 本地频谱感知数据，分布式感知数据在向汇聚节点传输的过程中叠加了均值为零、方差为 0.01 的高斯白噪声。汇聚节点运行基于 TSWBCS 的数据融合算法，以重构事件区域中的各节点感知数据，并计算重构均方误差。根据仿真参数设置，选择基于贪婪算法的 OMP 重构算法作为对比，OMP 算法采用高斯观测获得线性测量，所需最小观测次数为 $M=0$。基于 TSWBCS 的数据融合算法采用的

Daubechies 系列紧支集正交小波（db4）构造基矩阵 U，具有 $N=4$ 阶消失矩，Mallat 分解层数为 6。最大相关时间 T=10 s，参数 λ =1。仿真比较两种算法的重构均方误差与观测次数 M、压缩比（M/N）之间的关系网。

图 5-36 给出了 OMP 和 TSWBCS 算法的观测次数与重构均方误差的关系。由图可知，在相同节点数下，TSWBCS 算法的重构均方误差明显小于 OMP 算法。当事件区域内的节点数为 120 时，OMP 算法的重构均方误差为 –22 dB，TSWBCS 算法的重构均方误差仅为 –30 dB。OMP 算法的重构均方误差收敛速度快于 TSWBCS 算法，但其重构性能 BCS 算法差。由于 OMP 算法采用高斯观测，当节点数为 120 和 180 时，经稀疏变换后的感知数据量 N 仍为 120 和 180，其最小观测次数均为 15，即观测数 M>15 时可以达到收敛。而 TSWBCS 算法采用 db4 小波基，节点数为 120 和 180 时，小波变换后的感知数据量 N 分别为 159 和 218，其最小观测数分别为 35 和 40，且随着节点数的增大，最小观测次数增加，重构均方误差减小，达到收敛时重构均方误差均趋于零。

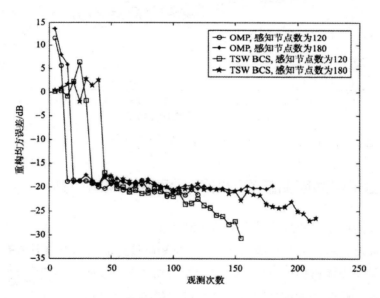

图 5-36　OMP 和 TSWBCS 算法观测次数与重构均方误差的关系

图 5-37 给出了 OMP 算法和 TSWBCS 算法的压缩比与重构均方误差的关系。压缩比定义为观测次数 m 与变换域内的感知数据量 N 之比。由图可知，OMP 算法的重构均方误差仍远大于 TSWBCS 算法，但 OMP 算法收敛速度快，例如，节点数为 120，OMP 算法在压缩比为 0.12 时即收敛，TSWBCS 算法在压缩比为 0.22 时收敛。此外，对于 TSWBCS 算法，节点数的增加使得感知数据之间的时空相关性增大，在稀疏度和压缩比一定时，重构均方误差随着节点数的增大而增大，例如，当压缩比为 0.4 时，节点数 120 对应的重构均方误差小于 –22 dB，节点数 180 对应的重构均方误差小

于 –20 dB。随着节点数的增大，重构均方误差需要在较大的压缩比下实现收敛。因此，基于时空相关性的 TSWBCS 算法在保证一定重构均方误差的要求下，可较好地实现感知数据的变换域压缩与重构。但是，需要考虑感知节点数与重构均方误差性能之间的有效折中。

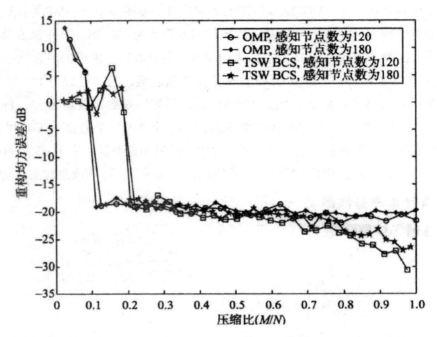

图 5-37　OMP 和 TSWBCS 算法的压缩比与重构均方误差的关系

二、基于自适应测量的贝叶斯压缩宽带频谱检测

利用贝叶斯压缩感知理论结合自适应测量（AMS）可对认知无线网络中的本地感知数据进行稀疏表示，本节在基于自适应测量矩阵设计的基础上，提出一种基于 AMS 的贝叶斯宽带压缩频谱检测方法。根据大量认知节点对实际感知到的非平稳信号的空时相关性结构，将感知数据映射到小波基进行稀疏变换，通过计算小波域信号的能量子集，选取最大能量子集作为测量矩阵行向量，并对该行向量进行正交化以构造测量矩阵，形成自适应测量，并使其满足约束等距性质。认知基站通过稀疏贝叶斯回归模型中的相关向量机模型对认知用户感知的宽带频谱进行重构恢复。

结合基于最大能量子集的自适应观测方法，感知向量通过设置在各认知节点侧的模拟信息转换器获取 t 时刻的初始观测向量 $y^{(t)}$，即通过初始测量矩阵 Θ 进行变换后产生，时刻的观测信号 $y^{(t)}$，并计算其能量 $\left\| y_E^{(t)} \right\|_2^2$，寻找最大能量子集 $E_{\max}^M$，得到最佳观测值，从而构造自适应测量矩阵 Φ_M，以此得到基于最大能量子集的自适应观测向量

$y_{E_{\max}}^{(t)}$，压缩采样后发送至认知基站。

在认知基站含噪观测模型中，引入的观测噪声是相互独立的，且服从均值为零、方差为 m 的高斯分布，故在 / 时刻的高斯似然函数为在认知基站含噪观测模型中，引入的观测噪声是相互独立的，且服从均值为零、方差为 σ^2 的高斯分布，故在 t 时刻的高斯似然函数为

$$p\left(y_{E_{\max}}^{(t)}\middle|\theta_s^{(t)},\sigma^2\right)=\prod_{i=1}^{M}\frac{1}{2\pi\sigma^2}\exp\left(-\frac{n_i^2}{2\sigma^2}\right)=\left(2\pi\sigma^2\right)^{-\frac{M}{2}}\exp\left(-\frac{1}{2\sigma^2}\left\|n^{(t)}\right\|_2^2\right) \quad （5-57）$$

式中，$\left\|n^{(t)}\right\|_2=\left\|y_{E_{\max}^{(t)}}-z\theta_s^{(t)}\right\|_2=\left(\sum_{i=1}^{M}\left|y_i^{(t)}-\varphi_i\theta_{si}^{(t)}\right|^2\right)^{\frac{1}{2}}$。

此时，式（5-47）的 l_1 范数优化问题变为

$$\widehat{\theta}_s^{(t)}=\arg\min_{\theta_s^{(t)}}\left\{\left\|y_{E_{\max}^{(t)}}-\Phi\theta_s^{(t)}\right\|_2^2+\tau\left\|\theta_s^{(t)}\right\|_1\right\} \quad （5-58）$$

由于高斯分布方差倒数的共轭概率分布为伽马分布，记 $\beta=\sigma^{-2}$ 为噪声方差的倒数，则 β 的超先验概率为 $\Pr\left\{\beta\middle|a^\beta,b^\beta\right\}=\Gamma\left\{\beta\middle|a^\beta,b^\beta\right\}$，其中，条件伽马分布定义为 $\Gamma\left(x\middle|a,b\right)=\frac{b^a}{\Gamma(a)}x^{a-1}\mathrm{e}^{-bx}$，伽马函数 $\Gamma(a)=\int_0^\infty t^{a-1}\mathrm{e}^{-t}\left|\mathrm{d}t,a>0\right.$。超参数 $\beta>0$、$a^\beta>0$ 为尺度参数，为 $b^\beta>0$ 形状参数。式（5-58）的范数问题可以等价为对稀疏向量进行拉普拉斯先验计算。为使最稀疏，引入先验参数，相应的拉普拉斯密度函数为

$$p\left(\theta_s^{(t)}\middle|\lambda\right)=\frac{\lambda}{2}\exp\left(-\frac{\lambda}{2}\left\|\theta_s^{(t)}\right\|_1\right) \quad （5-59）$$

利用最大后验概率准则对式（5-57）和式（5-59）进行求解。由于拉普拉斯先验法不能直接与式（5-57）的条件结合，需要进行层次化贝叶斯分析。假设 t 时刻 $\theta_s^{(t)}$ 的后验分布服从均值为 0、方差为 γ^{-1} 的高斯条件概率分布，则

$$p\left(\theta_s^{(t)}\middle|\gamma\right)=\prod_{i=1}^{N}p\left(\theta_{si}^{(t)}\middle|0,\gamma_i^{-1}\right) \quad （5-60）$$

为了将拉普拉斯先验运用到层次化贝叶斯分析模型，需要在 γ_i 引入超参数 λ，即 λ 中第个元素的条件概率密度服从指数分布

$$\Pr\left(\gamma_i\middle|\lambda\right)=\Gamma\left(\gamma_i\middle|1,\frac{\lambda}{2}\right)=\frac{\lambda}{2}\exp\left(-\frac{\lambda}{2}\gamma_i\right),\gamma_i\geqslant0,\lambda\geqslant0 \quad （5-61）$$

利用式（3-60）的高斯模型，并结合式（5-61），可以得到

$$p\left(\theta_s^{(t)}\middle|\lambda\right)=\int p\left(\theta_s^{(t)}\middle|\gamma\right)p\left(\gamma\middle|\lambda\right)\mathrm{d}\gamma=\prod_{i=1}^{N}\int p\left(\theta_{si}^{(t)}\middle|\gamma_i\right)\frac{\lambda}{2}\exp\left(-\frac{\lambda}{2}\gamma_i\right)\mathrm{d}\gamma_i=\frac{\lambda^{\frac{N}{2}}}{2^N}\exp\left(-\sqrt{\lambda}\left\|\theta_s^{(t)}\right\|_1\right) \quad （5-62）$$

式中，$\left\|\theta_s^{(t)}\right\|_1=\sum_{i=1}^{N}\left|\theta_{si}^{(t)}\right|$。

对超参数 λ 采用伽马超先验计算，得到

$$p(\lambda|\upsilon) = \Gamma\left(\lambda\left|\frac{\upsilon}{2},\frac{\upsilon}{2}\right.\right)$$ （5-63）

当参数 $\upsilon \to \infty, p(\lambda) \propto \dfrac{1}{\lambda}$ 时，参数 λ 得到的信息非常模糊；当参数 $\upsilon \to \infty$，
$p(\lambda) = \begin{cases} 1, \lambda = 1 \\ 0, \text{其他} \end{cases}$ 时，参数 λ 得到的信息非常准确。上述层次化贝叶斯分析模型是一个
三层分级先验模型。第一级是采样分布得到参数，如式（5-63）所示。第二级是采样
$\Gamma(1, \lambda/2)$ 分布得到参数 λ，如式（5-61）所示。第三级是采样 $p(0, \gamma_i^{-1})$ 得到参数 $\theta_{si}^{(t)}$，
如式（5-60）所示。通过层次化贝叶斯压缩感知中的相关向量机模型进行参数的学习
和估计后，最终得到拉普拉斯分布 $p(\theta_s^{(t)}|\lambda)$，获得对稀疏系数向量的优化估计 $\hat{\theta}_{si}^{(t)}$，如
式（5-62）所示，从而得到 t 时刻的重构感知向量 $\hat{x}^{(t)} = x^{-(t)} + \hat{B}_s^{(t)}$。层次化贝叶斯分析
模型参数关系如图 5-38 所示。

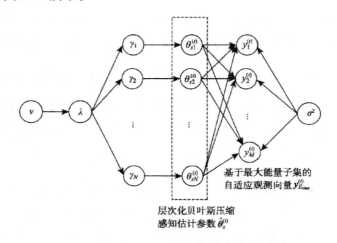

图 5-38　层次化贝叶斯分析模型参数关系

认知基站进行基于频域能量检测的多节点"或"准则数据融合，得到全局感知信息，
具体过程如下。

（1）假设宽带频谱均匀划分为 P 个子信道，需要计算第 n 个认知用户重构感知信
息的频域能量 $E_n = \sum_{t=1}^{T}\left\|x_{t=1}^{(t)}\right\|_2^2$，判决门限为 $\lambda_n = \dfrac{E_n}{P}$。

（2）利用基于频域能量置信度的检测方法求出第 n 个认知用户在第 P 个子信道上
检测的统计量 $S_{p,n} = \sum_{i=(p-1)W+1}^{pW}\left|\hat{x}_{n,i}^{(t)}\right|^2, n = 1, 2, \cdots, N, p = 1, 2, \cdots, P, W$ 为每个子信道的采样点
数。

（3）通过二元假设检验判断第 P 个子信道是否被主用户占用，即

$$d_p = \begin{cases} 1, & H_1 : S_p \geqslant \lambda \\ 0, & H_0 : S_p < \lambda \end{cases}$$

认知基站根据"或"准则对 N 个认知用户的感知信息进行数据融合，得到全局检测概率 $Q_d = \sum_{n=1}^{N} \Pr\{S_{p,n} \geq \lambda_n | H_1\}$。若 N 个认知用户的检测概率 $\Pr_d$ 相同，则 $Q_d = \sum_{n=1}^{N} \binom{N}{n} \Pr_d^n (1 - \Pr_d)^{N-n} = 1 - (1 - \Pr_d)^N$。

图 5-39 给出了自适应测量方法在不同重构算法下的重构信号与原感知信号对比。由图可知，事件区域内分布有 120 个认知节点。各节点分别对 PU 频谱占用情况进行本地感知，产生 1 bit 本地频谱感知数据，分布式感知数据在进行模拟信息转换和基于最大能量子集的自适应测量过程中叠加了均值为零、方差为 0.01 的高斯白噪声。认知基站采用 BC 和 OMP 两种算法重构事件区域中的感知数据。各节点感知信号的时间平均值均为 1，感知数据差值向量在小波基下的稀疏度 $K = 8$，自适应测量 OMP 重构算法的观测次数 $M = 58$，自适应测量 BCS 重构算法的观测次数 $M = 46$。对比发现，两种重构算法的重构信号均可跟踪原感知信号，但均有幅度损失，由于重构得到的信号其稀疏度无法精确达到无噪信号的稀疏度，重构信号的系数幅度无法达到原信号系数幅度，在低信噪比情况下的含噪信号重构效果欠佳，但重构信号仍可以跟踪原信号的变化趋势。相比于自适应测量 OMP 重构算法，自适应测量 BCS 重构信号的幅度波动较明显。

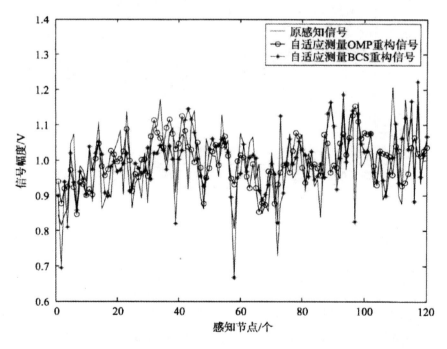

图 5-39　自适应测量方法在不同重构算法下的重构信号与原感知信号对比

图 5-40 给出了自适应测量在不同重构算法下的重构均方误差。由图可知，在相

同感知节点数下，自适应测量 BCS 重构算法的归一化重构均方误差小于自适应测量 OMP 重构算法，但误差波动明显，即 OMP 重构算法的重构均方误差收敛速度快于 BCS 重构算法。例如，在感知节点数为 120 时的事件区域，自适应测量 OMP 算法的归一化重构均方误差在 –21 dB 附近波动，自适应测量 BCS 重构算法的归一化重构均方误差可达 –23 dB，且误差值波动变化明显。此外，对于同一种重构算法，归一化重构均方误差随着事件区域内感知节点数的增加而增大。例如，对于自适应测量 BCS 重构算法，事件区域感知节点数为 180 时的归一化重构均方误差为 –19 dB，较感知节点数为 120 时的重构均方误差增加约 4 dB，其原因是感知节点数的增加使得感知数据之间的时空相关性增大，在稀疏度一定的情况下，最佳观测次数也相应增加。因此，在相同压缩比下，重构均方误差将随着感知节点数的增加而增大，需要在一定重构算法要求下，实现事件区域内感知节点数与重构均方误差之间的有效折中。

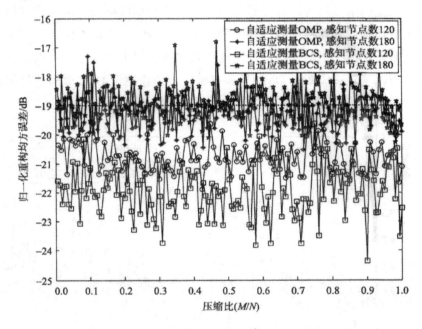

图 5-40 自适应测量方法在不同重构算法下的重构均方误差

图 5-41 给出了自适应测量在不同重构方法下的宽带频谱检测性能。由图可知，两种自适应观测重构算法在宽带频谱检测时均可在较低的压缩比下达到高检测概率。在相同感知节点数的情况下，自适应测量 BCS 重构算法的检测性能略优于自适应测量 OMP 重构算法。例如，当事件区域内感知节点数为 180 且压缩比为 0.1 时，自适应测量 OMP 重构算法的全局检测概率为 0.96，自适应测量 BCS 重构算法的全局检测概率接近于 1。此外，在相同重构算法下的宽带频谱检测，事件区域内感知节点数的增加可以有效提高全局检测性能，例如，对于自适应测量 BCS 重构算法，事件区域内感知

节点数为 120 时的全局检测概率为 0.95，感知节点数为 180 时的全局检测概率接近于 1。随着事件区域内认知节点数的增加，认知用户对主用户频谱感知数据的时空相关性增大，使其在低压缩比区域内具备较好的频谱检测性能。

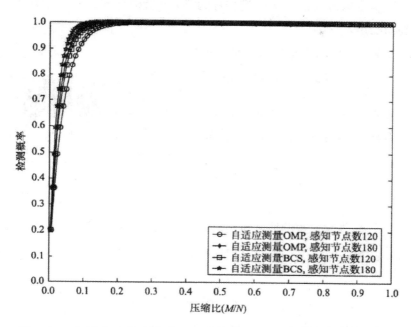

图 5-41　自适应测量方法在不同重构算法下的宽带频谱检测性能

三、基于多任务贝叶斯压缩感知的宽带频谱检测

针对认知无线网络中主用户信号在空频域的稀疏性，本节基于贝叶斯压缩感知的信号重构方法，通过层次化贝叶斯分析分级先验模型来获得稀疏信号估计，于认知无线网络宽带压缩频谱检测，利用多认知用户感知信号的时空相关性实现在多用户多任务传输条件下的稀疏信号重构与宽带压缩频谱检测。本节分别介绍基于期望最大化算法和相关向量机模型的多任务 BCS 参数估计。

当对多个具有相关性的信号进行重构时，多任务压缩感知能够实现信号的统一观测和重构。在基于压缩感知的宽带频谱感知中，由于 PU 在授权频谱上的接入行为不同，SU 感知参数将随着 PU 接入的变化而变化。利用多任务层次化贝叶斯分析模型估计参数，分析重构均方误差，并进行宽带压缩频谱检测，可以在提高全局检测概率的同时降低重构均方误差，获得自适应频谱检测性能。

记 L 组长度为 N 的原始信号 $\{x_i\}_{i=1,2,\cdots,L}$，映射到 L 组 $M_i \times 1$ 维的观测向量 $\{y_i\}_{i=1,2,\cdots,L}$，映射的观测矩阵 $\Phi_i \in R^{M_i \times N}$。这些信号 $\{x_i\}_{i=1,2,\cdots,L}$ 可以在变换基 Ψ 上稀疏表

示为 $\{s_i\}_{i=1,2,\cdots,L}$，从而有

$$y_i = \Phi_i x_i + E_i = \Phi_i \psi_i s_i = \Phi_i s_i + E_i, \quad i = 1,2,\cdots,L \quad (5\text{-}64)$$

式中，由 y_i 重构得到信号 x_i 的过程称为第 i 个重构任务；E_i 表示均值为 0、方差为 $1/\alpha_0$ 的高斯噪声。

因此，根据 y_i 可以求出 s_i 和 α_0 的似然函数为

$$p\left(y_i|s_i,\alpha_0\right) = \left(2\pi/\alpha_0\right)^{-M_i/2} esp\left(-\frac{\alpha_0}{2}\left\|y_i - \Theta_i s_i\right\|_2^2\right) \quad (5\text{-}65)$$

式中，参数 s_j 是通过一个共同的高斯先验分布得到的。用 $s_{i,j}$ 表示第 i 个任务的稀疏向量 s_j 中的第 j 个元素，其高斯先验分布为

$$p\left(s_j|\alpha\right) = \prod_{j=1}^{N} N\left(s_{i,j}|0,\alpha_j^{-1}\right) \quad (5\text{-}66)$$

需要注意的是，超参数 $\alpha = \{\alpha_j\}_{j=1,2,\cdots,N}$ 是全部 L 个任务所共有的，每个任务中的观测值 $\{y_j\}_{i=1,2,\cdots,L}$ 都会为超参数的估计做出贡献，实现信息的共享。

可以为超参数 α_0 和 α 赋予一个伽马分布的先验，以促进信号 $\{s_i\}_{i=1,2,\cdots,L}$ 的稀疏先验性

$$\alpha_0 \sim \Gamma\left(\alpha_0|a,b\right) \quad \alpha_0 \sim \Gamma\left(\alpha,d\right) \quad (5\text{-}67)$$

为使计算更加简便，默认选取伽马分布中的参数 $a = b = c = d = 0$。假设已得到 L 组观测值 $\{y_j\}_{i=1,2,\cdots,L}$，利用贝叶斯定理，可以推导出超参数 α 和噪声变量 α_0 的后验分布密度为

$$p\left(\alpha,\alpha_0\big|\{y_i\}_{i=1,2,\cdots,L},\ a,b,c,d\right) = \frac{p\left(\alpha_0|a,b\right)p\left(\alpha|c,d\right)\prod_{i=1}^{L}\int p\left(y_i|s_i,\alpha_0\right)p\left(y_i\alpha\right)ds_i}{\int da \int d\alpha_0 p\left(\alpha|c,d\right)\prod_{i=1}^{L}\int p\left(y_i|s_i,\alpha_0\right)p\left(s_i|,\alpha\right)ds_i} \quad (5\text{-}68)$$

为了减少式（5-68）的计算量，寻找一个关于参数 α_0 和 α 的点估计，在 $a,b,c,d \to 0$ 时最大似然估计可以表示为

$$\left\{\alpha^{ML},\alpha_0^{ML}\right\} = \arg\max_{\alpha,\alpha_0} \sum_{i=1}^{L} \log_2 \int p\left(y_j|s_i,\alpha_0\right)p\left(s_i,\alpha\right)ds_i \quad (5\text{-}69)$$

向量 s_j 的后验密度函数可以根据 α_0 和 α 的点估计得到，根据贝叶斯定理，可以推导出

$$p\left(s_j|y_j,\alpha,\alpha_0\right) = \frac{p\left(y_j|s_j,\alpha_0\right)p\left(s_j|,\alpha\right)}{\int p\left(y_j|s_j,\alpha_0\right)p\left(s_j|,\alpha\right)ds_j} = N\left(s_j|\mu_i\sigma_i\right) \quad (5\text{-}70)$$

式中，均值 μ_i 和方差 σ_i 分别为

$$\mu_i = \alpha_0 \sigma_i \Theta_i^T y_i \quad \sigma_i = \left(\alpha_0 \Theta_i^T \Theta_i + A \right)^{-1} \tag{5-71}$$

这里，$A = diag\left(\alpha_1, \alpha_2, \cdots, \alpha_N\right)$，对角线是由 α 中的每一项构成的。参数 α_0 和 α 的点估计可以用期望最大化（Expectation-Maximization，EM）实现。对式（5-70）进行边缘化积分，求得超参数 α_0 和 α 的边缘对数似然函数为

$$\begin{aligned} I\left(\alpha, \alpha_0\right) &= \sum_{i=1}^{L} \log_2 p\left(y_j | \alpha, \alpha_0\right) = \sum_{i=1}^{L} \log_2 \int p\left(y_j | s_i, \alpha_0\right) p\left(s_i | \alpha\right) ds_i \\ &= -\frac{1}{2} \sum_{i=1}^{L} \left(M_j \log_2 \left(2\pi\right) + \log_2 |C_i| + s_i^T C_i^{-1} s_i \right) \end{aligned} \tag{5-72}$$

式中，$c_i = \alpha_0^{-1} I + \Theta_i A^{-1} \Theta_i^T, I$ 为单位矩阵。将式（5-72）对参数 α_0 和 α 求偏导，并令其导数为 0，得到超参数和的估计为

$$\alpha_j^{new} = \frac{L - \alpha_j \sum_{i=1}^{L} \sigma_{i,}(j,j)}{\sum_{i=1}^{L} \mu_{i,j}^2} \tag{5-73}$$

$$\alpha_0^{new} = \frac{\sum_{i=1}^{L} \left(M_j - N + \sum_{i=1}^{L} \alpha_i \sigma_i(j,j) \right)}{\sum_{i=1}^{L} \left\| y_i - \theta_i \mu_i \right\|_2^2} \tag{5-74}$$

式中，$\mu_{i,j}$ 是均值 μ_i 中的第 j 个元素，$j = 1, 2, \cdots, N$；$\sigma_{i,(j,j)}$ 是方差 σ_i 中的第 j 个对角线元素。可见，超参数 α_0^{new} 和 α_j^{new} 是均值 $\{\mu_i\}_{i=1,2,\cdots,L}$ 和方差 $\{\sigma_i\}_{i=1,2,\cdots,L}$ 的函数，而均值 $\{\mu_i\}_{i=1,2,\cdots,L}$ 和方差 $\{\sigma_i\}_{i=1,2,\cdots,L}$ 是初值 α_0 和 α 的函数。因此，通过多次迭代，收时所得的均值就是向量 $\{s_i\}_{i=1,2,\cdots,L}$ 的估计值，从而得到原始信号 $\{x_i\}_{i=1,2,\cdots,L}$。

将快速 RVM[71,72] 模型应用到多任务 BCS 中进行信号重构，以降低计算复杂度。这里给 s 中的每一个元素赋予一个零均值的高斯先验

$$p\left(s | \alpha\right) = \prod_{i=1}^{N} N\left(s_i | 0, \alpha_j^{-1}\right) \tag{5-75}$$

式中，α_j 是高斯密度函数方差的倒数；$N\left(\cdot | 0, \alpha_i^{-1}\right)$ 表示均值为 0、方差为 α_i^{-1} 的高斯分布，并赋予 α 一个伽马先验

$$p\left(\alpha | a, b\right) = \prod_{i=1}^{N} \Gamma\left(\alpha_i | a, b\right), \alpha_i \geqslant 0 \tag{5-76}$$

对超参数 α 进行边缘积分，得到

$$p\left(s | a, b\right) = \prod_{i=1}^{N} \int_0^{\infty} N\left(s_i | 0, \alpha_i^{-1}\right) \Gamma\left(\alpha_i | a, b\right) d\alpha_i \tag{5-77}$$

为了能求解出最终解，先假定超参数 α 和 α_0 是已知的，当给定观测值向量

y、$M \times N$、随机观测矩阵 Φ、稀疏变换基 Ψ 后，可以根据贝叶斯定理得到向量 s 的后验概率分布为

$$p(s|y,\alpha,\alpha_0) = \frac{p(y|s,\alpha,\alpha_0)p(s,\alpha,\alpha_0)}{p(y,\alpha,\alpha_0)} = \frac{p(y|s,\alpha,\alpha_0)p(s|\alpha,\alpha_0)}{p(y|\alpha,\alpha_0)} \tag{5-78}$$

进一步简化为

$$p(s|y,\alpha,\alpha_0) = \frac{p(y|s,\alpha_0)p(s,|\alpha)}{p(y|\alpha,\alpha_0)} = \frac{p(y|s,\alpha_0)p(s|\alpha)}{\int p(y|s,\alpha_0)p(s|\alpha)\mathrm{d}s}$$
$$= (2\pi)^{-(N-1)/2}|\sigma|^{-1/2}esp\left[-\frac{1}{2}(s-\mu)^T(\sigma)^{-1}(s-\mu)\right] \tag{5-79}$$

由此可见，s 也服从高斯分布，其均值 μ 和方差 σ 分别为

$$\mu = \alpha_0\sigma\Theta^T y$$
$$\sigma = \left(\alpha_0\sigma\Theta^T\Theta + \Lambda\right)^{-1} \tag{5-80}$$

式中，$\Lambda = diag(\alpha_0,\alpha_2,\cdots,\alpha_N)$。

因此，均值和方差的求解转化为对超参数 α 和 α_0 的求解。在 RVM 框架下，可采用第二类最大似然估计方法或者 EM 算法进行求解。通过对稀疏权值向量 s 进行边缘化积分，得到超参数 α 和 α_0 的边缘对数似然函数为

$$L(\alpha,\alpha_0) = \log_2 p(y|\alpha,\alpha_0)$$
$$\log_2 \int p(y|s,\alpha_0)p(s|\alpha)ds$$
$$-\frac{1}{2}\left[M\log_2(2\pi) + \log_2|C| + y^T C^{-1}y\right] \tag{5-81}$$

式中，$C = \alpha_0^{-1}\mathrm{I} + \Theta\Lambda^{-1}\Theta^T$。由式（5-81），得到对 α 和 α_0 的点估计

$$\alpha_i^{new} = \frac{\gamma_i}{\mu_i^2} \tag{5-82}$$

$$1/\alpha_0^{new} = \frac{\|y - \Theta\mu\|_2^2}{M - \sum_{i=1}^{N}\gamma_i} \tag{5-83}$$

式中，$\gamma_i = 1 - \alpha_i\sigma_{ii}, i = 1,2,\cdots,N$。

可根据 s 的估计值进一步得到原始信号 x，其均值和方差为

$$E(x) = \Psi_\mu$$
$$V(x) = \Psi_\sigma\Psi^T \tag{5-84}$$

与已有参数估计方法相比，基于期望最大化算法和相关向量机模型的多任务 BCS 参数估计方法可以在稀疏采样信息量不足的情况下对参数进行合理估计。期望最大化

算法的优点是可以从非完整数据集合中对参数进行极大似然估计，它是解决非完整数据的统计估计和混合估计等问题的有效工具，但存在收敛速度慢、对初值依赖性大的问题。相关向量机模型的优点在于其输出结果是一种概率模型，相关向量的个数远远小于支持向量的个数，且测试时间短。考虑到 PU 信号稀疏度未知时的多任务重构，这两种参数估计方法均可以有效进行参数估计。

在获得稀疏重构估计向量 $s = \{s_i\}_{i=1,2,\cdots,L}$ 后，得到原始多任务信号的估计值，则归一化重构均方误差为

$$\sigma_{MSE} = 101g\left[E\left(\frac{\|x^* - x\|_2^2}{\|x\|_2^2} \right) \right] \tag{5-85}$$

考虑 CR 节点采用能量检测进行频谱感知，即节点根据一段时频域观测周期 K 内的多任务 BCS 稀疏重构向量 s 的总能量（由帕塞瓦尔定理可知，稀疏重构向量 s 的总能量与重构信号 x^* 的能量相同），判断是否有主用户信号出现[74,75]。对于重构信号向量 s，经过 FFT 后，对其元素进行平方求和构建能量检测的判决统计量

$$Y = \sum_{k=0}^{K-1} (S(k))^2 \tag{5-86}$$

式中，$S(k)$ 即向量 S，为时域重构向量 s 的频域表示，$k = 0,1,\cdots,K-1$。

在不同的频谱感知假设检验情况下，Y 分别服从自由度为 2μ 的非中心与中心卡方分布，即

$$Y = \begin{cases} \chi_{2u}^2(2\gamma), & H_1 \\ \chi_{2u}^2, & H_0 \end{cases} \tag{5-87}$$

式中，H_1 为主用户出现的假设；H_0 为主用户未出现的假设；u 是时域观测周期与带宽之积；γ 是重构信号接收信噪比；$\chi_{2u}^2(2\gamma)$ 是一为参数、自由度为 $2u$ 的非中心卡方分布；χ_{2u}^2 是自由度为 $2u$ 的中心卡方分布。

当节点感知信道为锐利衰落信道时，若能量检测的判决门限为 $\lambda = \left(\|x^*\|_2^2 \right)/K$，则平均检测概率 Pr_d、平均虚警概率 Pr_f 和平均漏检概率 Pr_m 分别为

$$\mathrm{Pr}_d = \mathrm{Pr}(Y > \lambda | H_1) = e^{-\frac{\lambda}{2}} \sum_{p=0}^{u-2} \frac{1}{p!} \left(\frac{\lambda}{2} \right)^p + \left(\frac{1+\gamma}{\gamma} \right)^{u-1} \left[e^{\frac{\lambda}{2(1+\gamma)}} e^{-\frac{\lambda}{2}} \sum_{p=0}^{u-2} \frac{1}{p!} \left(\frac{\lambda\gamma}{2(1+\gamma)} \right)^p \right]$$

$$\mathrm{Pr}_f = \mathrm{Pr}(Y > \lambda | H_0) = \frac{\Gamma(u, \lambda/2)}{\Gamma(u)} \tag{5-88}$$

$$\mathrm{Pr}_m = 1 - \mathrm{Pr}_d$$

式中，$\Gamma(\bullet)$ 和 $\Gamma(\bullet,\bullet)$ 为完全和不完全伽马函数。

考虑采用多任务 BCS 对 CR 中主用户占用的稀疏频谱进行检测。由于多用户感知信号的时空相关性，在此利用多任务 BCS 进行参数估计与感知信号重构，再进行宽带

频谱检测。假设感知数据具有 75% 的时间相关性，本节将对单任务 BCS、不同任务数时的多任务 BCS 重构信号、重构均方误差与宽带频谱检测性能，以及相同任务数、不同感知数据相关性时的重构均方误差与宽带频谱检测性能进行仿真比较。

在 MATLAB 仿真实验中，选择两路原始信号进行单 / 多任务 BCS 重构，同时计算重构均方误差，进而对重构信号进行能量检测以获取 SU 可利用频谱信息网。仿真参数设置如下。

（1）原始信号。利用两个长度均为 512 的原始信号，每路信号随机选取 20 个时间点随机生成 ±1，这两个原始信号在相同地方有 75% 的相似性，且振幅均为图 1。原始信号 1 中观测值是 90，原始信号 2 中观测值至 70。

（2）观测矩阵和高斯噪声。观测矩阵的元素服从零均值、方差 b=0.0052 的标准正态分布，且矩阵元素为独立同分布，将矩阵的各行元素进行归一化，得到 Φ_i。

图 5-42 和图 5-43 分别为当观测次数为 90、70 时，原始信号 1 和原始信号 2 在单任务、多任务（L=3 和 L=5）情况下的 BCS 时域信号重构图。由图可知，在单任务 BCS 中，由于缺少足够的测量值（重构需要较高的观测次数），重构信号受噪声影响较大，信号重构效果不佳。此外，两个原始信号具有一定的相关性，多任务 BCS 正是利用信号间的相关性，较好实现了信号重构。重构效果随着任务数的增加而显著改善。

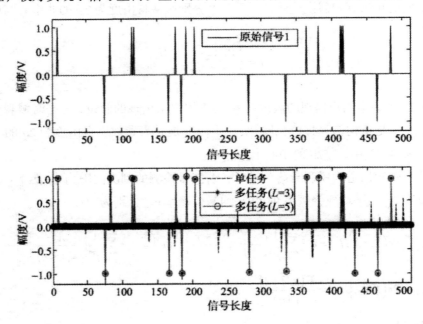

图 5-42　观测次数为 90 时原始信号 1 的单任务 / 多任务 BCS 重构

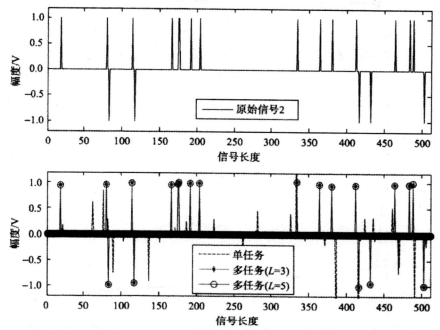

图 5-43　观测次数为 70 时原始信号 2 的单任务 / 多任务 BCS 重构

　　为了在统计意义上比较单任务 / 多任务 BCS 重构的性能，图 5-44 给出了当 $y=10\ dB$ 时，在不同任务数 BCS 下进行信号重构的观测次数与重构均方误差之间的关系。由图可知，在相同感知节点数的情况下，多任务 BCS 在较低观测数（即较小压缩比区域）下可实现均方误差的快速收敛。例如，当观测次数 $M>5$ 时，多任务（$L>3$）的 BCS 重构均方误差迅速迭代达到收敛，多任务（$L=5$）的 BCS 重构均方误差收敛于 $-15\ dB$；单任务 BCS 需要在观测次数 $M>85$ 时趋于收敛，且重构均方误差值有波动。因此，采用多任务 BCS 的重构均方误差收敛速度明显快于单任务 BCS，且两者在数值上接近，因此多任务 BCS 适用于实际低压缩比情况下的多节点感知信号重构。

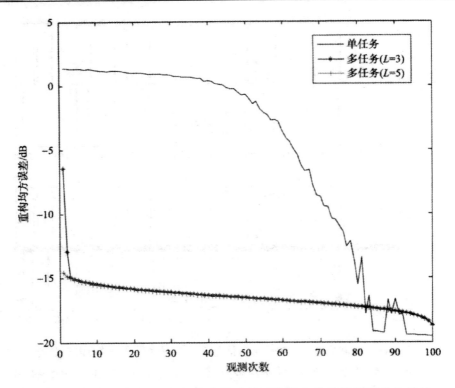

图 5-44　不同任务数 BCS 信号重构时观测次数与重构均方误差的关系

　　在基于单任务 / 多任务 BCS 重构的宽带压缩频谱检测中，可根据重构的感知信号能量，采用能量检测方法对主用户占用频谱情况进行判决。基于单任务 / 多任务 BCS 重构的宽带频谱检测 ROC 曲线如图 5-45 所示。由图可知，基于多任务 BCS 重构的宽带频谱检测性能明显优于单任务 BCS 重构。当平均虚警概率一定时，多任务 BCS 重构的平均漏检概率低于单任务 BCS 重构，即检测概率高于单任务 BCS 重构，且随着任务数 L 的增加，平均漏检概率进一步减小，即检测概率随着任务数的增加而提高。此外，在相同的漏检概率下，单任务 / 多任务 BCS 的虚警概率差异并不明显。因此，多任务 BCS 在节点能耗和网络带宽受限的条件下，在重构均方误差快速收敛的同时，有效提高了宽带频谱检测性能。

　　图 5-46 给出了当任务数为 2 且感知数据相关性分别为 25%、50% 和 75% 时的观测次数与重构均方误差构的关系。由图可知，当观测次数一定时，感知数据相关性越高，多任务 BCS 的重构均方误差越小，即重构性能越好。当重构均方误差接近 -17 dB 时，感知数据相关性为 75% 的信号重构所需观测次数为 100，相关性为 25% 的信号重构所需观测次数为 130。可见在相同重构均方误差下，用户间感知数据相关性的增加可以降低重构观测次数。

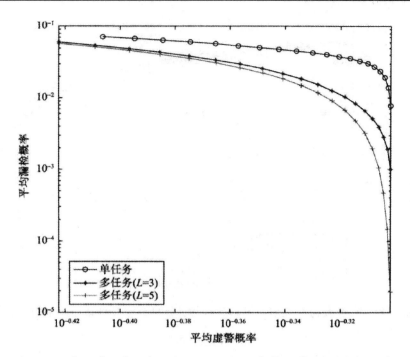

图 5-45　基于单任务 / 多任务 BCS 重构的宽带频谱检测 ROC 曲线

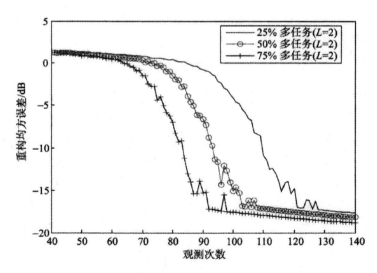

图 5-46　任务数为 2 且不同感知数据相关性时观测次数与重构均方误差的关系

图 5-47 给出了当任务数为 2 且感知数据相关性分别为 25%、50% 和 75% 时的宽带频谱检测 ROC 曲线。由图可知，在相同的平均虚警概率下，随着感知数据相关性的增加，重构均方误差减小，宽带频谱检测时的平均漏检概率明显降低，即有效提高了检测概率。这与图 5-46 的性能分析结果相同。

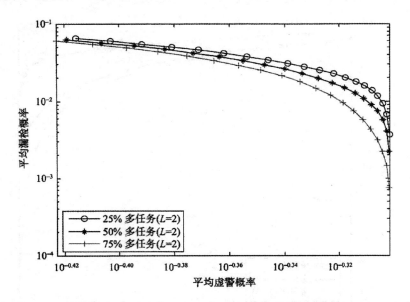

图 5-47 任务数为 2 且不同感知数据相关性时的宽带频谱检测 ROC 曲线

第六章　认知无线网络多用户多资源联合分配与优化

第一节　认知 OFDM 多用户功率分配技术

一、传统注水功率分配算法

在速率自适应准则下，本节讨论传统注水功率分配算法（简称为传统注水算法），在此基础上给出两种新的改进算法。一是通过对水面值的粗略估计快速确定不分配功率的子载波；二是不需要通过迭代计算水面值，通过线性计算直接确定不分配功率的子载波，且对主用户不产生干扰。

本节介绍的主用户与认知用户共存的认知无线网络系统模型如图 6-1 所示。假设在认知无线网络中存在两个主用户和两个认知用户，其中主用户发射机（PUT）使用授权频谱与主用户接收机（PUR）通信，而认知用户发射机（SUT）在相同的频段上给相应的认知用户接收机（SUR）发送数据。本节将认知用户发射机与主用户接收机之间的链路称为干扰链路，而认知用户发射机与接收机之间的链路称为认知链路。认知用户采用 OFDM 调制方式进行传输，总带宽为 B，子载波总数为 K。令 $|g_k|^2$ 和 $|h_k|^2$ 分别为干扰链路和认知链路中第 k 个子载波的功率增益。在锐利衰落信道下，SUT 可以通过 SUR 的反馈获得信道信息 g_k 和 h_k，并利用这些信道边信息调整各子载波上的发射功率 p_k。

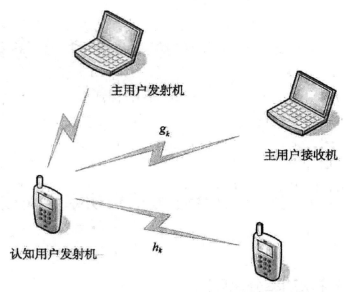

图 6-1　主用户与认知用户共存的认知无线网络系统模型

令 P_T 为带宽 B 内的干扰功率上限（P_T 与前文介绍的干扰温度上限的意义等价）。在基于认知 OFDM 多载波调制的认知无线网络中，假设在确定子载波的单用户情况下共有 K 个子载波，σ_k^2 是 SUR 第 k 个子载波上的噪声功率，该噪声包含了随机噪声和 PU 对 SU 产生的干扰，$|h_k|^2$ 表示第 k 个子载波上的信道增益，p_k 是第 k 个子载波上的发射功率。若采用多进制正交幅度调制（MQAM）和理想相位检测方式，则单个子载波上的传输速率为

$$R_k = \frac{B}{K} \log_2 \left(1 + \frac{|h_k|^2 p_k}{\sigma_k^2 \Gamma} \right) \tag{6-1}$$

若传输误码率为 Pr_b，则在物理层数据调制方式为 MQAM 且采用格雷编码的情况下，$\Gamma = \dfrac{\ln\left(5\,\mathrm{Pr}_b\right)}{1.5}$。

由于对的干扰需要限定在一定的范围内，为了使 SU 的传输速率达到最大，建立数学模型如下：

$$\arg\max_{\{p_k\}} R_{total} = \sum_{k=1}^{K} R_k = \frac{B}{K} \sum_{k=1}^{K} \log_2 \left(1 + \frac{|h_k|^2 p_k}{\sigma_k^2 \Gamma} \right) \tag{6-2}$$

$$s.t.\$ \sum_{k=1}^{K} |g_k|^2 p_k \leqslant P_T \tag{6-3}$$

式中，P_T 为 PUR 总干扰功率门限；R_{total} 为 SU 的总传输速率。

该问题为功率分配问题，但约束条件表明其是一个功率控制问题，也就是说，认

知用户发射功率将受到控制，使得 SU 对 PU 的干扰限定在一定范围内，同时进行功率的最优分配，以最大化 SU 传输速率。

对式（5-2）和式（5-3）采用拉格朗日乘数法求解，构造拉格朗日函数为

$$J\left(p_1, p_2, \cdots, p_K\right) = \sum_{k=1}^{K} \log_2\left(1 + \frac{|h_k|^2 p_k}{s_k^2 G}\right) - \lambda \sum_{k=1}^{K} |gk|^2 p_k \qquad (6\text{-}4)$$

$$\frac{\partial J\left(p_1, p_2, \cdots, p_K\right)}{\partial p_k} = 0, k = 1, 2, \cdots, K, \qquad (6\text{-}5)$$

即得 $\dfrac{\sigma_k^2 \Gamma}{|h_k|^2} + p_k = \dfrac{1}{\lambda |g_k|^2}$，考虑到 p_k 的非负性，可以得到

$$p_k = \left(\frac{1}{\lambda |g_k|^2} - \frac{\sigma_k^2 \Gamma}{|h_k|^2}\right)^+ \qquad (6\text{-}6)$$

式中，$(x)^+ = \begin{cases} x, & x > 0 \\ 0, & \leqslant 0 \end{cases}$

在传统注水算法中，功率和噪声的和为一常数，这里引入主用户干扰信道的参数，因此功率和噪声的和成为一个与干扰信道参数相关的量，接收机就需要通过一个特定的信道返回这些不断变化的信道参数。这里 λ 是常量，有约束条件 $\sum_{k=1}^{K} |g_k|^2 p_k = p_T$ 决定，即

$$\sum_{k=1}^{K} \left(\frac{1}{\lambda} - \frac{|g_k|^2 \sigma_k^2 \Gamma}{|h_k|^2}\right)^+ = P_T \qquad (6\text{-}7)$$

$$R_{total} = \frac{B}{K} \sum_{k=1}^{K} log_2\left(1 + \frac{|h_k|^2 \left(\dfrac{1}{\lambda |g_k|^2} - \dfrac{\sigma_k^2 \Gamma}{|h_k|^2}\right)}{\sigma_k^2 \Gamma}\right)^+ \qquad (6\text{-}8)$$

式（5-8）为注水后系统总速率的表达式，其中 $\dfrac{1}{\lambda |g_k|^2}$ 称为水面。在认知 *OFDM* 多载波调制下，水面值根据不同子载波的变化而变化，需要信道实时反馈干扰链路的增益值，以实现自适应调整。自适应水面的注水功率分配关键是计算水面值，通常由式（6-7）计算 $1/\lambda$，根据式（6-6）计算注入子载波的功率值，若 $p_k < 0$，则取 $p_k = 0$，即该子载波不注入功率；将大于零的子载波数值代入式（6-7），重新计算 $1/\lambda$，直到没有小于零的注入功率。这种算法每次迭代需要（2K+1）次加法和（2K+1）次乘法，K 为每次注水的子载波个数，迭代次数为 N，一共需要（2K+1)N 次加法和（2K+1)N 次乘法。由此可见，传统注水算法的计算复杂度是比较高的。

二、两种改进的功率分配算法

在传统的功率分配算法基础上，本节提出两种改进的功率分配算法。具体算法如下。

1. 改进算法一

设 $\dfrac{|g_k|^2 \sigma_k^2 \Gamma}{|h_k|^2} = \omega$，这里 ω_k 为信道衰落系数，$k = 1, 2, \cdots, K$ 不失一般性，设 $\omega_1 \leqslant \omega_2 \leqslant \cdots \leqslant \omega_1$，根据式（5-6）可得 $p_1 \geqslant p_1 \geqslant \cdots \geqslant p_1$。具体算法如下。

（1）$\dfrac{1}{\lambda} = \omega_k$。

（2）计算注入的功率和 $P_{all} = \sum\limits_{k=1}^{K} \left(\dfrac{\dfrac{1}{\lambda} - \omega_k}{|g_k|^2} \right)^+$。

（3）如果 $P_{all} > P_T, K = K - d, \dfrac{1}{\lambda} = \omega_k$，其中 d 为步长，返回步骤（2），直到 $P_{all} \leqslant P_T$。

（4）求得最优水面值为 $\dfrac{1}{\lambda} = \dfrac{1}{K} \left(P_T + \sum\limits_{k=1}^{K} \omega_k \right)$。

可以发现，第一次计算 P_{all} 时需要 $2K$ 次加法和 K 次乘法，由于之前的加法和乘法可以用数组进行存储，之后每循环一次只需一次减法，最后一次需要（$K+1$）次加法和 1 次乘法，因此总计算复杂度为（$3K+1+N$）次加法和（$K+1$）次乘法。将步长 d 值扩大可以减少迭代次数 N。

2. 改进算法二

由式（6-6）可知，注水算法是根据信道的不同情况进行功率最优化分配，即对于信道条件差的少分配或不分配功率，对于信道条件好的信道则多分配功率。在对注水算法进行仿真时发现，当主用户限制功率 P_T 很低时，有许多条件差的信道将不被分配功率，而重复计算水面值取得最优水面值的求解过程将经过多次迭代，这会大大增加算法的计算复杂度。若在初始时就确定可用子载波数，则可以显著减少计算量，开关注水算法即采用此思想具体步骤如下。

分析式（6-6），可得

$$\frac{\dfrac{|h_k|^2}{\sigma_k^2 \Gamma}}{1 + \dfrac{|h_k|^2 p_k}{\sigma_k^2 \Gamma}} - \lambda |g_k|^2 = 0$$

整理可得

$$\frac{\dfrac{|h_k|^2}{\sigma_k^2\Gamma|g_k|^2}}{1+\dfrac{|h_k|^2 p_k}{\sigma_k^2\Gamma}}=\lambda(常数)$$

因此，有

$$\frac{\dfrac{|h_n|^2}{\sigma_n^2\Gamma|g_n|^2}}{1+\dfrac{|h_n|^2 p_n}{\sigma_n^2\Gamma}}=\frac{\dfrac{|h_m|^2}{\sigma_m^2\Gamma|g_m|^2}}{1+\dfrac{|h_m|^2 p_m}{\sigma_m^2\Gamma}}, \quad n,m=1,2,\cdots,K \tag{6-9}$$

设 $\dfrac{|h_n|^2}{\sigma_n^2\Gamma}=H_n$，$\dfrac{|h_m|^2}{\sigma_m^2\Gamma}=H_m$，则式（5-9）简化为 $\dfrac{H_n|g_n|^2}{1+H_n p_n}=\dfrac{H_m|g_m|^2}{1+H_m p_m}$，进而可得

$$|g_n|^2 p_n=|g_m|^2 p_m+\left(\frac{|g_m|^2}{H_m}-\frac{|g_n|^2}{H_n}\right) \tag{6-10}$$

由式（6-10）可知，由于 g_n、g_m、H_n、H_m 为信道增益返回值，只要确定某一子载波功率，即可求出其他子载波功率。根据式（5-3），可得所有子载波功率和为

$$\sum_{k=1}^{K}|g_k|^2 p_k=K\left(|g_n|^2 p_n+\frac{|g_n|^2}{H_n}\right)-\sum_{m=1}^{K}\frac{|g_m|^2}{H_m}\leqslant P_T \tag{6-11}$$

变换该不等式可得

$$|g_n|^2 p_n\leqslant\frac{1}{K}\left(P_T-\frac{K|g_n|^2}{H_n}+\sum_{m=1}^{K}\frac{|g_m|^2}{H_m}\right) \tag{6-12}$$

由式（6-12）可以计算出每一个子载波的功率，但所求功率并不一定满足另一约束条件 $p_n>0$，若此时取 $p_n=0$，则确定了不需要注水的子载波。

若计算出 $|g_n|^2 p_n<0$，因为 $|g_n|^2>0$，所以 $p_n<0$，则将子载波上 n 的功率 p_n 置零，同时将信道状态值从 $\sum_{m=1}^{K}\dfrac{|g_m|^2}{H_m}$ 中剔除，即用 $\sum_{m=1}^{K}\dfrac{|g_m|^2}{H_m}-\dfrac{|g_n|^2}{H_n}$ 代替。假设 $H_1\leqslant H_2\leqslant\cdots\leqslant H_K$，则 $p_1\leqslant p_2\leqslant\cdots\leqslant p_K$，根据式（6-12）可得

$$|g_1|^2 p_1\leqslant\frac{1}{K}\left(P_T-\frac{K|g_1|^2}{H_1}+\sum_{m=1}^{K}\frac{|g_m|^2}{H_m}\right) \tag{6-13}$$

若 $|g_1|^2 p_1<0$，则该子载波功率设为 0，去除该子载波，给另一子载波分配的功率为

$$|g_2|^2 p_2\leqslant\frac{1}{K}\left[P_T-\frac{(K-1)|g_2|^2}{H_2}+\sum_{m=2}^{K}\frac{|g_m|^2}{H_m}\right] \tag{6-14}$$

直至找到 $p_m>0$，根据式（6-10）计算出后续子载波的功率。

这种算法避免了自适应迭代算法中每次求出所有子载波功率后再重新修正水面值

的运算，在一定程度上降低了计算复杂度，根据式（5-13）和式（5-14）确定被剔除的子载波，再根据式（6-10）计算各子载波的功率，计算复杂度为（3K）次加法和（$N+K$）次乘法，其中 N 为剔除的子载波数(2)旧表 6.1 给出了传统注水算法和本节所提两种改进算法的计算复杂度比较。

表 6-1　传统注水算法和本节所提两种改进算法的计算复杂度比较

算法	加法规模	乘法规模
传统注水算法	O（KN）	O（KN）
改进算法一	O（K+N）	O（K）
改进算法二	O（K）	O（K+N）

由表 6-1 可知，在相同干扰限制条件下，随着子载波数的增加，用户传输速率也随之增加。改进算法一的性能传统注水算法相近。本节所提的改进算法是在粗略估计水面值后确定可以注水的子载波，其性能与传统注水算法相差不大，改进算法也是线性的，它不需要迭代过程，故计算复杂度较低。

三、RA 准则下的多用户功率分配

多个认知用户接入授权频段会对主用户接收机造成影响，如何对认知用户进行子载波和功率分配使之对主用户的影响之和在主用户的允许范围内（即保障主用户 QoS），且满足 RA 准则，同时考虑用户之间的速率公平性，为此设计的认知无线网络场景如图 6-2 所示可用。假设在认知无线网络中存在一对主用户和多对认知用户，其中主用户接收机使用授权频谱和主用户发射机通信，两对认知用户发射机分别在相同的频段上给相应频段的认知用户接收机发送数据。

在多用户认知 OFDM 系统中，需要考虑子载波分配和功率分配两个问题。在干扰功率受限情况下，根据 RA 准则，子载波和功率需要联合分配才可以获得最优解，同时不仅要考虑最大化速率的问题，还需要考虑用户间的速率公平性。假设系统中所有用户传输信道和干扰信道的瞬时状态信息可以通过 SUR 反馈给 SUT，且 SUT 之间相互协作，使得所有信道信息可以周期性地进行更新。根据多用户系统速率最大化目标函数和一组非线性约束条件以及用户间速率之比，建立如下系统数学模型：

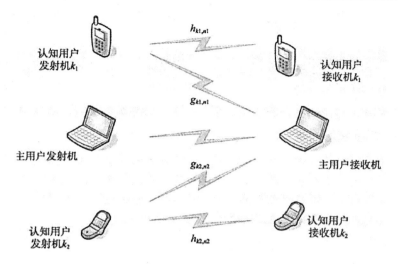

图 6-2　两认知用户与主用户共存的认知无线网络场景

$$\arg\max_{p_k,n'r_{k,n}} \sum_{k=1}^{K} \sum_{n=1}^{N} p_{k,n} \log_2\left(1+\frac{\left|h_{k,n}\right|^2 p_{k,n}}{\sigma_{k,n}^2 \Gamma}\right) \tag{6-15}$$

$$s.t. \sum_{k=1}^{K} \sum_{n=1}^{N} \left|g_{k,n}\right| p_{k,n} \leqslant P_T, p_{k,n} \geqslant 0, \forall k,n$$

$$p_{k,n} = \{0,1\}, \sum_{k=1}^{K} p_{k,n} = 1, \forall k,n \tag{6-16}$$

$$R_1:R_2:\cdots:R_K = r_1:r_2:\cdots:r_K$$

式中，K 为总用户数；N 为总子信道数（子载波数）；P_T 为 PUR 总干扰功率门限；$p_{k,n}$ 为用户 k 在子信道上的功率；$\left|h_{k,n}\right|^2$ 为用户 k 在子信道上的信道增益；$p_{k,n}$ 取 0 和 1，表示子信道 n 是否分配给用户 k，每一个子载波只能被唯一分配给一个用户使用；$\{r_i\}_{i=1,2,\cdots,K}$ 表示用户间的速率比，是一组预先给定的数值，以保证总容量在用户之间按比例分配。每个用户的速率定义如下：

$$R_k = \sum_{n=2}^{N_K} b_{k,n}, \qquad b_{k,n} = \log_2\left(1+\frac{\left|h_{k,n}\right|^2 p_{k,n}}{\sigma_{k,n}^2 \Gamma}\right) \tag{6-17}$$

式中，N_k 表示用户 k 分配的子载波数；$b_{k,n}$ 表示用户 k 在第 n 个子载波上的比特数，用户 k 的速率等于所分配到的子载波上的比特数之和。

四、改进的多用户功率分配

由于静态功率分配算法非最优，系统容量最大化算法只适用于用户间最公平的速率分配方案。比例速率限制下的容量最大化算法虽然可以得到最优解，但是其过程复杂且要用迭代方式求解。基于传统多用户功率分配算法，本节给出一种改进的多用户功率分配算法。

1. 子载波分配本节所提子载波分配方法复杂度低，且可以满足各用户间的比例速率公平性要求。首先假设功率在所有子载波之间平均分配，且比例速率最小的认知用户优先选择载波，每个用户选择利用效率最大的子载波而非信道增益最大的子载波，这也满足速率最优化的需求。子载波利用率函数定义如下：

$$\beta_{k,n} = \frac{b_{k,n}}{\sum_{m=1}^{K} b_{m,n}} \tag{6-18}$$

每一次子载波分配结束后，都要更新用户速率。具体分配过程如下。令 N_k 为用户 k 的子载波集合，A 是所有子载波的集合，R_k 是用户 k 的速率。

（1）初始化：令 $\Omega_k = \phi, R_k = 0 (k=1,2,\cdots,K), A = \{k=1,2,\cdots,N\}$。

（2）对于用户 k，执行如下步骤：

（1）找到 $\beta_{k,n} \geq \beta_{k,j}, j \in A$；

（2）令 $N_k = N_k \cup \{n\}, A = A - \{n\}$，则 $R_k = R_k + \log_2\left(1 + \frac{|H_{k,n}|P_T}{N}\right), H_{k,n} = |h_{k,n}|^2/(\sigma_{k,n}|^2\Gamma)$。

（3）若 $A \neq \phi$，执行如下步骤：

（1）搜索子载波 k，满足 $R_k/r_k \leq R_i/r_i, \quad i=1,2,\cdots,k$；

（2）对于子载波 k，寻找 n 满足 $\beta_{k,n} \geq \beta_{k,j}, j \in A$；

（3）对于 k 和 n，$N_k = N_k \cup \{n\}, A = A - \{n\}, R_k = R_k + \log_2\left(1 + \frac{|H_{k,m}| \times P_T}{N}\right)$；

（4）直到 $A = \phi$ 时结束。

2. 功率分配

子载波分配结束后，每个用户在已经确定的子载波上独立分配功率，目的是在满足主用户干扰容限基础上最大化传输速率，这与单用户多载波分配方法类似。本节所提线性注水算法在开始就确定不注水的子载波，以大大减少计算量，具体公式如下：

$$\underset{p_k,n'r_{k,n}}{\arg\max} R_k \sum_{n \in \Omega_k} \log_2\left(1 + \frac{|h_{k,n}|^2 p_{k,n}}{\sigma_{k,n}^2 \Gamma}\right) \tag{6-19}$$

$$s.t. \sum_{n \in \Omega_k} |g_{k,n}|^2 p_{k,n} \frac{N_k P_T}{N}$$

构造拉格朗日代价函数：

$$J_k(p_{k,1}, p_{k,2}, \cdots, p_{k,N_k}) = \sum_{n=1}^{N_k} \log_2\left(1 + \frac{|h_{k,n}|^2 p_{k,2}}{\sigma_{k,n}^2 \Gamma}\right) - \lambda_k \sum_{n=1}^{N_k} |g_{k,n}|^2 p_{k,n}, \quad n=1,2,\cdots,N_k \tag{6-20}$$

式中，λ_k 为拉格朗日乘子，令 $\frac{\partial J_k}{\partial p_k} = 0$，得到 $\frac{\sigma_{k,n}^2 \Gamma}{|h_{k,n}|^2} + p_{k,n} = \frac{1}{\lambda_k |g_{k,n}|^2}$，考虑到 $p_{k,n}$ 的

非负性，可得

$$p_{k,n} = \left(\frac{1}{\lambda_k |g_{k,n}|^2} - \frac{\sigma_{k,n}^2 \Gamma}{|h_{k,n}|^2} \right)^+ \tag{6-21}$$

这里，$(x)^+ = \begin{cases} x, & x>0 \\ 0, & x \leqslant 0 \end{cases}$；$\dfrac{1}{\lambda_k |g_{k,n}|^2}$ 称为注水水面。

分析式（6-21），可得

整理可得 $\dfrac{\dfrac{|h_{k,n}|^2}{\sigma_{k,n}^2 \Gamma |g_{k,n}|^2}}{1 + \dfrac{|h_{k,n}|^2}{\sigma_{k,n}^2 \Gamma} p_{k,n}} = \lambda_k \,(常数)$

因此有

$$\frac{\dfrac{|h_{k,n}|^2}{\sigma_{k,n}^2 \Gamma |g_{k,n}|^2}}{1 + \dfrac{|h_{k,n}|^2}{\sigma_{k,n}^2 \Gamma} p_{k,n}} = \frac{\dfrac{|h_{k,m}|^2}{\sigma_{k,m}^2 \Gamma |g_{k,m}|^2}}{1 + \dfrac{|h_{k,m}|^2}{\sigma_{k,m}^2 \Gamma} p_{k,m}}, \qquad n,m = 1,2,\cdots,N_k \tag{6-22}$$

设 $\dfrac{|h_{k,n}|^2}{\sigma_{k,n}^2 \Gamma} = H_{k,n}$，　$\dfrac{|h_{k,m}|^2}{\sigma_{k,m}^2 \Gamma} = H_{k,m}$ ，则式（6-22）可简化为

$$\frac{H_{k,n} / |g_{k,n}|^2}{1 + H_{k,n} p_{k,n}} = \frac{H_{k,m} / |g_{k,m}|^2}{1 + H_{k,m} p_{k,m}} \tag{6-23}$$

进而可得

$$|g_{k,n}|^2 p_{k,n} = |g_{k,m}|^2 p_{k,m} + \left(\frac{|g_{k,m}|^2}{H_{k,m}} - \frac{|g_{k,n}|^2}{H_{k,n}} \right) \tag{6-24}$$

由式（6-24）可知，由于只要确定某一子载波的功率，根据式（6-19），所有子载波的功率为

$$\sum_{n=1}^{N_k} |g_{k,n}|^2 p_{k,n} = N_k \left(|g_{k,n}|^2 p_{k,n} + \frac{|g_{k,n}|^2}{H_{k,n}} \right) - \sum_{m=1}^{N_k} \frac{|g_{k,m}|^2}{H_{k,m}} \leqslant \frac{N_k P_T}{N} \tag{6-25}$$

变换不等式可得

$$|g_{k,n}|^2 p_{k,n} \leqslant \frac{1}{N_k} \left(\frac{N_k P_T}{N} - \frac{N_k |g_{k,n}|^2}{H_{k,n}} + \sum_{m=1}^{N_k} \frac{|g_{k,m}|^2}{H_{k,m}} \right) \tag{6-26}$$

由式（6-26）可以计算出每一个子载波的功率，若计算出 $|g_{k,n}|^2 p_{k,n}<0$，因为 $|g_{k,n}|^2 > 0$，所以 $p_{k,n}<0$，将子载波 n 上的功率 $p_{k,n}$ 置零，同时将信道状态值从 $\sum\limits_{m=1}^{N_k} \dfrac{|g_{k,m}|^2}{H_{k,m}}$

中剔除，即用 $\sum_{m=1}^{N_k}\dfrac{|g_{k,m}|^2}{H_{k,m}}-\dfrac{|g_{k,n}|^2}{H_{k,n}}$ 代替。假设 $H_{k,1}\leqslant H_{k,2}\leqslant \cdots \leqslant H_{k,N_k}$ ，则，根据式（5-26）可以得到

$$|g_{k,1}|^2\, p_{k,1}\leqslant \frac{1}{N_k}\left(\frac{N_k P_T}{N}-\frac{N_k|g_{k,1}|^2}{H_{k,1}}+\sum_{m=1}^{N_k}\frac{|g_{k,m}|^2}{H_{k,m}}\right)\qquad(6\text{-}27)$$

若 $|g_{k,1}|^2 p_{k,1}<0$ ，则该子载波功率设为 0，去除该子载波，给另一子载波分配的功率为

$$|g_{k,2}|^2\, p_{k,2}\leqslant \frac{1}{N_k}\left(\frac{N_k P_T}{N}-\frac{N_k|g_{k,2}|^2}{H_{k,2}}+\sum_{m=2}^{N_k}\frac{|g_{k,m}|^2}{H_{k,m}}\right)\qquad(6\text{-}28)$$

直至找到 $p_{k,m}>0$ ，再根据式（5-24）计算出后续子载波的功率。

下面比较不同用户数和不同子载波数情况下满足用户间速率公平性指标的认知用户最大传输速率（信道容量）。使用公平指数网来定义用户间的速率公平性：

$$F=\frac{\left(\sum\limits_{k=1}^{K}r_k\right)^2}{K\sum\limits_{k=1}^{K}r_k^2}\qquad(6\text{-}29)$$

当用户间的比例速率公平性一样时达到最公平的情况，这时 F 取最大值 1。下面仿真比较了两类方法：其一是固定子载波数，用户数变化；其二是固定用户数，子载波数变化。

取子载波数 N=16，用户数 K=2，4，6，8，10，P_T=5，10 dB，F=1，假设各子载波上噪声功率均相等 $(N_{0B}=1),\mathrm{Pr}_b=10^{-5}$ $g_{k,n}$ 和 $h_{k,n}$ 均为服从锐利衰落的复高斯分布，且采用蒙特卡罗仿真。

图 6-3 和图 6-4 给出了不同发射功率情况下不同算法的用户数与传输容量的比较。由图可知，随着 P_T 的增大，传输容量也随之增大。容量最大化功率分配方法仍然是最优算法，本节所提算法的性能接近于容量最大化算法。平均干扰算法的性能次于前两种算法，随着用户数的增加，平均干扰算法的性能逼近本节所提算法。另外，随着用户数的增加，容量最大化算法和本节所提算法的传输速率增加到一定程度之后反而降低，这是因为随着用户的增加，有的用户只能分到一个载波，就会出现用户数增加但传输速率反而降低的情况。无论是大干扰容限或小干扰容限，平均功率算法的性能均最差。

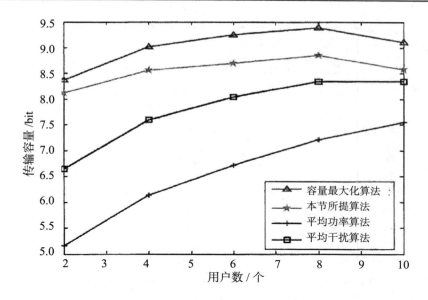

图 6-3 用户数与传输容量的比较 (Pr=5 dB，N=16)

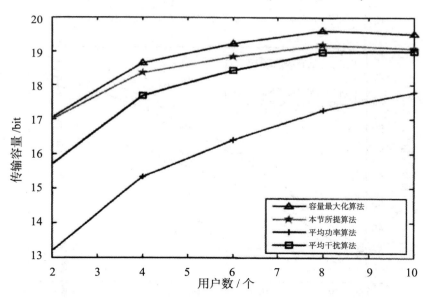

图 6-4 用户数与传输容量的比较 (P_T=10 dB，N=16)

当子载波数 N=16，32，48，64、用户数 K=10、F=1、P_T=10 dB 时，假设各子载波上的噪声功率均相等 (N_{0B}=1)，Pr_b=10^{-5} $g_{k,n}$ 和 $h_{k,n}$ 均为服从锐利衰落的复高斯过程，且采用蒙特卡罗仿真。

图 6-5 和图 6-6 给出了不同发射功率情况下不同算法的子载波数与传输容量的比较。由图可知，随着心的增大，传输容量随之增大；随着子载波数的增加，传输容量也显著增大。

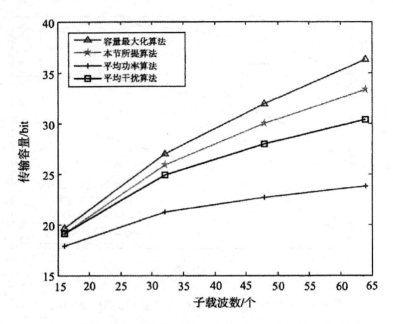

图 6-5　子载波数与传输容量的比较（P_T =10 dB，K=10）

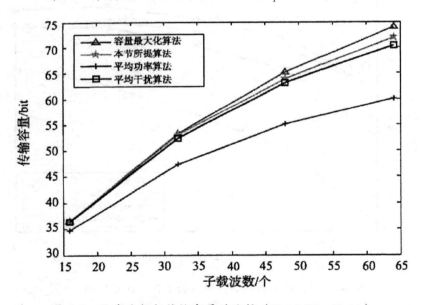

图 6-6　子载波数与传输容量的比较（P=15 dB，K=10）

在这四种算法中，容量最大化算法仍然是最优算法，它可以最大化用户传输容量。本节所提算法的传输容量仅次于容量最大化算法，平均干扰算法则次于本节所提算法，平均功率算法的性能最差。

虽然容量最大化算法是最优的算法，但随着用户数与子载波数的增加，其计算复杂度呈指数级增长，而本节所提算法逼近容量最大化算法，且其复杂度呈线性，故在认知 OFDM 多用户子载波功率联合分配中可以实现传输容量性能与复杂度的折中。

第二节　CR 多用户子载波功率联合分配技术

一、基于最差子载波避免的子载波功率联合分配

对于 RA 准则的优化模型，多用户认知 OFDM 系统下行链路容量最大化的子载波分配策略是将子载波分配给对于这个子载波信道增益最大的用户使用。若按照两步法求解该多约束优化问题，则当完成子载波分配后，主要涉及的是用户在其分配的各子载波上的功率分配问题，能够在带线信道上实现理论信道容量的最佳功率分布是注水分布。信息论中的注水定理要求各子信道上的功率分配遵循"优质信道多传送，较差信道少传送，劣质信道不传送"原则。根据注水定理的物理意义，所有无线资源的最优分配方案都可以归结为注水定理。

基于上文 6.1.3 建立的基于 RA 准则的多用户子载波功率分配模型，本节结合 Wong 算法对最差子载波避免（worst subcarrier avoiding，WSA）算法进行改进，提出了最差子载波避免注水（worst subcarrier avoiding waterfilling，WSAW）算法。WSAW 算法采用两步走的求解方法，首先以初分配和再分配两个阶段完成用户子载波分配，然后利用功率注水算法为各个子载波分配功率。

为了获得最大系统容量，需要尽可能为用户选择条件最优的信道。在基于 RA 准则的多用户子载波功率分配模型下，为每个用户均分配对其来说信道条件最好的信道是困难的，但是避免将对该用户来说信道条件最差的子信道分配给该用户却相对容易。WSA 算法正是基于这样的思想来实现子载波分配的。

若有瞬时信道矩阵

$$H = \begin{bmatrix} 子载波: & 1 & 2 & 3 & 4 & 5 & 6 \\ 用户\ 1: & 1.8 & 1.7 & 1.3 & 0.5 & 0.3 & 0.4 \\ 用户\ 2: & 0.6 & 0.7 & 1.4 & 1.3 & 0.8 & 0.9 \\ 用户\ 3: & 0.2 & 1.6 & 0.6 & 1.2 & 1.0 & 0.1 \end{bmatrix} \qquad (6\text{-}30)$$

以该信道矩阵为例，第 6 个子载波对于第 3 个用户，其信道增益为最差的 0.1。因此，用户 3 将是第一个被分配子载波的用户。接下来较差的子载波增益分别为 0.2、0.3、0.5、0.6 和 0.7，对应于第 1 个子载波、第 5 个子载波、第 4 个子载波、第 3 个子载波和第 2 个子载波。按照升序重新排列各子载波所在的列，有

$$H^* = \begin{bmatrix} \text{子载波:} & 6 & 1 & 5 & 4 & 3 & 2 \\ \text{用户 1:} & 0.4 & 1.8 & 0.3 & 0.5 & 1.3 & 1.7 \\ \text{用户 2:} & 0.9 & 0.6 & 0.8 & 1.3 & 1.4 & 1.7 \\ \text{用户 3:} & 0.1 & 0.2 & 1.0 & 1.2 & 0.6 & 1.6 \end{bmatrix} \qquad (6\text{-}31)$$

再次进行子载波的分配。首先从第 6 个子载波开始分配，对于该子载波，信道条件最好的用户是用户 2，且用户 2 未分满，故可将第 6 个子载波分配给该用户。接下来分配第 1 个子载波，信道条件最好的是用户 I 且该用户尚未达到其所需的子载波数目，因此将第 1 个子载波分配该用户。其他子载波依次按照该方法分配给各用户。最后所得的子载波分配情况为：用户 1 占用子载波 {1，3}，用户 2 占用子载波 {4，6}，用户 3 占用子载波 {2，5}。下面给出其具体步骤。

1. 初次分配阶段

（1）寻找信道质量矩阵日中每一列的最小值，得到 N 个最小值，即

$$\left|h_n^{\min}\right|^2 = \min_k \left|h_{k,n}\right|^2, \quad n = 1, 2, \cdots, N \text{。}$$

（2）对获得的 N 个最小值进行增序排列，即 $\left|h_1^{\min}\right|^2 \leqslant \left|h_2^{\min}\right|^2 \leqslant \cdots \leqslant \left|h_N^{\min}\right|^2$，再按照该顺序为其对应的信道质量矩阵中的列进行排序，形成一个新的信道质量矩阵 $H^* = [h_1, h_2, \cdots, h_N]$

（3）对于 H^*，首先寻找左起第一列中的信道增益最大值及对应的用户。若该用户所需的子载波数目未满足，则直接将该子载波分配给该用户；若该用户所需的子载波数目已满足，则将该子载波分配给该列中次优信道增益所在的用户。然后，继续下一列即对下一个子载波进行分配。虽然 WSA 算法可以成功避免所有子载波中的最差子载波被分配出去，但是在最后的分配阶段，仍然存在因满足分配条件的用户数量有限而不得不将最差增益的子载波分配给剩余该用户的情形。因此，WSAW 算法采用了类似于 Wong 算法的迭代优化算法对 WSA 算法进行改进。不同之处在于，WSAW 算法中建立了容量增量表，以适用于 RA 模型。

2. 再次分配阶段

（1）以最大化系统容量为原则进行迭代优化。设 $\Delta C_{i,j}$ 为将原来分配给用户 i 的子信道重新分配给用户而产生的最大容量增量；$\Delta C_{j,i}$ 表示将原来分别给用户 j 的子信道重新分配给用户而产生的最大容量增量；$C_{i,j} = \Delta C_{i,j} + \Delta C_{j,i}$ 表示用户 i 和用户 j 之间的子信道进行互换而产生的容量增量值；n_{ij}、n_{ji} 分别表示用户 i 和用户 j 交换的子信道以及用户 j 与用户 i 交换的子信道。

（2）对所有用户对 $(i, j), i, j = 1, 2, \cdots, K$ 且 $i \neq j$，计算 $\{C_{i,j}\}$ 列表并进行降序排列，找出最大值 $C_{i^* j^*}$ 及对应的用户对 (i^*, j^*) 和子载波 $n_{i^* j^*}$、$n_{j^* i^*}$。

（3）若 $C_{ij^*} > 0$，则在用户 i^* 和用户 j^* 之间实行 $n_{i^* j^*}$ 和 $n_{j^* i^*}$ 的交换，其数学表达式如

式（5-32）所示。更新分配矩阵 A ，重新计算 $\{C_{i,j}\}$ 。

$$\begin{cases} \rho_{i^*,n_{ij}} = 0, & \rho_{ii^*,n_{ji}} = 1 \\ \rho_{j^*,n_{ji}} = 0, & \rho_{j^*,n_{ij}} = 1 \end{cases} \tag{6-32}$$

（4）重复上述迭代过程直到所有 $C_{i^*j} \leq 0$ ，即系统容量不能再增加，子载波分配结束。

完成子载波分配后，利用注水算法为各用户分配功率。可采用提出的线性注水算法快速确定不需要分配功率的子载波以加快资源分配速度，进一步改善系统资源分配的实时性。下面进行 WSAW 算法的仿真与性能分析。仿真参数设置如下：无线信道为单径锐利衰落信道且各信道噪声功率均为 1 ，所有用户平分可用于载波，即 $S_k = \dfrac{N}{K}$ ， $k = 1, 2, \cdots, K$ 。数值仿真结果为 1000 次蒙特卡罗仿真求平均所得。

假设认知无线网络中 64 个用户共享 128 个子载波，即每个用户分得 2 个子载波，图 6-7 给出了不同算法的误码率性能比较。由图可知，WSAW 算法具有比 Wong 算法更好的误码率性能。Wong 算法在三径的频率选择性锐利衰落信道下，可以获得接近最优的误码率性能。因此，可以推出 WSAW 算法是一个在单径锐利衰落信道下近似最优的解决方案。另外，最差用户优先算法在较低信噪比条件下（如 0 dB 以下）可获得与 WSAW 算法相近的误码率性能。

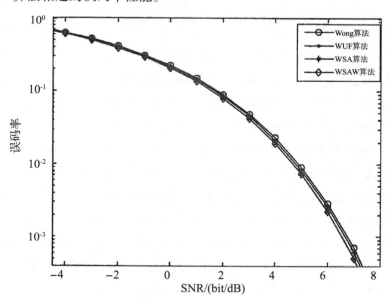

图 6-7 不同算法的误码率性能比较

图 6-8 给出了不同算法在不同子载波数下的系统容量比较。由图可知，在系统容量方面，WSAW 算法优于 WSA 算法和 WUF 算法，并与 Wong 算法相当。这是因为，WSAW 算法采用了类似于 Wong 算法的迭代优化思想。

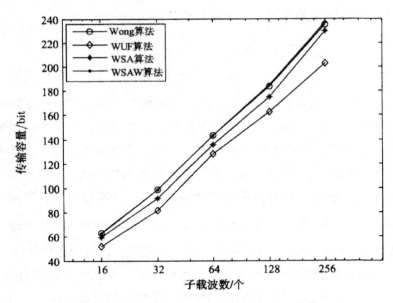

图 6-8 不同算法在不同子载波数下的系统容量比较

图 6-9 给出了不同算法在不同信噪比下的系统容量比较。由图可知，在相同信噪比条件下，WSAW 算法和 Wong 算法可取得比 WUF 算法和 WSA 算法更大的系统容量。结合图 6-8，表明 WSAW 算法能够对 WSA 算法的系统容量性能进行改进。

图 6-10 给出了 WSAW 算法与 Wong 算法在再次分配阶段的迭代次数比较。设 WSAW 算法的迭代次数为 d，Wong 算法的迭代次数为 a，事实上，在初次分配阶段 WSAW 算法的计算复杂度为 $0(KN)$，而 Wong 算法的计算复杂度为 $0(N^2)$。若 d 比 0 大一个数量级，则初次分配阶段的低复杂度并没有取得多大优势；反之，WSAW 算法的计算运行时间要少于 Wong 算法，具有运行速度上的优势。由图可知，随着子载波数的增加，WSAW 算法的迭代次数相应增加，且增加量要大于 Wong 算法，但是其增加的迭代次数并没有出现比 Wong 算法多一个数量级的情况，即使增加了载波数目，从曲线趋势看也不会出现相差一个数量级的情况。另外，子载波数不能过大，其值越大，相邻子载波间隔越小，将增加发射机和接收机的实现复杂度，且系统对于相位噪声和频偏会更加敏感，同时还会增大信号峰的平均功率比。可见，WSAW 算法在运行时间和速度上要优于 Wong 算法，在系统容量方面也要优于 WUF 算法和 WSA 算法，而与 Wong 算法相接近。因此，WSAW 算法具有与 Wong 算法相同的计算复杂度，以及比后者更优的误码率性能。

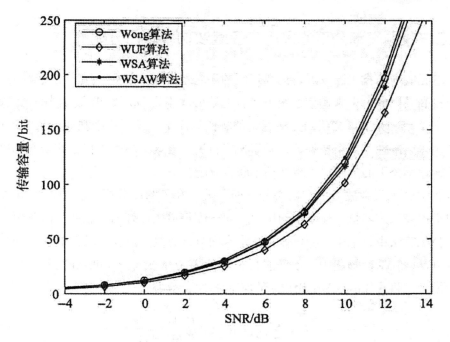

图 6-9　不同算法在不同信噪比下的系统容量比较

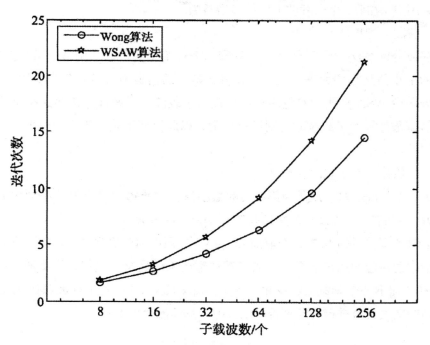

图 6-10　WSAW 算法和 Wong 算法的再分配阶段迭代次数比较

二、兼顾速率公平的多用户子载波功率联合分配

随着无线通信技术的发展，无线资源的需求量会越来越大，用户对 QoS 的要求也将不断提高。因此，未来通信系统需要智能地处理用户 QoS 需求和有限的无线资源之间的折中关系。为了提高认知无线网络的频谱利用率，在可用子载波、认知用户发射功率及用户公平性等约束条件下，基于速率自适应准则，本节提出了在认知 OFDM 系统中兼顾速率公平的多用户子载波功率联合分配算法。

该算法分为子载波分配和功率分配两部分。在子载波分配算法中，利用 WSA 算法口刀来提高系统容量，速率小的用户优先分配信道条件好的子载波，以兼顾公平性。在功率分配算法中，采用一种可修正注水水面且计算复杂度相对较低的功率分配算法。为讨论方便，在后面描述中，根据前文 6.1.3 节建立的基于 RA 准则的多用户子载波功率分配模型，将式（6-17）中用户 j 的速率 R_j 均表示为

$$R_j = \sum_{n=1}^{N} \rho_{j,n} \log_2 \left(1 + \frac{P_{j,n} \left| h_{i,n} \right|^2}{N_0 B \Gamma / N} \right) \qquad (6\text{-}33)$$

且令用户 j 在第 n 个子载波上的信道增益为。

1. 子载波分配算法

子载波分配算法大致可分为三个步骤：①初始化变量；②调整信道增益矩阵 H，按每列的最小值从小到大进行调整；③将调整后的信道增益矩阵分为前后两个部分，前面部分采用 WSA 算法，避免用户使用最差子载波；后面部分按照速率小的用户优先分配信道条件好的子载波的规则进行分配，以此保证了认知用户的公平性。算法具体过程如下。

（1）初始化：设子载波集合 $A = \{1, 2, \cdots, n\}$。

（2）$H_n^{\min} = \min_j H_{j,n}$，$H_N^{\min}$ 为第 n 列的最小值，按照每列最小值从小到大的顺序进行排列 $H_1^{\min} \leqslant H_2^{\min} \leqslant \cdots \leqslant H_N^{\min}$，并且调整 $H = [H_1, H_2, \cdots, H_N]$。

（3）对于调整后的 H 矩阵选取前 fix $(2N/J)$ 列作为前面部分。从第一列开始，找出该列最大值对应的用户下标 j^*，若子载波数还未满足 S_j，则把该子载波分配给用户 j^*，接着分配下一个子载波，这里将 S_j 设为 fix $(2N/J)$；若子载波数已满足 S_j，则寻找该列的次最大值进行判断是否可以分配。具体流程如下：

$$for \left(n = 1: \quad fix(2N/J \times J) \right)$$

$$j^* = \arg \max \left| H_{j,n} \right|$$

$$WHile \sum_n \left| \rho_{j,n} \right| = S_j$$

$$|H_{j,n}| = 0$$

$$j^* = \arg\max |H_{j,n}|$$

$$\text{End}$$

$$\rho_{j^*,n} = 1$$

$$\text{End}$$

（4）令，$A = \{fix(2N/J)J+1, fix(2N/J)J+2, \cdots, N\}$，即取矩阵后面部分的列下标。

Ω_j 是 ρ 矩阵中第 j 行的非零项下标的集合。兼顾速率公平的多用户子载波功率联合分配算法具体如下：

$While\ A \neq \phi$

查找 $\dfrac{R_j}{r_j} = \min \dfrac{R_i}{r_i}$

对 于 指 定 的 $j,k = fix(2N/J)+1, fix(2N/J)+2, \cdots, N$，找 出 $|H_{j,n}| = \max|H_{j,k}|$。对于已经确定的 j 和 n，令 $\Omega_j = \Omega_j \cup \{n\}, A = A - \{n\}, \rho_{j,n} = 1$，并更新 R_j，即 $R_j = \sum_{n=1}^{N} \rho_{j,n} \log_2\left(1 + P_{j,n}H_{j,n}\right)$。

End

2. 功率分配算法

子载波分配完毕后，每个认知用户在已分配的子载波上进行功率分配，将未分配到的子载波功率设置为零，这样使得每个认知用户的功率分配不会对其他用户的传输产生影响，多用户 OFDM 系统子载波功率分配就转化成单用户子载波功率分配。

利用拉格朗日算法构造拉格朗日函数，即

$$L = \sum_{j=1}^{J} \sum_{n \in \Omega_j} \log_2\left(1 + P_{j,n}H_{j,n}\right) + \lambda_1\left(\sum_{j=1}^{J}\sum_{n \in \Omega} \log_2 P_{j,n} - P_T\right)$$
$$+ \sum_{j=2}^{J}\sum_{n \in \Omega_j}\log_2\left(1 + P_{1,n}H_{1,n}\right) - \frac{r_1}{r_j}\sum_{n \in \Omega}\log_2\left(1 + 1 + P_{j,n}H_{j,n}\right) \quad （6\text{-}34）$$

分别对 $P_{1,n}$、$P_{j,m}$ 求导得

$$\frac{\partial L}{\partial P_{1,n}} = \frac{1}{\ln 2}\frac{H_{1,n}}{1 + P_{1,n}H_{1,n}} + \lambda_1 + \sum_{j=1}^{J}\lambda_j \frac{1}{\ln 2}\frac{H_{1,n}}{1 + P_{1,n}H_{1,n}} = 0 \quad （6\text{-}35）$$

$$\frac{\partial L}{\partial P_{j,n}} = \frac{1}{\ln 2}\frac{H_{j,n}}{1 + P_{j,n}H_{j,n}} + \lambda_1 - \lambda_j \frac{r_1}{r_j}\frac{1}{\ln 2}\frac{H_{j,n}}{1 + P_{j,n}H_{j,n}} = 0 \quad （6\text{-}36）$$

由式（6-35）和式（6-36）可得

$$\frac{H_{j,m}}{1 + H_{j,m}P_{j,m}} = \frac{H_{j,n}}{1 + H_{j,n}P_{j,n}} \quad （6\text{-}37）$$

$$\sum_{n=1}^{N_j} P_{j,n} = N_j P_{j,m} + \frac{N_j}{H_{j,m}} - \sum_{n=1}^{N_j} \frac{1}{H_{j,m}} \leqslant \frac{\sum_{n=1}^{N_j} H_{j,n}}{\sum_{j=1}^{J} \sum_{n=1}^{N_j} H_{j,n}} P_T \tag{6-38}$$

$$P_{j,m} \leqslant \frac{1}{N_j} \left(\frac{\sum_{n=1}^{N_j} H_{j,n}}{\sum_{j=1}^{J} \sum_{n=1}^{N_j} H_{j,n}} P_T - \frac{N_j}{H_{j,m}} + \sum_{n=1}^{N_j} \frac{1}{H_{j,n}} \right) \tag{6-39}$$

若式（6-39）中右边小于 0，则 $P_{j,m} = 0$，用 $\sum_{n=1}^{N_j} \frac{1}{H_{j,n}} - \frac{1}{H_{j,m}}$ 代替 $\sum_{n=1}^{N_j} \frac{1}{H_{j,n}}$。对于

用户 j，假设 $H_{j,1} \leqslant H_{j,2} \leqslant \cdots \leqslant H_{j,N_j}$，则分配给该用户的第一个子载波的功率为

$$P_{j,1} = \frac{1}{N_j} \left(\frac{\sum_{n=1}^{N_j} H_{j,n}}{\sum_{j=1}^{J} \sum_{n=1}^{N_j} H_{j,n}} P_T - \frac{N_j}{H_{j,1}} + \sum_{n=1}^{N_j} \frac{1}{H_{j,n}} \right) \tag{6-40}$$

若 $P_{j,1} \leqslant 0$，令 $P_{j,1} = 0$，则分配给该用户的第二个子载波的功率为

$$P_{j,2} = \frac{1}{N_j} \left(\frac{\sum_{n=1}^{N_j} H_{j,n}}{\sum_{j=1}^{J} \sum_{n=1}^{N_j} H_{j,n}} P_T - \frac{N_j - 1}{H_{j,2}} + \sum_{n=2}^{N_j} \frac{1}{H_{j,n}} \right) \tag{6-41}$$

直到计算出 P_{j,N_j}。P_{j,N_j} 是第 j 个用户在第 N_j 个子载波上分配的功率。

与传统注水算法相比，本节所提算法不需要计算所有载波上分配的功率，可以自适应地修正注水水面值，且能够减小计算复杂度。

将本节所提算法与 WSAW 算法、子载波功率平均分配（subcarrierpower allocationequally，SAE）算法进行仿真比较。

图 6-11 给出了不同子载波数下不同算法的系统容量比较。参数设置为：认知用户数 $J = 8$，子载波数 $N = 16,32,48,64,128,256, P_T = 10|dB$，$r_1 : r_2 : \cdots : r_j = 1{:}1{:}1{:} \cdots {:}1$。假设每个子载波的噪声功率相同，噪声功率 $N_{0|B} = 1, \Pr_b = 10^{-5}$，并采用 1 000 次蒙特卡罗仿真。由图可知，在不同子载波数下，本节所提算法得到的系统容量十分接近于 WSAW 算法。该算法在子载波分配部分剔除了最差信道，故其系统容量会得到提升。当子载波数大于 50 时，本节所提算法得到的系统容量远远大于 SAE 算法。子载波数越大，越能体现本节所提算法的优越性。

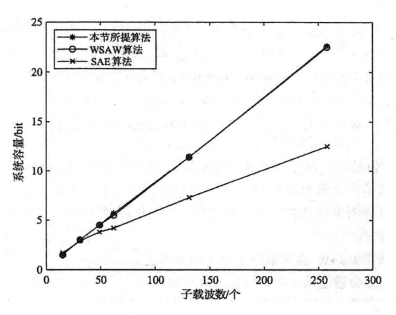

图 6-11　不同子载波数下不同算法的系统容量比较

图 6-12 给出了不同算法下系统容量随认知用户数增加的情况。其参数设置为：$I = 4,6,8,10,12, N = 64, 4 = 10 |dB, P_T = 10 |dB$　$r_1 : r_2 : \cdots : r_J = 1:1:\cdots:1$。假设每个子载波的噪声功率，$N_{0|B} = 1, \mathrm{Pr}_b = 10^{-5}$，并采用 1000 次蒙特卡罗仿真。由图可知，在不同认知用户数下，由于兼顾用户的公平性，牺牲了部分的系统容量，故在系统容量方面，本节所提算法稍逊于 WSAW 算法，但是与 SAE 算法相比，系统容量有了明显提高。

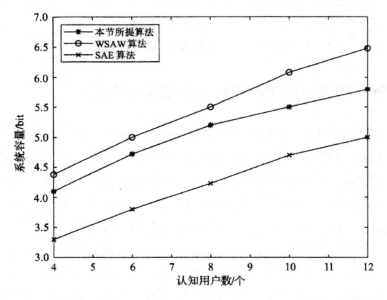

图 6-12　不同认知用户数时不同算法的系统容量比较

根据方差公式 $\sigma = \sum\limits_{j=1}^{J} \dfrac{\left(R_j - \bar{R}\right)^2}{M}$，可以计算认知用户各自速率 R_j 与平均速率 $\bar{R}=1$ 的偏差。方差值越小，表明认知用户的公平性越好。本节所提算法在子载波分配时，速率小的用户优先分配信道条件较好的子载波，由此保证了算法的公平性。图 6-13 给出了各种算法的用户公平性比较，本节所提算法具有折中的公平性指标，其方差性能较好。

综上可知，WSAW 算法牺牲了公平性来获得较大的系统容量，SAE 算法的公平性能好但系统容量偏低；本节所提算法不但兼顾了用户速率的公平性，而且显著提高了系统的容量，可以实现认知 OFDM 系统中兼顾速率公平的多用户子载波功率联合分配。

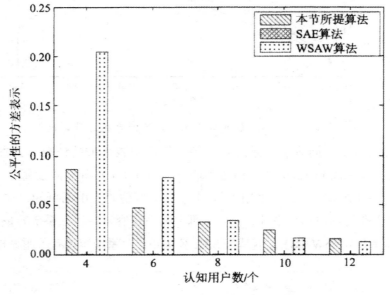

图 6-13　各种算法的公平性比较

三、基于速率公平比的子载波功率联合分配

在认知 OFDM 多用户子载波功率分配过程中，除了要使系统容量最大化，还要考虑各 SU 间的公平性倒。例如，SU 距离基站越近，所获得的信道质量越好，因此可获得较多的子载波，而距离较远的 SU 可能会因分享不到子载波而无法进行正常通信。因此，本节针对认知 OFDM 不同子信道对于容量和 SU 间比例速率的不同，提出一种在系统总发射功率限定条件下，系统容量和速率公平比可调的子载波功率联合分配算法。该方法包括子载波分配和功率分配两部分。在子载波分配算法中，引入速率公平控制参数 a，用以调节系统容量和比例速率公平性之间的比重。根据实际需要选择最佳的 a，不仅能够获得近似于最大化的系统容量，而且可以协调各 SU 之间的速率平衡。在功率分配算法中，利用线性注水算法为各 SU 的子载波分配功率。

通过引入 $a(0 \leq a \leq 1)$，将子载波分配过程分成以下两个阶段。

子载波初次分配阶段：对 $H\left(H_{K \times N} = \left\{\left|h_{k,n}\right|^2\right\}\right)$ 进行调整，将新的矩阵根据参数 a 分成两部分，第一列到第 fix(aN) 列构成的矩阵为第一部分，余下部分为第二部分。在第一部分中，采用 WSA 算法将前 fix(aN) 个子载波进行初始子载波分配，分配过程需满足条件 $N_1 : N_2 : \cdots : N_k = r_1 : r_2 : \cdots : r_k, \sum N_k = \$fix\$(aN), k = 1,2,\cdots,K$，其中 N_k 表示第 k 个 SU 在第一阶段分配到的子载波数。由于在第一阶段子载波分配过程中采用了 WSA 算法，避开了某个 SU 可能选择到对它来说最差子载波的情况，可以获得较大的系统容量。该阶段以 SU 间的子载波数作为条件粗略地实现了 SU 之间的公平性但公平性较差，因此在第二阶段进一步对公平性进行优化调整。

子载波再次分配阶段：对剩余的 $N - fix(aN)$ 个子载波进行分配，采用 Shen 算法，数据速率与比例公平比值最小的认知用户可以优先选择对它来说较好的子载波，且分配过程需满足 $R_1 : R_2 : \cdots : R_k = r_1 : r_2 : \cdots : r_k$。由此协调了各认知用户之间的公平性，使其均可获得所需的子载波进行正常通信。算法具体如下。

（1）初始化：$\rho_{k,n} = 0, k = 1,2,\cdots,K, \ n = 1,2,\cdots,N$，$\Omega_k = \phi, A = \{1,2,\cdots,N\}$，$A^* = \phi$，$U = \{1,2,\cdots,N\}$。

（2）$H_n^{\min} = \min_k h_{k,n}$，这里 $H_n^{\min}$ 为 H 的第 n 列最小值，调整 $H = [H_1, H_2, \cdots, H_N]$，使之满足 $H_1^{\min} \leq H_2^{\min} \leq \cdots \leq H_N^{\min}$。

（3）对于调整好的信道增益矩阵 H，选择前 $fix(aN)$ 列作为第一部分，以 SU 间的子载波数作为条件，即满足 $N_1 : N_2 : \cdots : N_k = r_1 : r_2 : \cdots : r_K, \sum_{k=1}^{K} N_k = fix(aN)$，进行第一阶段子载波分配。

①从第一列开始，找出该列中最大值所对应的认知用户 k^*，如果该认知用户满足 $\sum \Omega_k < N_k$，则将该子载波分配给认知用户 k^*，即 $\rho_{k^*,n^*} = 1, R_{k^*} = R_{k^*} + \log_2\left(1 + \frac{P_{k^*,n^*}\left|h_{k^*,n^*}\right|^2}{\sigma_{k^*,n^*}^2 \cdot \Gamma}\right)$，$\Omega_{k^*} = \Omega_k \cup \cup \{n^*\}, A = A - \{n^*\}$

②若 $\sum \Omega_k = N_k, U = U - \{k^*\}$，则挑选出该列次大值并将其分配给相对应的子载波数目未满的认知用户。

③根据此原则将前 $fix(aN)$ 个子载波分配给相应的 SU。

④对于由 $A = \{fix(aN) + 1, fix(aN) + 2, \cdots, N\}$ 列构成的矩阵，按照比例公平性原则进行子载波分配。若，则执行如下过程。

①挑选出符合要求的认知用户：$k^* = \arg\min\left\{\frac{R_k}{r_k}, k = 1,2,\cdots,K\right\}$。

②在 A 中，选择对第 k^* 个 SU 来说最佳的子载波 $n^* = \arg\max_{n \in AA}\left\{h_{k^*,n}\right\}$。

③更新参数：$\Omega_{k^*} = \Omega_k \cup \{n^*\}, A = A - \{n^*\}, R_{k^*} = R_{k^*} + \log_2\left(1 + \frac{P_{k^*,n^*}\left|h_{k^*,n^*}\right|^2}{\sigma_{k \cdot n}\Gamma}\right)\Gamma$。

完成子载波分配后，采用线性注水算法进行功率分配。

将本节所提算法与 WSA 算法和 Shen 算法分别进行仿真比较与性能分析。假设每个子载波的噪声功率均为 1，误码率为 10^{-5}，无线信道为锐利衰落信道。

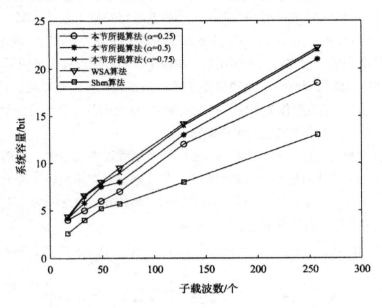

图 6-14　不同子载波数下不同算法的系统容量比较

图 6-14 给出了在不同的子载波数下，本节所提算法在速率公平控制参数 a 为不同情况时（a=0.25，0.5，0.75）与 WSA 算法口刀和 Shen 算法⑶的系统容量比较。参数设置为：K=8，N=16，32，48，64，126，256，$r_1 : r_2 : \cdots : r_J$ =1:1:⋯:1。由图可知，在相同的子载波数下，WSA 算法获得的系统容量最大，而 Shen 算法获得系统容量最小，本节所提算法获得的信道容量居于两种算法之间，并随着速率公平控制参数 a 的变化而变化：当 a=0.25 时，本节所提算法获得的系统容量在子载波数小于 64 时接近于 Shen 算法，而在子载波数大于 64 时明显大于 Shen 算法；随着子载波数的增大，两者获得系统容量的差距也逐渐增大。当 a=0.5 时，本节所提算法获得的系统容量居于两种算法之间，系统容量仍小于 WSA 算法。当 a=0.75 时，本节所提算法获得的系统信道容量几乎与 WSA 算法相同，这是由于子载波分配的第一阶段占整个算法过程的比重较大，故在第一阶段采用 WSA 算法进行子载波分配。

图 6-15 给出了在不同认知用户数和不同速率公平控制参数 a（a=[0.25，0.5，0.75]）下，本节所提算法与 WSA 算法、Shen 算法获得的系统容量比较。参数设置为：N=128，K=2，4，6，8，10，12。由图可知，本节所提算法由于兼顾了认知用户的比例公平性，系统容量居于上述两种算法之间，且通过调整速率公平控制参数 a 可以得到不同的系统容量，当 a=0.75 时可以获得近似于 WSA 算法的系统容量。

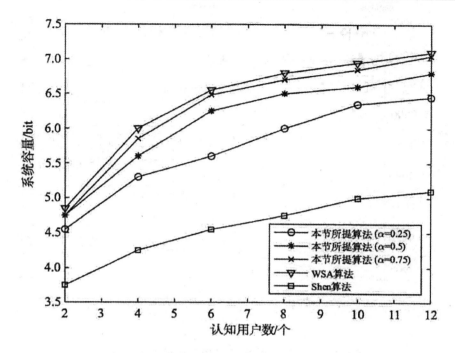

图 6-15　不同子载波数下不同算法的系统容量比较

本节利用公平性参数来衡量各认知用户间的比例公平性，公平性参数定义为

$$F = \frac{\left(\sum_{k=1}^{K} \frac{R_k}{\gamma_k}\right)^2}{K \sum_{k=1}^{K} \left(\frac{R_k}{\gamma_k}\right)^2}, F \in (0,1]$$，随着 F 的增加，用户间的公平性也增强，此时 $\frac{R_k}{\gamma_k}$ 越接

近于相等，当 $\frac{R_1}{\gamma_1} = \frac{R_2}{\gamma_2} = \cdots = \frac{R_k}{\gamma_k}$ 时，F 达到最大值 1，用户间的公平性得到最大的满足。

图 6-16 给出了在不同 a 情况下，本节所提算法与 WSA 算法、Shen 算法的公平性比较。由图可知，当 a=0.25 和 a=0.5 时，本节所提算法认知用户间的公平性要优于 Shen 算法；当 a=0.75 时，本节所提算法具有与 Shen 算法相似的公平性；无论 a 取何值，本节所提算法的公平性均显著优于 WSA 算法，这是因为本节所提算法在子载波分配的第二阶段，系统容量与比例公平比值最小的用户优先选择了子载波。

综合上述的仿真结果分析可知，本节所提算法引入速率公平控制参数 a，将子载波分成两部分，以调整系统容量与公平性之间的比值，可以根据实际应用的需要选择合适的 a，因此在牺牲一定系统容量的前提下，本节所提算法保障了认知用户之间的公平性，且系统容量及公平性均优于 Shen 算法。

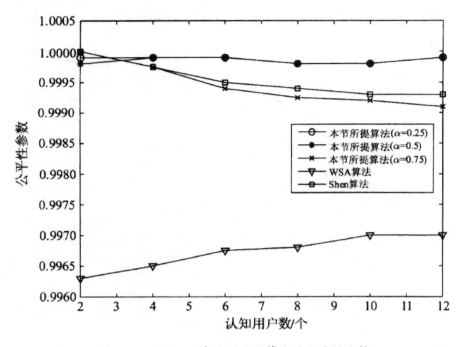

图 6-16 　不同 α 情况下不同算法的公平性比较

四、基于信道容量的认知 OFDM 多用户子载波功率联合分配

目前国内外关于多用户认知 OFDM 子载波功率联合分配算法的研究，大多在子载波分配阶段均假定各子载波等功率分配，但在实际中各子载波内分配到的功率并不相同，以等功率计算容量并不能实现系统容量最大化。Zhang 等提出了最佳信道容量优先（bestchannelcapacityfirst，BCCF）算法，在子载波分配过程中采用注水算法获得各 SU 在每个子载波上的信道容量，基于信道容量为其分配所需的子载波，该算法虽然解决了上述问题，但是对系统容量的提升并不明显。本节在 BCCF 算法的基础上，结合 Wong 算法的思想，提出在 RA 准则下基于信道容量的多用户认知 OFDM 子载波功率联合优化分配改进算法。该算法将子载波分配过程分成两个阶段，子载波初次分配阶段通过注水算法得到各认知用户在各子载波上的信道容量，在此基础上根据较差容量子载波避免原则进行子载波初次分配。子载波再次分配阶段通过交换任意两个认知用户的子载波以最大化系统容量为目标进行优化调整。子载波分配完成后，为各认知用户分配到的子载波分配功率。

（一）子载波分配算法

在子载波初次分配阶段，通过注水算法求出各认知用户和子载波的相应容量，建立信道容量矩阵 $R\left(R_{K \times N}=\left\{R_{k,n}\right\}\right)$，采用 WSA 算法的思想进行子载波分配。

在子载波再次分配阶段，虽然前面采用 WSA 算法成功避免了将具有最差信道容量的子载波分配给 SU，但在最后的分配阶段，由于 SU 受到传输要求的限制，可分配的子载波数受限，只能将较差信道容量的子载波分配给某个 SU。因此，本节所提算法采用类似于 Wong 算法的优化调整思想，建立容量增量表以最大化系统容量为目标对各 SU 初次获得的子载波进行优化调整。

子载波分配算法具体如下。

1. 子载波初次分配阶段

（1）初始化。$\rho_{k,n}=0, k=1,2,\cdots,K,\ n=1,2,\cdots,N, \Omega_k=\phi, A=\{1,2,\cdots,N\}, A^*=\phi, U=\{1,2,\cdots,K\}$。

（2）建立信道容量表。根据注水法[30]得到各 SU 在每个子载波上的发射功率为

$$P_{k,n}=\left(P_T+\sum_{j=1}^{N}1/H_{k,j}\right)/N-1/H_{k,n} \tag{6-42}$$

式中，$H_{k,n}=\dfrac{|h_{k,n}|^2}{\sigma_{k,n}^2\Gamma}$。

根据发射功率 $P_{k,n}$，可计算信道容量：

$$r_{k,n}=\log_2\left(1+P_{k,n}H_{k,n}\right) \tag{6-43}$$

从而建立信道容量矩阵 $R\left(R_{K\times N}=\{R_{k,n}\}\right)$。

（3）调整信道容量矩阵。$R_n^{\min}=\min_k r_{k,n}$，这里，$R_n^{\min}$ 为信道容量矩阵 R 的第 n 列最小值，调整 $R=[R_1,R_2,\cdots,R_N,]$，使之满足 $R_1^{\min}\leqslant R_2^{\min}\leqslant\cdots\leqslant R_N^{\min}$。

（4）子载波分配。对于调整好的信道增益矩阵 R，从第一列开始，找出该列中最大值所对应的认知用户 k^*，若该认知用户满足 $\sum\Omega_k<N_k$，则将该子载波分配给认知用户 k^*，$\rho_{k^*,n^*}=1$ 更新 $\Omega_k=\Omega_k\cup\{n^*\}, A=A-\{n^*\}$；若 $\sum\Omega_k=N_k, U=U-\{k^*\}$，则寻找该列的次大值，重复上述过程进行子载波分配，直到将所有子载波均分配出去。

2. 子载波再次分配阶段

（1）以最大化系统容量为目标将任意两个 SU 获得的子载波（子信道）进行优化调整。设 $\Delta C_{i,j}$ 表示将原来分配给用户 i 的子载波重新分配给用户 j 所产生的容量增量，$\Delta C_{j,i}$ 表示将原来分配给用户 j 的子载波重新分配给用户 i 所产生的容量增量，表示用户和用户之间交换子载波所产生的最大容量增量。

（2）对所有用户 K，每两个用户之间交换子载波，计算 $C_{i,j}(i,j=1,2,\cdots,K)$ 且 $i>j$，建立容量增量表，并找出 $\{C_{i,j}\}$ 中的最大值以及对应的用户和子载波。

（3）若，则认为此次优化调整有效，交换该两个之间的子载波。

（4）重复上述优化调整过程直到所有 $C_{j,i}\leqslant 0$，即信道容量不再增加，子载波再次分配阶段完成。假设认知用户数 $K=1$，子载波数 $N=6$，为了保证公平性，每个认知用

户均分子载波，总功率 $P_T = 1|dB$，相声功率 $\sigma_{k,n}^2 = N_{0|B} = 1$，$\text{Pr}_b = 10^{-5}$。原始信道矩阵如表 6-2 所示，信道容量矩阵 R 如表 6-3 所示，表 6-4 给出了采用 WSA 算法基于信道容量的子载波初次分配结果。表 6-5 为子载波分配情况，可知子载波 {2,5}、{1,3}、{4,6} 分别分配给用户 1、2、3 表 6-6 给出了经过第二阶段优化调整后的分配状况，第 1 个 SU 分配到子载波 {2,5}，第 2 个 SU 分配到子载波 {1,4}，第 3 个 SU 分配到占用子载波 {3,6}。

表 6-2　本节子载波分配算法实例（原始信道矩阵）

认知用户	子载波 1	子载波 2	子载波 3	子载波 4	子载波 5	子载波 6
用户 1	1.4870	0.9306	1.3686	0.2089	2.1636	0.5511
用户 2	1.0410	0.8493	0.6665	1.1892	0.4603	L1005
用户 3	1.0338	0.3346	1.5010	1.5143	1.5580	1.5741

表 6-3　本节子载波分配算法实例（信道容量矩阵）

认知用户	子载波 1	子载波 2	子载波 3	子载波 4	子载波 5	子载波 6
用户 1	0.3243	0.2116	0.3043	0	0.4144	0.0856
用户 2	0.2057	0.1568	0.0985	0.2377	0.0095	0.2191
用户 3	0.1856	0	0.2753	0.2774	0.2842	0.2867

表 6-4　本节子载波分配算法实例（子载波初次分配结果）

认知用户	子载波 1	子载波 2	子载波 3	子载波 4	子载波 5	子载波 6
用户 1	0.3243	0.2116	0.3043	0	0.4144	0.0856
用户 2	0.2057	0.1568	0.0985	0.2377	0.0095	0.2191
用户 3	0.1856	0	0.2753	0.2774	0.2842	0.2867

表 6-5　本节子载波分配算法实例（子载波分配情况）

认知用户	子载波 1	子载波 2	子载波 3	子载波 4	子载波 5	子载波 6
用户 1	0	1	0	0	1	0
用户 2	1	0	1	0	0	0
用户 3	0	0	0	1	0	1

表 6-6　本节子载波分配算法实例（子载波再次分配情况）

认知用户	子载波 1	子载波 2	子载波 3	子载波 4	子载波 5	子载波 6
用户 1	0	1	0	0	1	0
用户 2	1	0	0	1	0	0
用户 3	0	0	1	0	0	1

（二）功率分配算法

传统注水算法在经过多次迭代后会产生很大的计算量，从而影响系统性能。与 523 节相同，本节所提算法采用线性注水算法，在初始时就确定哪些子载波不需要分配功率，从而大大减小了计算量。

将本节所提算法与 Wong 算法、WSA 算法[17]和 BCCF 算法进行仿真比较与分析。假设每个子载波的噪声功率均为 1，误码率为 10^{-5}，无线信道为锐利衰落信道。

图 6-17 给出了不同子载波下本节所提算法与 Wong 算法、BCCF 算法、WSA 算法获得的系统容量比较。由图可知，无论子载波数取何值，本节所提算法获得的系统容量优于 WSA 算法和 BCCF 算法，并与 Wong 算法近似。究其原因，一方面，在子载波初次分配阶段，不仅解决了子载波分配过程中计算容量时采用等功率方式造成的系统容量不准确问题，而且采用 WSA 算法的分配思想成功避免了将最差信道容量的子载波分配给 SU。另一方面，在子载波再次分配阶段，建立了与 Wong 算法相似的容量增量表，以最大化系统容量为目标对子载波初次分配进行了优化调整。

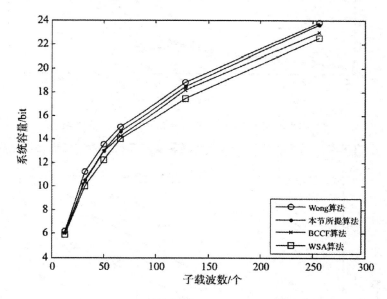

图 6-17　不同子载波下不同算法的系统容量比较

图 6-18 给出了在不同信噪比下，本节所提算法与 Wong 算法、BCCF 算法、WSA 算法的系统容量比较。由图可知，在相同的信噪比下，本节所提算法获得的系统容量大于 WSA 算法与 BCCF 算法，与 Wong 算法相当。

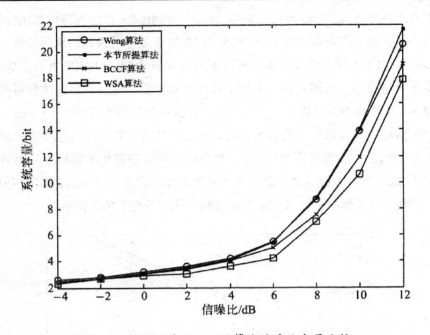

图 6-18 不同信噪比下不同算法的系统容量比较

图 6-19 给出了在不同子载波下，本节所提算法与 Wong 算法在优化调整阶段的

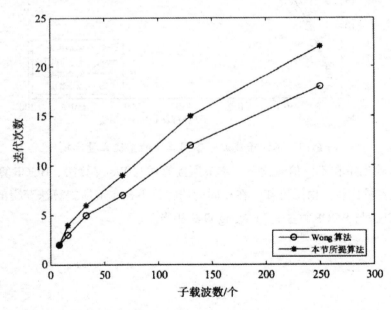

图 6-19 不同子载波下不同算法在优化调整阶段的迭代次数比较

迭代次数比较。本节所提算法的总迭代次数为 $2N(K-1)+2N\ln N+aN^2/2$，Wong 算法的总迭代次数为 $N(N-1)/bN^2/2$，其中 a、b 均为第二阶段的迭代次数，本节所提算法与 Wong 算法在初次分配阶段的计算复杂度分别为 $O(NK)$、$0(N^2)$。若 a 比 b 多一个及

以上数量级的迭代调整次数，则本节所提算法在子载波初次分配阶段，并未显著降低计算复杂度。由图可知，子载波数越多，两种算法在子载波优化调整阶段的迭代次数就越多，在相同条件下，本节所提算法的迭代次数高于 Wong 算法，但所增加的数量并未达到一个数量级。因此，本节所提算法相对于 Wong 算法来说，其计算复杂度降低，且有效减少了系统能耗。

五、能效优先注水因子辅助搜索的子载波功率联合分配

针对认知无线网络中以高频带利用率为目标进行资源分配易出现网络能效低的问题，本节提出一种采用能效优先注水因子辅助搜索的子载波功率联合优化（EE-WFAS）算法。首先，以最大化认知用户总能效作为优化目标，在认知用户发射功率控制、主用户干扰功率限制和认知用户最低信息传输速率限制等多个约束条件下，构造最优化函数；然后，通过能效优先子载波分配与注水因子辅助搜索（WFAS）的功率分配求解优化函数，即根据认知用户的信道增益和能效进行子载波分配；最后，对拉格朗日乘子通过二分查找法进行迭代，采用以能效为目标的功率分配方法。EE-WFAS 算法可以在认知用户信息传输速率限制条件下保证系统的总能效。

设存在 L 个未被 PU 占用的子载波，对于第 $m(1 \leq m \leq M)$ 个 SU 接收端，其在第 $n(1 \leq n \leq L)$ 个子载波上的接收信号 $y_{m,n}$ 为

$$y_{m,n} = h_{m,n} x_{m,n} + N_{m,n}^{\circ} + N_{m,n}^{I} \qquad (6\text{-}44)$$

式中，$h_{m,n}$ 为第 m 个 SU 在第 n 个子载波上传输时的信道衰落因子；$x_{m,n}$ 为第 m 个 SU 在第 n 个子载波上的发送信号；$N_{m,n}^{\circ}$ 为第 m 个 SU 在第 n 个子载波上传输时的信道噪声；$N_{m,n}^{I}$ 为 PU 对第 m 个 SU 第 n 个子载波的干扰噪声，此处未考虑 PU 到每个 SU 载波上的增益。

记第 m 个 SU 在第 n 个子载波上的传输功率为 $P_{m,n} = E\left(|x_{m,n}|^2\right)$。令噪声总和为 $g_{m,n} = N_{m,n}^0 + \left|E\left(|N_{m,n}|^2\right)\right|$，第个在第个信道传输信息时的信道增益）。考虑到干扰功率对系统的影响，本节采用信干躁比（signaltointerferenceplusnoiseratio，SINR）γ 来表示传输信号功率与总噪声（噪声与干扰）功率的比值。第 m 个 SU 在第 n 个子载波上的信息传输速率为

$$r_{m,n} = W \log_2 \left(1 + g_{m,n} P_{m,n}\right) \qquad (6\text{-}45)$$

式中，$r_{m,n}$ 为信息传输速率，bit/s；W 为每个子载波的带宽，Hz。

在交互式情况下，当 PU 占用第 n 个子载波时，SU 无法使用第 n 个子载波。如果第 n 个子载波未被 PU 占用，SU 检测出子载波 n 被 PU 占用，则发生虚警，相应的虚警概率记为 $\Pr_{f,m,n}$。此时，由于 SU 检测错误，子载波 n 被判断为无法分配给第 m 个

SU，导致总的信息传输速率减小。第 n 个子载波未被 PU 占用，若 SU 成功检测到，则此事件发生概率为 $1-\text{Pr}_{f,m,n}$。虚警概率 $\text{Pr}_{f,m,n}$ 可以表示为

$$\text{Pr}_{f,m,n}=\text{Pr}_f\frac{\Gamma\left(D/2,\lambda/\left(2\sigma^2\right)\right)}{\Gamma\left(D/2\right)} \tag{6-46}$$

式中，D 为影响虚警概率 $\text{Pr}_{f,m,n}$ 变化的自由度因子，其数值等于时间带宽积的两倍；σ^2 为方差是 1 的非中心卡方分布；λ 为判决门限；$\Gamma(\bullet,\circ)$ 为不完全伽马函数[32]。在本节中，不失一般性，考虑各 SU 对第 n 个子载波的值 $\text{Pr}_{f,m,n}$（记为 Pr_f）均相同的情况。

第 m 个 SU 的信息传输速率 R_m 和传输功率 P_m 分别为

$$R_m=\sum_{n=1}^{L}\alpha_{m,n}\left(1-\text{Pr}_f\right)r_{m,n}=\sum_{n=1}^{L}W\alpha_{m,n}\left(1-\text{Pr}_f\right)\log_2\left(1+g_{m,n}P_{m,n}\right) \tag{6-47}$$

$$P_m=\sum_{n=1}^{L}\alpha_{m,n}P_{m,n} \tag{6-48}$$

式中，$\alpha_{m,n}$ 的取值为 0 或 1，$\alpha_{m,n}=0$ 表示子载波 n 不分配给第 m 个 SU，$\alpha_{m,n}=1$ 表示子载波 n 分配给第 m 个 SU。

由于一个子载波最多只能分配给一个 SU，则有

$$\sum_{m=1}^{M}\alpha_{m,n}\leqslant1 \tag{6-49}$$

第 m 个 SU 的总功率 $P_{s,m}$ 为

$$P_{s,m}=\zeta_m P_m+P_c \tag{6-50}$$

式中，P_c 为电路功率；ζ_m 为产生单位传输功率所需的功率放大系数。

根据式（5-45）和式（5-48），SU总信息传输速率 R 和总传输功率 P_s 分别为

$$R=\sum_{m=1}^{M}R_m=\sum_{m=1}^{M}\sum_{n=1}^{N}W\alpha_{m,n}\left(1-\text{Pr}_f\right)\log_2\left(1+g_{m,n}P_{m,n}\right) \tag{6-51}$$

$$P_s=\sum_{m=1}^{M}P_{s,m}=\sum_{m=1}^{M}\zeta_m P_m+P_c \tag{6-52}$$

因此，认知无线网络的总能效 ε 和第 m 个认知用户的能效 ε_m 分别为

$$\varepsilon=\frac{R}{P_s} \tag{6-53}$$

$$\varepsilon_m=\frac{R_m}{P_{s,m}} \tag{6-54}$$

第 m 个 SU 的能效优化模型为

目标问题 1：

$$\max_{P_{m,n}}\varepsilon_m=\frac{R_m}{\zeta_m\sum_{n=1}^{L}P_{m,n}+P_c}$$
$$s.t.\sum_{n=1}^{L}\alpha_{m,n}P_{m,n}\leqslant P_m^{th}$$
$$\alpha_{m,n}\geqslant0$$

$$\sum_{n=1}^{M} P_m^{th} \leqslant P^{th}$$

$$\sum_{n=1}^{L} \alpha_{m,n}\left(1-\mathrm{Pr}_f\right)r_{m,n} \geqslant R_m^{th} \qquad (6\text{-}55)$$

$$\sum_{n=1}^{L} \alpha_{m,n}\beta_{m,n}P_{m,n} \leqslant I_m^{th}$$

式中，P_m^{th} 为第 m 个 SU 的传输功率阈值；P^{th} 为 M 个 SU 的总传输功率阈值；P_m^{th} 为第 m 个 SU 的最低信息传输速率阈值；I_m^{th} 为 PU 的干扰功率阈值；$\beta_{m,n}$ 为功率耗散因子。

首先对每个 SU 进行子载波分配，然后对子载波分配后的 SU 进行 WFAS 功率分配。WFAS 功率分配问题是以能效为目标的非凸优化问题，本节通过将非凸优化问题转化为凸优化问题进行求解。

子载波分配算法流程如算法 1 所示。X_m 表示第 m 个 SU 的子载波集合，Z 表示剩余未被分配的子载波。在该子载波分配算法中，假定功率平均分配在每个子载波上。为了满足基本的最低传输速率要求，先找出 M 个 SU 中信息传输速率 R_m 小于信息传输速率国值 R_m^{th} 的 SU，并且让 R_m 与信息传输速率阈值 R_m^{th} 相差最大的 SU 优先从剩余的子载波中选择子载波，然后找出 SU 到基站最佳信道条件的子载波，将该子载波分配给该 SU。同时，为了提高每个 SU 的能效，找出能效最低的 SU 和该 SU 对应最佳信道条件的子载波，如果使用这个子载波可以提高能效，则向该 SU 分配子载波；如果无法提高，则终止算法。

算法 1　子载波分配算法

（1）初始化：$R_m = 0, X_m = \phi, 1 \leqslant m \leqslant M, Z = \{1,2,\cdots,L\}$。

（2）循环。

①找出所有满足条件 $R_{m^*} < R_{th}^{th}$ 和 $R_{m^*} - R_{m^*}^{th} \leqslant R_m - R_m^{th}$ 的最优 m^*。

②找出对应 m^* 中满足条件 $g_{m^*,n^*} \geqslant g_{m^*,n}, n \in Z$ 的最优 n^*。

③更新 $X_{m^*} = X_{m^*} \cup \{n^*\}, Z = Z - \{n^*\}, R_{m^*} = R_{m^*} + \log_2\left(1 + g_{m^*,n^*}^{th}/L\right)$。当 $Z = \phi$ 或对于所有的 m 都有 $R_m \geqslant R_m^{th}$ 时结束循环。

（3）计算：$P_m = |X_m| P^{th}/L, \varepsilon_m = \dfrac{R_m}{\zeta_m R_m + P_c}$。

（4）若 Z 为空集，则：

①找出对所有满足条件 $\varepsilon_{m^*} \leqslant \varepsilon_m$ 的最优 m^*。

②找出对应 m^* 中满足条件 $g_{m^*,n^*} \geqslant g_{m^*,n}, n \in Z$ 的最优 n^*。

③如果 $\dfrac{R_{m^*} + \log_2\left(1 + g_{m^*,n^*} P^{th}/L\right)}{\zeta_m\left(R_{m^*} + P^{th}/L\right) + P_c} \geqslant \varepsilon_{m^*}$，则更新 $X_{m^*} = X_{m^*} \cup \{n^*\}, Z = Z - \{n^*\}$,

$P_{m^*} = P_{m^*} + P^{th}/L, \varepsilon_{m^*} = R_{m^*}/(\zeta_m P_m + P_c)$；否则，结束循环。

（5）输出：P_m、X_m 和 ε_m。

完成基于能效的 SU 子载波分配后，在分配的子载波内采用二分查找法结合 WFAS 算法进行以能效为目标的功率分配。本节采用 WFAS 算法对 M 个 SU 分别进行功率分配。完成子载波分配后，第 m 个 SU 能效的优化问题如下。

目标问题 2：

$$\max_{P_{m,n}} \varepsilon_m = \frac{\sum_{n \in X_m} W(1-\mathrm{Pr}_f)\log_2(1+g_{m,n},P_{m,n})}{\zeta_m \sum_{n \in X_m} P_{m,n} + P_c}$$

$$s.t. \sum_{n \in X_m} P_{m,n} \leqslant P_m^{th} \tag{6-56}$$

$$P_{m,n} \geqslant$$

$$\sum_{n \in X_m}(1-p_f)r_{m,n} \geqslant r_m^{th}$$

$$\sum_{n \in X_m} \beta_{m,n} P_{m,n} \geqslant I_m^{th} \tag{6-57}$$

ε_m 是一个关于 $P_{m,n}$ 的非凸函数，则目标问题 2 是一个非凸优化问题。在 WFAS 算法中，令限制条件集合 $S_1 = \left\{ P_{m,n} \geqslant 0, \sum_{n \in X_m} |\beta_{m,n} P_{m,n} \leqslant I_m^{th} \right\}$，$S_1$ 中的限制条件是关于 $P_{m,n}$ 的凸函数。构造系统信息传输速率函数为

$$R(P_m, S_1) = \sum_{n \in X_m} P_{m,n} \leqslant P_m^{th}, P_{m,n} \in S_1 \sum_{n \in X_m} W(1-\mathrm{Pr}_f)\log_2(1+g_{m,n}P_{m,n}) \tag{6-58}$$

将目标问题 2 可以转化为以下问题。

目标问题 3：

$$\max \varepsilon_m(P_m, S_1) = \frac{R(P_m, S_1)}{\zeta_m P_m + P_c} \tag{6-59}$$

$$s.t. P_m \leqslant P_m^{th}$$

$$R(P_m, S_1) \geqslant P_m^{th} \tag{6-60}$$

由于 $R(P_m, S_1)$ 是一个凸优化问题，可利用卡罗许 - 库恩 - 塔克（Karush-Kuhn-Tucker，KKT）条件，结合拉格朗日乘子法，求得第个在第 m 个 SU 子载波上的

功率分配优化解为

$$P_{m,n} = \left(\frac{W(1-\mathrm{Pr}_f)}{(u+\beta_{m,n}v)\ln 2} - \frac{1}{g_{m,n}} \right)^+ \tag{6-61}$$

式中，分别为第 m 个 SU 的发射功率限制和干扰功率限制的拉格朗日乘子。WFAS 功率分配算法如算法 2 所示。该算法利用两个拉格朗日乘子结合二分查找方法和注水算法求出优化的功率分配结果 P_m^*、P_m^*，以及对应的 $R(P_m^*, S_1)$、$\varepsilon_m(P_m^*, S_1)$，进而求出对应于每个 SU 的能效 $\max_{p_{m,n}} \varepsilon_m$ 以及所有 M 个 SU 的总能效 $\max_{p_{m,n}} \varepsilon$。

算法 2WFAS 功率分配算法

（1）初始化：$P_m^{\min} = 0, P_m^{\max} = P_m^{th}$。

（2）循环。

（1）令 $P_m = \left(P_m^{\min} + P_m^{\max}\right)/2$。

（2）通过算法 3 求得 $u/P_{m,n}$ 和 $R(P_m, S_1)$。

（3）如果 $R(P_s, S_1) \leq R_m^{th}$ 成立，或者 $P_m \leq R_m^{th}$ 与 $u \geq \zeta_m R(P_m, |S_1|)/(\zeta_m P_m + P_c)$ 同时成立，则；否则。

当 $P_m^{\max} - P_m^{\min} < \delta_1$ 时结束循环，其中 δ_1 表示收敛精度，它是一个很小的常数。

（3）输出：$P_{m,n}^* = P_{m,n}, P_m^* = P_m$。

算法 3 求解信息传输速率函数 $R(P_m, S_1)$

（1）初始化：$u^{\max} = W(1 - \mathrm{Pr}_f) \max\left(g_{m,n}\right)/\ln 2, u^{\min} = 0$。

（2）循环。

①令 $u = \left(u^{\min} + u^{\max}\right)/2$。

②通过二分查找方法找出满足干扰限制 $\sum_{n \in X_m} \left| \beta_{m,n} \left(\dfrac{W(1 - \mathrm{Pr}_f)}{u + \beta_{m,n} v \ln 2} - \dfrac{1}{g_{m,n}}\right)^+ \right| \leq I_m^{th}$ 的

最小 v 值，$v > 0$。

③如果 $\sum_{n \in X_m} \left| \left(\dfrac{W(1 - \mathrm{Pr}_f)}{u + \beta_{m,n} v \ln 2} - \dfrac{1}{g_{m,n}}\right)^+ \right| \geq P_m$，则 $u^{\min} = u$；否则 $u^{\max} = u$；当 $u^{\max} - u^{\min} < \delta_2$ 时

结束循环，其中 δ_2 表示收敛精度，它是一个很小的常数。

（3）输出：$u, P_{m,n} = \left(\dfrac{W(1 - \mathrm{Pr}_f)}{u + \beta_{m,n} v \ln 2} - \dfrac{1}{g_{m,n}}\right)^+, R(P_m, S_1) = \sum_{n \in X_m} \left| W(1 - \mathrm{Pr}_f) . \log_2\left(1 + g_{m,n} P_{m,n}\right) \right|$。

本节通过 MATLAB 软件仿真 EE-WFAS 算法的能效。仿真参数设置如下[33,34]。

假设归一化噪声功率为 $N_{0|B} = 1$，每个子载波的带宽 $W = 15kHz$，每个 PU 的干扰阈值 $I_m^{th} = 0.2 N_{0|B}$，最低信息传输速率阈值 $R_m^{th} = 20kbit/s \circ g_{m,n}$ 为均值为 1 的指数分布随机数，$\beta_{m,n}$ 在子载波分配以后取 0.04,0.1,0.2,0.4,0.4,0.2,0.1,0.04,0.04,0.1,0.2,0.4,0.4,0.2,0.1,0.04 的前 $|X_m|$ 个数。收敛精度 $\delta_1 = 10^{-3}, \delta_2 = 10^{-5}$。

图 6-20 给出了本节所提算法与子载波功率平均分配算法、传统注水算法功率分配算法的 SU 能效比较。设 $M = 8, L = 64$，自由度 $D = 2$，判决门限 $\lambda = 20$，功耗放大系数 $\zeta_3 = 3$，电路功耗 $P_c = 10$ W，信干燥比 y=10 dB。子载波功率平均分配算法采用算法 1。由图可知，在子载波分配之后对每个 SU 进行 WFAS 功率分配（即算法 2），SU 的能效提高了约 1.2 kbit/J。传统注水算法未考虑 PU 干扰功率限制，而本节所提算法在对 PU 的干扰功率限制条件下有效保证了每个 SU 的能效。例如，对于单个 SU，本节所提算法考虑了 PU 干扰功率限制的条件，能效比传统注水算法下降了 1.5~4 kbit/J。

图 6-21 给出了单个 SU 和多个 SU 在不同位干燥比产下的总能效曲线。设自由度 D=2， λ =20， ζ_m =3， P_c =10 W 时。当 M=1、L=8 时，对比子载波功率平均分配算法，本节所提算法显著提高了系统能效。对比单个 SU 采用 WFAS 进行功率分配的情况（M=1，L=8，即 8 个子载波均分配给单个 SU，未考虑子载波分配情况），在子载波分配阶段，随着 y 增大，部分子载波将被分配给 SU。在 y 较大时，本节所提方案与常规方案分配的子载波数不同，从而在功率分配阶段能效相对偏低。

图 6-22 给出了在不同信干燥比下自由度 D 对系统总能效的影响。其中，M=8，L=64， ζ_m =3，Pc=10 W， λ =5。由于 D 和是影响虚警概率的两个重要参数，此处为了适度凸显自由度。的变化对系统能效的影响，假设门限 4=5。由图可知，在不同 y 下，随着自由度 D 的增大，系统总能效先降低后提高，当 D=4 时系统总能效为最低；虚警概率则呈现先增加后减少的趋势，直接影响了系统能效的变化。当自由度 D 一定时，能效随着 y 的增加显著提高。

图 6-23 给出了在不同信干躁比下电路功耗 Pc 和功耗放大系数 ζ_m 对系统总能效的影响。其中，M=8，L=64，D=2，λ =20。可以看出，当 a 和 m 增加时，系统总能效下降，且 P_c 对总能效的影响非常显著。当 ζ_m =3、 P_c =10W 时，可以获得最大的系统总能效。此外，随着 y 的增加，系统总能效也显著增大。

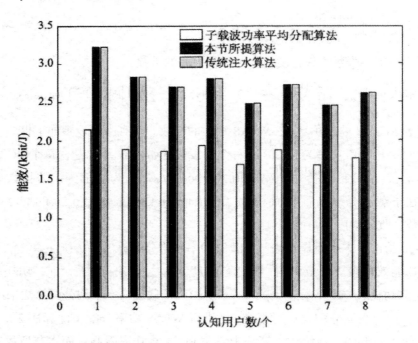

图 6-20 不同算法下的 SU 能效比较

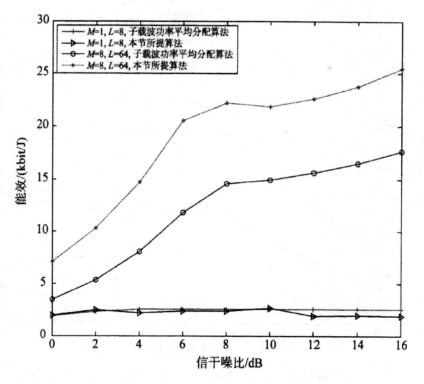

图 6-21　不同信干燥比下的 SU 总能效曲线

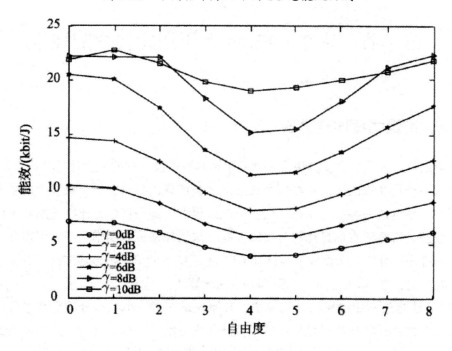

图 6-22　不同自由度下的系统总能效变化曲线

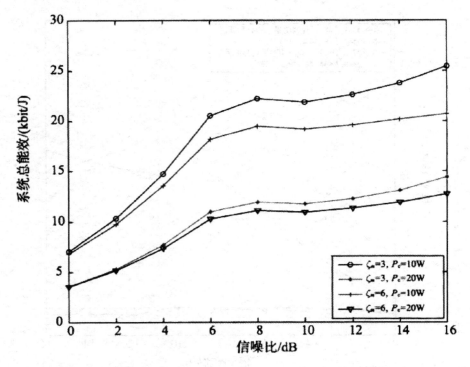

图 6-23　不同电路功耗与功耗放大系数下的系统总能效变化曲线

第三节　认知 OFDM 多用户比特分配技术

一、传统比特加载算法

在单用户情况下，贪婪算法是一种基于裕量自适应准则的最优比特分配算法，HH算法就是一种贪婪算法。由于在每个载波上加载信息比特时，每个载波上的功率增量是不同的，根据这一特性，在每次比特分配过程中，都是将信息比特分给功率增量最小的子载波，直至所有信息比特分配完。此方法消耗系统总功率最小，但需要进行额外搜索和排序，算法复杂度较大。认知 OFDM 系统下的单用户自适应比特分配主要有三种经典算法：HH 算法、Chow 算法和 Fischer 算法。

HH 算法是最常用的比特分配算法。其原理是在每一个比特分配循环过程中，选择加载一个信息比特功率增量最小的子载波优先分配一个信息比特，直至所有的信息比特分配完。对于一个有 n 个子载波的单用户，其功率增量的数学表达式为

$$\Delta P_n = \left[f(b_n + 1) - f(b_n) \right] / |h_n|^2 \qquad (6\text{-}62)$$

式中，$f(b_n)$ 为各个用户在子载波上传输 b_n 比特所需的传输功率，$f(b_n)$ = $\dfrac{N_0}{3} \left[Q^{-1}(\mathrm{Pr}_e / 4) \right]^2 (2^{b_n} - 1)$；$h_n$ 为第 n 个载波上的信道增益；Pr_e 为目标误码率。

Chow 算法是一种在发射功率受限条件下的性能余量最大化算法。该算法通过不断迭代的过程，来调整系统的性能余量，但是要求迭代过程求出的分配比特数为整数，所以每次求出的比特需要进行取整运算。算法迭代过程的比特数和单位时间内信息传输速率的计算公式为

$$b(n) = \log_2 \left(1 + \frac{SNR(n)}{\gamma + \gamma_{margin}} \right) \qquad (6\text{-}63)$$

$$R = \sum_{n=1}^{N} b(n) \qquad (6\text{-}64)$$

式中，$SNR(n)$ 为各个载波上的信噪比；γ 为信噪比间隔；γ_{margin} 跃为性能余量。

迭代完成后还需进行比特调整，使得通过式（6-64）求出的速率和目标速率一致，最后根据比特分配结果求出各个用户的功率。

Fischer 算法是一种误码率最小化算法。该算法适用于不改变传输功率和信息传输速率的情况，通过自适应分配的方法来使各个信道的信噪比最大，从而使得误码率最小。该算法只适用于某些特定的系统。

以 HH 算法为例进行比特分配。具体步骤描述如下。

（1）初始化。对于 $n - 1, 2, \cdots, N$，令 $b_n = 0$，计算 $\Delta P_n = (f(1) - f(0)) / |h_n|^2$。

（2）比特分配。重复下述步骤 R_{total} 次。

①对于 $n - 1, 2, \cdots, N$，找到 $n^* = \arg\min_{n=1,2,\cdots,N^\Delta} P_n$。

②为该子载波分配一比特数据，$b_n = b_n + 1$。

③更新子载波 n^* 上额外加载一比特所需增加的功率为 $\Delta P_{n^*} = (f(b_{n^*} + 1) - f(b_{n^*})) / |h_n|^2$。

④重复上述过程直到 R_{total} 比特被全部分配完。

（3）结束。通过上述计算过程，所得到的 $\{b_n\}_{n=1,2,\cdots,N}$ 就是最后的比特分配方案。这是最典型的贪婪算法，其计算复杂度是 $O(R_{total} N \log_2 N)$，这是一些实际系统所无法接受的，可以通过设置每次加载的比特数来调整计算复杂度，但会对最终分配结果造成影响，且计算复杂度没有本质的改变。

值得注意的是，只有在给定函数 $f(b)$ 之后，上述方法才可能是最优的，而 $f(b)$ 取决于所选择的调制方案。

在单用户环境中，贪婪算法是一种最优的算法，它使得总的传输功率最小。但是，这种算法在多用户环境中变得很复杂。由于多用户不能共享同一个子载波，对一个子载波分配比特严重妨碍了其他用户对此子载波的使用，这种依赖性使得贪婪算法不再

是最优的解决方案。

二、改进的比特加载算法

考虑算法的最优性就要牺牲算法的计算复杂度，考虑了算法的计算复杂度就要牺牲算法的最优性。本节介绍一种新的比特分配算法，既考虑算法的最优性又兼顾算法的计算复杂度。该算法基于加载在子载波上的每一比特所需的功率呈等比数列增加，利用代数几何平均不等式（AM-GMmeansinequality）求解每个子载波上所需加载的比特数。

假设加载在第 n 个子载波上的传输功率为 P_{n,b_n}，用来表示连续加载在第 n 个子载波上的每一个额外比特所需要的能量之和：

$$P_{n,b_n} = \sum_{m=1}^{b_n} \Delta P_{n,m} \tag{6-65}$$

式中，$\Delta P_{n,m}$ 表示子载波 n 上在加载比特数据后再加载 $(m-1)$ 另一比特数据所需的功率，$\Delta P_{n,m} = \left[f(m) - f(m-1) \right] / |h_n|^2$。

对于裕量自适应（MA）准则，以最小化所有子载波上的总传输功率为优化目标，在给定传输速率和 QoS 要求条件下，获得第 n 个子载波上比特数 b_n 的最优加载方法。MA 准则数学模型可以写为

$$P_{total} = \min \sum_{n=1}^{N} \sum_{m=1}^{b_n} |g_n|^2 \Delta P_{n,m}$$
$$R_{total} = \sum_{n=1}^{N} b_n \tag{6-66}$$

由式（6-62）和式（6-65）可知，数列 $|g_n|^2 \Delta P_{n,1}, |g_n|^2 \Delta P_{n,2}, \cdots, |g_n|^2 \Delta P_{n,b_n}$ 是一个等比数列，它的首项是 $f(1)|g_n|^2 / |h_n|^2$，公比为 2。传输 N 个子载波上的比特所需的功率最小，即 $\sum_{n=1}^{N} |g_n|^2 \Delta P_{n,b_n}$ 最小，那么总的传输干扰功率就是最小的。同理，对于单用户的情况也一样。为了找到的最小值，利用代数几何平均不等式

$$\sum_{n=1}^{N} |g_n|^2 \Delta P_{n,b_n} = \sum_{n=1}^{N} \frac{|g_n|^2 f(1)}{|h_n|^2} 2^{b_n-1} \geq N \sqrt{\frac{|g_1|^2 |g_2|^2 \cdots |g_N|^2 \left[f(1) \right]^N}{|h_1|^2 |h_2|^2 \cdots |h_N|}} 2^{b_1+b_2++b_N-N} \tag{6-67}$$

可以得出不等式左边的每一项都相等时，等式的和是最小的。因此，不等式左边的每一项都有相同的值，即

$$\frac{|g_n|^2 f(1)}{|h_n|^2} 2^{b_n-1} = N \sqrt{\frac{|g_1|^2 |g_2|^2 \cdots |g_N|^2 \left[f(1) \right]^N}{|h_1|^2 |h_2|^2 \cdots |h_N|}} 2^{b_1+b_2++b_N-N}, \quad n=1,2,\cdots,N \tag{6-68}$$

满足式（5-68）时，总传输干扰功率达到最小值。由此可得第 n 个子载波上应该

加载的最优比特数为

$$b_n = 2\log_2\left(|h_n|/|g_n|\right) + \frac{R_{total}}{N} - \frac{2}{N}\log_2\omega_T, N = 1, 2, \cdots, N \tag{6-69}$$

式中，$\omega_T = \prod_{n=1}^{N}\left(|h_n|/|g_n|\right)$。

但是，b_n 是加载在第 n 个子载波上的比特数，它必须是整数，还要满足 $\sum_{n=1}^{N}b_n = R_{total}$。通过式（5-69），可以计算出每个子载波上加载的比特数 b_n。如果 b_n 不是整数，那么就要进行取整运算。当 $\hat{b}_n$ 的和刚好等于 R_{total} 时，该比特分配过程就结束了。如果 $R_{total} - \sum_{n=1}^{N}\hat{b}_n$ 不等于 0，那么就要使用数学优化算法从合适的子载波上减去或者加上额外的比特数，这一过程称为比特矫正。

比特矫正的具体过程如下。

（1）通过式（6-69）计算每个子载波上加载的比特数 b_n。

（2）对 b_n 进行取整运算 $\hat{b}_n = round(b_n), n = 1, 2, \cdots, N$，再计算 $R_l = R_{total} - \sum_{n=1}^{N}\hat{b}_n$。

（3）进行比特矫正。

①如果 $R_l = 0$，那么结束比特矫正过程。

②如果 $R_l > 0$，那么选择 R_l 个子载波，它们的比特差值 $b_n - \hat{b}_n$ 是按递减的顺序排列，在每一个子载波上各增加一比特。

③如果 $R_l < 0$，那么选择 R_l 个子载波，它们的比特差值 $b_n - \hat{b}_n$ 是按递增的顺序排列，在每一个子载波上各减去一比特。

④比特矫正过程结束，则整个比特分配过程结束。

本节所提比特分配算法是最优的，且算法的计算复杂度为 $O(N + N\log_2 N)$，不需要像贪婪算法一样每加载一比特就要迭代一次，所以算法的计算复杂度大大降低。

三、MA 准则下的多用户比特分配

基于 MA 准则的多用户子载波比特分配模型，是指在满足用户传输速率和传输质量的要求下使所有可用子载波上的总发射功率最小。

MA 准则适用于固定数据速率的业务，其数学优化模型表示为

$$P_{total} = \arg\min_{\rho_{k,n,b_k,n}} \sum_{k=1}^{K} P_k = \sum_{k=1}^{K}\sum_{n=1}^{K} \rho_{k,n} \frac{f_k(b_{k,n})}{|h_{k,n}|^2}$$

$$s.t. \quad R_T = \sum_{k=1}^{K} P_k = \sum_{k=1}^{K}\sum_{n=1}^{K} b_{k,n} \tag{6-70}$$

$$\sum_{k=1}^{K} \rho_{k,n} = 1, \quad \rho_{k,n} \in \{0,1\}, \forall k,n$$

这里考虑下行链路的优化模型，设有 K 个用户共享 N 个正交子载波。$h_{k,n}$ 表示第 k 个用户的第 n 个子载波上的信道增益，可构成 $H_{K \times N} = \left\{|h_{k,n}|^2\right\}$；$R_k$ 为第 k 个用户分配的总比

特数；A 为 $K \times N$ 的子载波分配矩阵，其元素 $\rho_{k,n}$ 值为 1 表示将第 n 个子载波分配给用户 k，为 0 表示第 n 个子载波未分配给用户 k，这里考虑一个子载波只能被一个用户占用，多个用户不能同时占用同一个子载波的情形，如式（5-70）所示；P_k 表示第 k 个用户的发射功率；R_T 为系统总传输速率；$b_{k,n}$ 表示第 k 个用户的第 n 个子载波上分配的比特数；$f_k(b_{k,n})$ 表示当信道增益为 1 时，第 k 个用户的第 n 个子载波可靠接收 $b_{k,n}$ 比特数据所需的接收功率。不同的调制编码方式对应的不同，且 $f_k(b_{k,n})$ 必须满足以下条件。

（1）$f_k(0) = 0$。即没有数据发送，发射功率为 0。

（2）根据最优化理论的要求，应该保证 $f(b)$ 为下凸函数。常用的编码调制方法都可以满足这一点。

（3）$f(b)$ 一般由所选调制方法中星座点间最小距离和星座规模来决定。常见的调制方式 MQAM 和 MPSK 的 $f(\bullet)$ 表达式分别如式（6-71）和式（6-72）所示。其中，$Q(x) = \frac{1}{\sqrt{2\pi}} \int_x^\infty e^{-t^2/2} |\mathrm{d}t, \mathrm{Pr}_b$ 为用户要求的误码率。

当进行 MQAM 调制时，有

$$f(b) = \frac{N_0}{3}\left[Q^{-1}\left(\frac{\mathrm{Pr}}{4}\right)\right]^2 (2^b - 1), b = 0, 2, 4, 6, 8, \cdots \tag{6-71}$$

当进行 MPSK 调制时，有

$$\begin{cases} f(b) = \frac{N_0}{2}\left[Q^{-1}(\mathrm{Pr}_b)\right]^2, & BPSK即b=1 \\ f(b) = \frac{N_0}{2}\left[Q^{-1}\left(1-\sqrt{1-\mathrm{Pr}_b}\right)\right]^2, & OPSK即b=2 \\ f(b) = \frac{N_0}{2}\left[\dfrac{Q^{-1}\left(\dfrac{\mathrm{Pr}_b}{2}\right)^2}{\sin\dfrac{\pi}{2^b}}\right], & MPSK即b\geqslant3 \end{cases} \tag{6-72}$$

对于式（6-70）所示的 MA 优化模型，Wong 等学者通过求解优化问题得到一个最优的子载波和比特联合分配方案。但是，该方案对于子载波数量较大的系统，计算复杂度过大，不能满足信道实时变化的要求。因此，在实际系统中，往往采用计算复杂度较低的次优算法去逼近最优解以满足实时性要求，而次优算法一般分两步进行：首先进行子载波分配，然后按照已有的单用户的功率比特优化算法进行分配和加载，如算法、Chow 算法和 Fischer 算法等。

四、改进的多用户比特分配

改进的多用户比特分配算法为先进行子载波分配，再进行比特分配。

1. 子载波分配

这里的子载波分配算法复杂度比较低，且满足认知用户之间的速率公平性要求。首先假设比特是在所有子载波之间平均分配的。具有最小比例速率的用户有优先挑选子载波的权利。具体步骤如下。

N_k 是用户 k 的子载波集合，A 是所有子载波的集合，R_k 是用户 k 的速率。

（1）初始化。设置 $N_k = \phi, R_k = 0(k=1,2,\cdots,N)$，$A = \{1,2,\cdots,N\}$。

（2）对于 $k=1,2,\cdots,K$，寻找 n 满足 $|h_{k,n}| \geq |h_{k,j}|, j \in A$，令 $N_k = N_k \cup \{n\}, A = A-\{n\}$，更新 $R_k = R_k + R_{total}/N$。

（3）若 $A \neq \phi$，执行如下步骤：

①寻找 k^* 满足 $R_{k^*}/r_{k^*} \leq R_i/r_i, i=1,2,\cdots,K$；；

②对于找到的 k^*，寻找 n^* 满足 $|h_{k^*,n^*}| \geq |h_{k^*,j}|, j \in A$；

③对于找到的 k^* 和 n^*，令 $N_{k^*} = N_{k^*} \cup \{n^*\}, A = A-\{n^*\}, R_{k^*} = R_{k^*} + R_{total}/N$；

④直到 $A \neq \phi$。

2. 比特分配

这里的比特分配算法和改进的单用户比特加载算法一样，也是基于等比数列和代数几何平均不等式进行推导的，本节不进行赘述。

类似于式（6-69），得到子载波上的最优分配比特数为

$$b_{k,n} = 2\log_2(|h_{k,n}|/|g_{k,n}|) + \frac{R_k}{N_k} - \frac{2}{N_k}\log_2 \omega_{T_k}, n=1,2,\cdots,N_k; k=1,2,\cdots,K \qquad (6-73)$$

式中，$\omega_{T_k} = \prod_{n=1}^{N_k}(|h_{k,n}|/|g_{k,n}|)$。

由于 $b_{k,n}$ 必须为整数，所以需要进行取整运算，但是如果 $R_k - \sum_{n=1}^{N_k} \hat{b}_{k,n}$ 不等于零，那么就需要进行比特校正，具体步骤如下。

（1）通过式（5-73）计算每个子载波上加载的比特数 $b_{k,n}$。

（2）对 $b_{k,n}$ 进行取整运算 $\hat{b}_{k,n} = round(b_{k,n}), n=1,2,\cdots,N_k$，再计算 $R_l = R_k - \sum_{n=1}^{N_k} \hat{k}_{k,n}$。

（3）进行比特峤正。

①如果 $R_l = 0$，那么结束比特矫正过程。

②如果 $R_l > 0$，那么选择 R_l 个子载波，其比特差值 $b_{k,n} - \hat{b}_{k,n}$ 是按递减的顺序排列的，在每一个子载波上各增加一比特。

③如果 $R_l < 0$，那么就选择 $|R_l|$ 个子载波，其比特差值是 $b_{k,n} - \hat{b}_{k,n}$ 是按递增的顺序排列的，在每一个子载波上各减去一比特。

和 H-H 算法不同，本节所提改进的多用户比特分配算法不需要进行迭代。另外，BABS+ACG 算法，也是一种低复杂度的比特分配算法。三种算法的计算复杂度比较如表 6-7 所示。

表 6-7　三种多用户比特分配算法的计算复杂度比较

比特分配算法	计算复杂度
HH 算法网	$O（RN\log_2 N）$
BABS+ACG 算法	$O（RN）$
本节所提算法	$O（N+N\log 2N）$

第四节　CR 多用户子载波比特联合分配技术

一、主用户协作情况下的认知用户子载波比特联合分配

在认知无线电重叠频谱共享方式下，PU 与 SU 同时利用信道资源，它们之间的干扰必须最小化以实现频谱共享；同时，SU 需要进行功率控制以保障 PU 的正常通信，即 SU 需要自适应调整发射功率，以在满足 PUR 低信号干扰噪声比（SINR）的同时获得最高的认知链路传输速率。本节在考虑多个主用户协作的场景下，研究一种认知用户子载波比特联合分配方法。该方法通过认知用户子载波比特的联合分配，可以在保障主用户通信 QoS 的同时满足认知链路的速率要求。

考虑主网络与认知网络均采用基于 OFDM 调制的重叠式频谱共享模型。该联合优化问题基于 MA 准则，以最小化认知用户对主用户的平均干扰功率为目标，在满足 PUR 信号干扰噪声比和认知链路传输速率的条件下，将资源联合优化问题分解为子载波分配与子载波内的比特分配，并利用代数几何不等式得到其近似最优解。本节分别给出平均干扰功率与 SU 分配的子载波、总比特数之间的关系，并与传统 H-H 比特分配方法进行比较。

图 6-24　给出了主用户协作场景下的 PU 与 SU 频谱共享示意图。

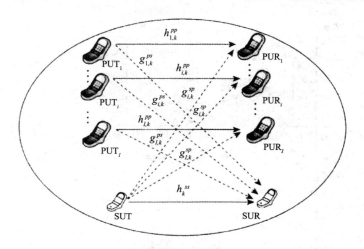

图 6-24　主用户协作场景下的 PU 与 SU 频谱共享示意图

在该系统模型中，定义 h_k^{ss} 为从 SUT 到 SUR 在第 k 个子载波上的认知信道系数，而 $h_{i,k}^{pp}$ 为在第 k 个子载波上从第 i 个 PUT 到第 i 个 PUR 的主信道系数，$h_{i,k}^{ps}$ 为在第后个子载波上从 SUT 到第 l 个 PUR 的干扰信道系数，而 $h_{i,k}^{ps}$ 为在第 k 个子载波上从第 i 个 PUT 到 SUR 的干扰信道系数，假定系统的所有信道系数在锐利平坦衰落信道上是独立同分布的，$h_{i,k}^{p}$ 为在第后个子载波上的第 i 个 PUT 的传输功率，而 h_k^s 代表在第 2 个子载波上 SUT 的传输功率，即为加性高斯白噪声的单边功率谱密度（PSD）。认知 OFDM 带宽为 B。在认知无线网络中，不同的 PU 可以传输和接收不同的子载波，与此同时，SU 就可以检测可用的子载波和功率。多个 PU 合作交换控制信号和可利用的子载波，并监视 SU 的接入行为。SU 利用 PU 来检测子载波，并调整其传输功率以满足 PUR 的平均 SINR，目的是在频谱共享模式下保持 PU 通信的 QoS。假设 PU 合作的最大数量是 l（所有的 PU 协作收发器均参与合作），认知信道、主信道和干扰信道的系数均可以通过信道估计获得。此外，SU 可利用的子载波采用功率控制调整其传输功率，以满足认知链路在 PUR 的 SINR 约束下的 QoS 要求。

重叠频谱共享方式下 PU 和 SU 可利用的子载波如图 6-25 所示。图中，假设在给定的时间里，全部 K 个 OFDM 子载波授权给 l 个主用户，每个主用户收发器占用至少一个子载波。不考虑子载波内的干扰，SU 会在重叠频谱共享模式下伺机利用多个可用的子载波。基于此模型，为了实现频谱共享，本节提出一个子载波比特　联合优化方案，通过适当的功率控制，在 PUR 满足平均 SINR 约束时，实现满足 SU 的传输速率要求。

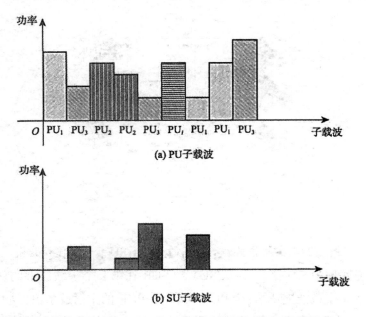

图 6-25　重叠频谱共享方式下 PU 和 SU 可利用子载波示意图

如果第个子载波被第个 PUT 占用，则在第个 PUR 的 SINR 表示为

$$SINR_{i,k}^{PUR} = \frac{P_{i,k}^p \left| h_{i,k}^{pp} \right|^2}{N_0 B}, i = 1, 2, \cdots \tag{6-74}$$

如果第 k 个子载波同时被 SUT 和第 i 个 PUT 占用，则第 i 个 PUR 的 SINR 表示为

$$SINR_{i,k}^{PUR} = \frac{P_{i,k}^p \left| h_{i,k}^{pp} \right|^2}{P_k^s \left| g_{i,k}^{sp} \right|^2 + N_0 B}, i = 1, 2, \cdots \tag{6-75}$$

式中，$P_k^s \left| g_{i,k}^{sp} \right|^2$ 表示在第个子载波上从 SUT 到第 i 个 PUR 的干扰功率。如果第 k 个子载波同时被 SUT 和第 i 个 PUT 占用，则相应 SUR 的 SINR 表示为

$$SINR_k^{PUR} = \frac{P_k^s \left| h_k^{ss} \right|^2}{\sum_{i=1}^{I} \alpha_i P_{i,k}^p \left| g_{i,k}^{ps} \right|^2 + N_0 B}, k = 1, 2, \cdots \tag{6-76}$$

式中，$\sum_{i=1}^{I} \alpha_i P_{i,k}^p \left| g_{i,k}^{ps} \right|^2$ 表示在第 k 个子载波上从第 i 个 PUT 到 SUR 的干扰功率，α_i 是一个值为 0 或 1 的量，表示子载波是否被第 i 个 PUT 占用。

基于主用户协作的认知用户子载波比特联合分配的数学模型基于 MA 准则。结合式（6-74）和式（6-75）可以得出，目标函数是最小化 SUT 到 PUR 的总干扰功率，同时满足认知传输速率和 PU 的 SINR 约束。因此，可得

$$\arg \min_{P_k^s, \rho_k} \sum_{i=1}^{I} \sum_{k=1}^{K} \rho_k \left(\left| g_{i,k}^{sp} \right|^2 P_k^s \right) \tag{6-77}$$

式中，和上述的一样取 0 或 1，表示第个子载波是否被 SUT 利用。基于 MA 准则

的优化问题约束条件如下：

$$R_{total}^s = \sum_{k=1}^K \rho_k B \log_2\left(1 + SINR_k^{SUR}\right) \tag{6-78}$$

$$\sum_{k=1}^K \rho_k = 1, \rho_k = \{0.1\}, k = 1,2,\cdots \tag{6-79}$$

$$SINR_{i,k}^{PUR} \geq \overline{SINR}^p \tag{6-80}$$

$$0 < P_{i,k}^p \geq \overline{P}^p, \quad i = 1,2,\cdots \tag{6-81}$$

$$0 < P_k^s \geq \overline{P}^s, k = 1,2,\cdots \tag{6-82}$$

式（6-78）是认知链路传输速率约束条件，以满足 SU 传输的 QoS；式（6-79）表示在一个时间段内每个子载波仅被一个用户使用；式（6-80）是 PU 链路的 SINR 约束；式（6-81）和式（6-82）分别表示第 k 个子载波上每一个 PU 和 SU 的最大传输功率，满足 PU 和 SU 的功率控制。

正如式（6-77）式（6-82）所示，实际上联合优化问题是非凸性的，对于子载波比特分配，可能无法得到整体最优解，因此考虑在主用户协作的情况下将认知用户的子载波比特联合分配方案分成两个独立阶段：第一个阶段是基于 PU 协作的最佳子载波分配，第二个阶段是在确定可用子载波内进行比特分配。因此，近似解就可以分为两个独立单参数优化问题来求得。具体而言，在第一阶段，通过多个 PU 合作来调整发射功率，以便在 SU 功率控制和 SINR 约束下分配可用的子载波给 SU，因此能够减小 SU 对 PU 的干扰功率；在第二个阶段，为了满足认知用户传输速率的要求，在 PUR 中考虑到最小干扰功率，在可用的子载波内采用等比数列和代数几何平均不等式进行比特分配。

基于主用户协作的认知用户子载波比特联合分配的目的是利用主用户的可用子载波进行认知用户的动态接入，以增加资源利用率。例如，当第个子载波上的认知链路较好时，从 SUT 到 PUR 的干扰链路较差（$|g_{i,k}^{sp}|$ 很小）时，加载 k 到第个子载波上的比特数将减少，因为良好的认知链路质量保证了低比特率传输；相反，在第 k 个子载波上的认知链路质量下降而干扰链路增加时（$|h_k^{ss}|$ 很小，$|g_{i,k}^{sp}|$ 很大），更多的比特将会分配给这些子载波，以满足对 PU 的 SINR 约束和一定的 SU 传输速率要求。

图 6-26 给出了当协作主用户数为 4 时 SU 分配的子载波数与平均干扰功率之间的关系。由图可知，干扰功率随着 SU 分配子载波数的增加而急剧下降。当分配的总比特数为 64 时，子载波比特联合分配方法的干扰功率低于传统 HH 算法约 1 dB。究其原因，子载波比特联合分配方法在比特分配阶段基于改进的 HH 算法，采用代数几何不等式获得子载波内比特分配的渐进最优解，其计算复杂度低于传统 HH 算法。此外，在相同子载波数情况下，平均干扰功率随着分配总比特数的增加而上升，这是因为当

认知用户在所分配的子载波内获得高比特数时，其发射功率将增加，进而导致对主用户干扰功率的增加，故需要考虑认知用户比特分配与功率控制之间折中的问题。

图 6-27 给出了当协作主用户数为 4 时 SU 分配的总比特数与平均干扰功率之间的关系。由图可知，平均干扰功率随着 SU 分配总比特数的增加而上升，干扰功率则随着 SU 可利用子载波数的减少而提高。对比传统 HH 算法，子载波比特联合分配算法在相同比特数下可使干扰功率下降 1 dB。因此，在 CR 频谱重叠共享模型中，增加可利用的子载波数和降低分配的总比特数可以减少 SU 对 PU 的干扰。

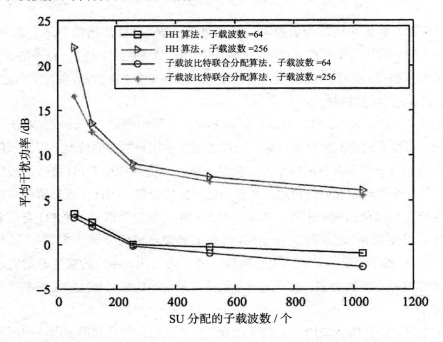

图 6-26　当协作主用户数为 4 时 SU 分配的子载波数与平均干扰功率的关系

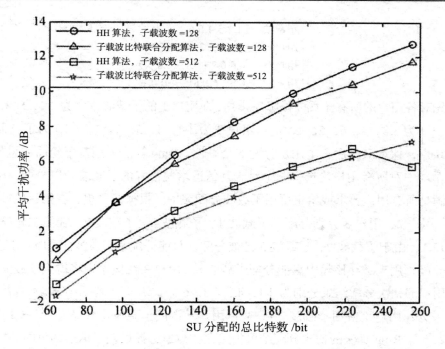

图 6-27 当协作主用户数为 4 时 SU 分配的总比特数与平均干扰功率的关系

二、基于轮回的认知 OFDM 多用户子载波比特联合分配

根据 6.3.3 节建立的基于 MA 准则的多用户子载波比特分配模型，本节结合 Wong 算法的子载波分配模型，如式（6-83）～式（6-85）所示，提出基于轮回思想的 Ring 算法。

$$\min \sum_{k=1}^{K} \sum_{n=1}^{N} \rho_{k,n} \frac{P}{\left|h_{k,n}\right|^{2}} \qquad (6\text{-}83)$$

$$s.t. \sum_{k=1}^{K} \rho_{k,n} = 1 \qquad (6\text{-}84)$$

$$\sum_{k=1}^{K} S_{k} = N \qquad (6\text{-}85)$$

为了减少计算复杂度，Ring 算法分两步完成：第一步进行子载波分配，第二步对所有用户的功率比特分配按照单用户的功率比特分配方式进行分配。该算法首先通过基于轮回的初次分配达到兼顾公平性的目的，再通过二次分配对初次分配结果进行迭代优化。

（一）子载波分配算法

根据式（6-83），本节所提 Ring 算法的目标是尽可能为用户分配信道质量较高的子载波，即 $\left|h_{k,n}\right|^{2}$ 较大的子载波，同时兼顾公平性。现有 $N=6$ 个子载波分配给 $K=3$ 个用户，简单起见，假设每个用户需要 S_k 个子载波。若某瞬时信道矩阵为

$$H \begin{cases} 子载波: & 1,2,3,4,5,6 \\ 用户1: & 1.8,1.7,1.3,0.5,0.3,0.4 \\ 用户2: & 0.6,0.7,1.4,1.3,0.8,0.9 \\ 用户3: & 0.2,1.6,0.61.2,1.0,0.1 \end{cases} \quad (6\text{-}86)$$

首先对各用户的所有子载波按降序排列，即用户 1 的子载波排序为 {1，2，3，4，6，5}，用户 2 为 {3，4，6，5，2，1}，用户 3 为 {2，4，5，3，1，6}。为了克服贪婪算法的缺点，保证对最后一个用户分配的公平性，Ring 算法采用基于轮回的思想，即在一次循环中对所有用户均选择一个对于其信道增益最好的子载波予以分配，多次循环直至满足所有用户要求或给定可用子载波分配完毕。根据该思想，在第一轮循环中，用户 1、用户 2、用户 3 分别分配了子载波 1、子载波 3、子载波 2。在第二轮循环中，对于用户 1，由于子载波 2、子载波 3 已被分配，只能分配子载波 4。同理，由于子载波 4 已分配，用户 2 在该轮中只能分配子载波 6。用户 3 在该轮中将得到子载波 5。据此，各用户的初次分配结果分别为 {1，4}、{3，6}、{2，5}。若采用 WSA 算法〔切，分配结果为：用户 1 占用子载波 {1，3}，用户 2 占用子载波 {4，6}，用户 3 占用子载波 {2，5}。Ring 算法的初次分配结果仍然存在被迫选择最差子信道的可能，本例中，WSA 算法选择的最差子载波 6 的信道增益为 0.9，而 Ring 算法选择的最差子载波信道增益为 0.5。为了提高性能，需要进行迭代优化。本节采用 Wong 算法 3 的二次迭代优化算法进行二次分配子载波。在本例中，进行迭代优化分配后，各用户分配的子载波情况为：用户 1 占用子载波 {1，2}，用户 2 占用子载波 {3，6}，用户 3 占用子载波 {4，5}。此时，Ring 算法分配的最差子载波信道增益值为 0.9，与 WSA 算法相同，但 Ring 算法的信道总分配增益值为 8.0，比 WSA 算法要稍大些。

因此，可将上述 Ring 算法网概括为以下几个步骤。

1. 子载波初次分配阶段

（1）将所有用户对所有子载波的信道增益按照从大到小的顺序排列。

（2）在某次循环过程中，对用户人，将其信道增益最大的且满足可分配条件的子载波（即该子载波尚未分配且该用户所需子载波数未分满）分配给该用户。若该子载波已分配，则选择该用户信道增益列表剩下的信道中增益最高且未被占用的子载波分配给该用户；若该用户的分配子载波已满足用户要求，则跳过该用户考虑下一个用户。

（3）重复上述过程，完成一次循环。如此，每次循环可为每个用户分配一个子载波。经过多次循环直到所有用户所需子载波数已达要求或所有子载波已分配完毕。

2. 子载波再次分配阶段

（1）以减小系统总发射功率的原则进行迭代优化。设 $\Delta P_{i,j}$ 为将原分配给用户 i 的某子载波分配给 j 用户 i 给用户带来的功率减小量最大值；$\Delta P_{j,i}$ 表示将原分配给用户 j

的某子载波分配给用户 i 给用户 j 带来的功率减小量最大值； $P_{i,j} = \Delta P_{i,j} + \Delta P_{j,i}$ 为用户对 (i,j) 进行一对子载波交换时可节省的最大功率， n_{ij} 表示用户 i 与用户 j 交换的子载波， $n_{j,i}$ 表示用户 j 与用户 i 交换的子载波。

（2）对所有用户对 $(i,j), i,j=1,2,\cdots,K$ 且 $i \neq j$ ，计算 $\{P_{ij}\}$ 列表，并对 $\{P_{ij}\}$ 进行降序排列，找出最大值 P_{i^*,j^*} 及及对应的用户对 (i^*,j^*) 和子载波 $n_{i^*j^*}, vn_{j^*i^*}$ 。

（3）若 $P_{i,j} > 0$ ，则在用户 i^* 和 j^* 用户之间实行 $n_{i^*j^*}$ 和 $n_{j^*i^*}$ 的交换，其数学表达式可表示为

$$\begin{cases} \rho_{i,n_{ij}} = 0, & \rho_{i^*,n_{ij}} = 1 \\ \rho_{j^*,n} = 0, & \rho_{j^*,n_{ij}} = 1 \end{cases} \quad （6\text{-}87）$$

即将原先分配给用户 i^* 的子载波 n_{i^*j} 分配给用户 j^* ，将原先分配给用户的子载波 $n_{j}i^*$ 分配给用户 i^* ，更新分配矩阵 A 。完成后重新计算 $\{P_{i,j}\}$ 。

（4）重复上述迭代过程直到所有 $P_{i,j} \leq 0$ ，即系统的总功率不能再减小了，子载波分配结束。

（二）功率比特分配算法

子载波分配完毕后，构造新的信道增益矩阵 H^* ：

$$H^* = \left[\left| h_1^{k_1} \right|^2, \left| h_2^{k_2} \right|^2, \cdots, \left| h_N^{k_K} \right|^2 \right] \overset{def}{=} [h_1, h_2, \cdots, h_N] \quad （6\text{-}88）$$

式中，元素 $\left| h_n^{k_n} \right|^2$ 表示第 n 子载波被用户 k_n 占用的子信道增益。

在给定误码率和发送速率下，总发射功率最小化等价于在给定发射功率和发送速率下的误码率最小化，因此本节采用以误码率最小化为目标的 Fischer 算法。可将 Fischer 算法的优化问题数学表示为

$$\min_{b_i, p_i, i=1,2,\cdots,N} p_{e,i} = p_e \quad （6\text{-}89）$$

$$s.t. \sum_{i=1}^{N} b_i = R_T \quad （6\text{-}90）$$

$$\sum_{i=1}^{N} p_i = P_T \quad （6\text{-}91）$$

式中， R_T 为可分配的总比特数； P_T 为所允许的最大发射功率之和；为第个子载波上分配的功率。

Fischer 算法的功率比特分配可表示为

$$b_i = \frac{R_T}{N} + \frac{1}{N} \log_2 \frac{\prod_{i=1}^{N} \sigma_i^2}{\left(\sigma_i^2 \right)^N} \quad （6\text{-}92）$$

$$b_i = \left(R_T + \sum_{i \in I} \log_2 \sigma_i^2 \right) / N' - \log_2 \sigma_i^2$$

$$（6-93）$$

$$p_i = \frac{P_T \sigma_i^2 \left(2^{b_i} - 1\right)}{\sum\limits_{i=I} \sigma_i^2 \left(2^{b_i} - 1\right)}, i \in I \qquad （6-94）$$

$$p_{e\min} = 4Q\left(\sqrt{SNR}\right), SNR = \frac{3P_T}{\sum\limits_{i \in I} \sigma_i^2 \left(2^{b_i} - 1\right)} \qquad （6-95）$$

式中，表示第个子载波的信道噪声功率。若据式（6-92）所得 $b_i < 0$，则需在剔除该子信道后根据式（6-92）重新计算直到 $b_i \geq 0$，N' 为 $b_i > 0$ 的子载波数目，I 为 $b_i \geq 0$ 的子载波索引集合。

Fischer 算法的功率分配如式（5-94）所示。Fischer 算法的最小误符号率只有当各子载波误符号率相同且同时达到最小值时才能取到，其值如式（6-95）所示。

下面对 Ring 算法、Wong 算法和 WSA 算法的计算复杂度进行比较。由于采用相同的功率比特分配算法，在进行计算复杂度分析时，只针对子载波分配算法部分即可。利用二进制搜索（binary-search）方法在 N 个实数中选择最大值需要的比较次数是 $N-1$，而采用快速排序（quick-sort）方法需要的平均比较次数为 $2N1(K-1)+2N\ln N$。WSA 算法的比较次数为，相应的计算复杂度为 $O(NK)$，这里考虑 $2N\ln N$。Wong 算法和 Ring 算法的子载波分配均分为两个阶段。优化迭代再分配所在的第二阶段，两者的算法计算复杂度是相同的，每次迭代的比较次数为 $C_K^2 S_K^2 = C_K^2 \left(N/K\right)^2 \approx \ln N$。Wong 算法的初次分配采用了贪婪算法，比较次数为 $N(N-1)/2$。因此，Wong 算法总的比较次数为 $N(N-1)/2 + aN^2/2$，其中为第二阶段的迭代次数，相应的计算复杂度为 $O(N)^2$。Ring 算法的第一阶段与贪婪算法类似，对所有用户的所有子信道增益进行排序，采取轮回的选择方式并没有改变比较次数，该阶段的计算复杂度与 Wong 算法相同，为 $N(N-1)/2$。因此，Ring 算法总的比较次数为 $N(N-1)/2 + bN^2/2$，其中为算法在第二阶段的迭代次数，相应的计算复杂度为 $O(N)^2$。

将 Ring 算法与其他两种算法进行性能比较。以 1000 次蒙特卡罗仿真求平均。假设无线信道为单径锐利衰落信道，所有用户平分可用子载波，即 $S_k = N/K$，$K=1,2,\cdots,K$，这里取 K=8。

图 6-28 给出了 Ring 算法和 Wong 算法的第二阶段在不同子载波数下的迭代次数。迭代次数影响算法的运行时间，进而影响算法的实时性。由图可知，当子载波数小于 64 时，两种算法的迭代次数相差不超过 1，而当子载波数较大时，Ring 算法的迭代次数要小于 Wong 算法，且迭代次数差随着子载波数目的增加有逐步增大的趋势。这表明，Ring 算法的运行时间较少，实时性更好。

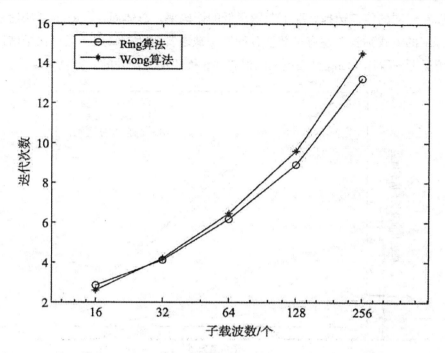

图 6-28　Ring 算法和 Wong 算法的第二阶段在不同子载波数下的迭代次数比较

　　要提高 OFDM 系统的可靠性，需要子载波分配和功率比特分配能使误码率在给定信噪比下尽可能小。在频率选择性衰落信道中传输的 OFDM 子载波误码率依赖于频域信道传输函数，比特差错的发生通常集中在一些深度衰落的子载波上，而在 OFDM 频谱的其他部分通常观察不到比特差错。因此，在实际过程中，对检测出的可用信道还要去除一些被子载波分配算法选中的深度衰落子载波以保证系统性能，其代价是系统吞吐量有轻微损失。图 6-29 给出了 Ring 算法、Wong 算法和 WSA 算法在不同子信道数目下选择的最差子信道增益值。由图可知，Wong 算法所选择的最差子载波信道状况要优于 Ring 算法和 WSA 算法，而 Ring 算法所选择的最差子载波增益也大大优于 WSA 算法。这表明，Ring 算法可以实现类似于 WSA 算法中避免选择最差子载波的目标，且具有较好的误码率性能 IM。

　　图 6-30 给出了 Ring 算法、Wong 算法、WSA 算法的误码率比较。假设子载波数目为 64，系统带宽为 32 MHz。在发射功率和总速率受限的条件下，WSA 算法在计算复杂度上要小于 Wong 算法和 Ring 算法。另外，虽然 Wong 算法所选择的最差子信道的状况要优于其他两种算法，但是在相同的迭代次数下（图 6-28），可以获得比 Wong 算法更低的误码率，这表明它具有通过功率比特合理分配弥补子载波分配不足的优势，从而获得较理想的误码率，该算法较适合用于信道状况不佳的 OFDM 自适应调制环境中。结合图 6-29 可以看出，Ring 算法相比于 WSA 算法虽然在计算复杂度上不占优势，

但是可以在相同的信道选择状况下获得更低的误码率。总体而言，Ring 算法通过初次和再次分配的方式弥补了现有子载波分配算法缺乏实时性的缺点，且可在子信道质量较差的情况下获得比 Wong 算法更低的误码率，而不增加额外的计算复杂度。

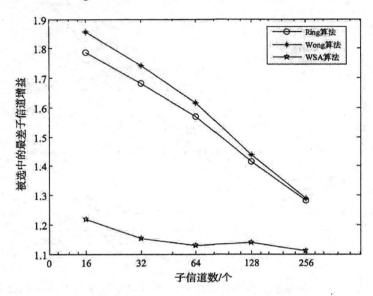

图 6-29　三种算法在不同子载波数下的最差子载波选择性能比较

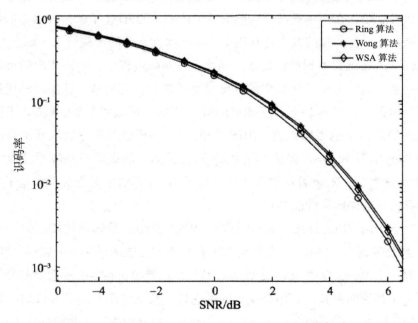

图 6-30　三种算法在不同信噪比下的误码率比较

三、基于最差用户优先的认知 OFDM 多用户子载波比特联合分配

本节将介绍基于最差用户优先（WUF）的改进算法，即 WUFW 算法。类似于 Ring 算法的两步求解法，该算法首先基于 WUF 思想进行子载波的初始分配，然后基于 Wong 算法的迭代优化思想对初始分配结果进行迭代优化。为了降低算法的计算复杂度，子载波分配完毕后再采用 Fischer 算法为各用户进行功率比特分配。

基于 6.4.2 节给出的子载波分配模型，下面介绍 WUFW 算法的具体流程。

WUF 算法的基本思想是按照用户的平均信道质量好坏为用户的分配确定优先顺序。对于式（6-86）给出的瞬时信道情况，在进行初始子载波分配前，计算各用户子载波信道增益平均值以便确定用户分配优先级。在本例中，计算用户 1、用户 2、用户 3 的平均信道增益大小分别为 1、0.95、0.783，具有最小平均增益值的用户优先级最高，因此用户 3 优先级最高，用户 2 次之，用户 1 最低。用户 3 对所有子载波增益进行排序后选择对其增益最大的两个子载波 {2，4}，用户 2 在剩下的子载波中选择对其而言信道条件最好的两个子载波 {3，6}，用户 1 只能分配得到子载波 {1，5}，初始分配结束。

对于一个多信道系统，系统的总误码率由最差子信道决定。为了提高算法性能，应当避免将信道条件最差的子载波分配给目标用户。在本例中，信道增益最小的子载波是用户 3 中的子载波 6，它并没有被分配给用户，但若信道增益最小的子载波出现在用户 1 中，为了满足子载波数目需求，用户 1 将不得不选择该子载波，从而可能使算法性能下降。这是 WUF 算法存在的缺点。

事实上，对各用户的信道增益求平均以设置优先级并不能保证最差子载波不出现在优先级最低的用户中。基于此考虑，WUFW 算法在初始分配的基础上利用 Wong 算法中的迭代优化再分配思想对初始分配结果进行再分配。本例中，进行迭代优化分配后，各用户分配的子载波情况为：用户 1 占用子载波 {1，2}，用户 2 占用子载波 {3，6}，用户 3 占用子载波 {4，5}。此时，采用 WUFW 算法分配的各用户平均信道增益值为 2.8，其中用户 1 的平均信道增益值为 1.75，用户 2 和用户 3 分别为 1.15 和 1.3；而 WUF 算法所得的各用户平均信道增益值为 2.4，其中用户 1 的平均信道增益值为 L05，用户 2 和用户 3 分别为 L15 和 1.4。可见，WUFW 算法通过优化迭代过程大大提高了算法的子载波分配性能。

下面只给出 WUFW 算法中子载波初次分配阶段的步骤，子载波再次分配阶段的步骤已在 6.42 节介绍，这里不再赘述。

子载波初次分配阶段的步骤如下。

（1）计算各个用户的平均信道质量，并按平均值从小到大顺序决定用户分配的优

先级，平均值最低的用户优先级最高，反之则优先级最低。

（2）对所有用户的所有信道增益值按降序排列。

（3）优先级最高的用户先进行子载波分配。将对于该用户来说信道条件最好的子载波分配给该用户直到满足该用户所需的子信道数，再进行下一个优先级用户的子载波分配。若用户最好条件的子载波已被分配，则选择次优的尚未分配的子载波予以分配。

（4）依此进行分配，直到满足所有用户的子载波分配要求或可用子载波全部分配完，初始分配结束。

子载波分配结束后，采用 Fischer 算法进行单用户的功率比特分配，这里不再赘述。

根据二进制搜索算法复杂度和快速排序算法的计算复杂度，可得到 WUF 算法的比较次数为 $N(N-1)/2+2K\ln K$，相应的计算复杂度为 $O(N)^2$。WUFW 算法的比较次数是 WUF 算法的比较次数加上 Wong 算法的比较次数，即 $N(N-1)/2+2K\ln K+cN^2/2$，其中为 WUFW 算法在再次分配阶段的迭代次数，相应的计算复杂度为。

将 WUFW 算法与 WUF 算法、Wong 算法 WSA 算法进行性能比较。以蒙特卡罗仿真求平均。假设无线信道为单径锐利衰落信道，所有用户平均分配可用子载波，即 $S_k=N/K, k=1,2,\cdots,K$，这里取 $K=8$。

图 6-31 给出了四种算法在不同子载波数目下选择的最差子载波增益值。图中，WUFW 算法和 Wong 算法选择的最差子载波信道状况要优于 WUF 算法和 WSA 算法，其中 WUF 算法最差。当子信道数目为 256 时，WUF 算法选择的子信道增益值最小，根据功率注水算法的原理，系统为该信道分配了更多的功率以保证一定的误码率，从而使得系统总功率大大增加。WSA 算法可以稳定地避免选择最差子载波，WUFW 算法等都随着子载波数的增加呈现不同程度的性能下降趋势，且以 WUF 算法最为明显。这是由于子载波数目增加大大增加了深度衰落子载波的出现概率，WUF 算法因无法避免本身存在的严重缺陷而导致最差子载波选择性能大大下降。而 WUFW 算法可以通过迭代优化再分配过程改善初始分配结果，因此相比于 WUF 算法，最差子信道增益性能会有所改善。另外，Wong 算法和 WUFW 算法的最差子载波选择增益几乎相同，这是由于在 WUFW 算法的优化迭代过程中采用了与 Wong 算法相同的迭代过程。

图 6-32 给出了上述四种算法的误码率。参考 6.42 节，假设子载波数为 64，系统带宽为 32 MHz。由图可知，在发射总功率、总速率均受限的条件下，WUFW 算法具有与 WUF 算法相近的误码率，两者均优于 Wong 算法和 WSA 算法。为了保证一定的误码率，相比于 WUFW 算法，WUF 算法需要消耗更多的系统功率。若与较低计算复杂度的 WSA 算法相比，WUFW 算法是以较高的计算复杂度为代价换取了其低误码率口的。另外，虽然 Wong 算法所选择的最差子信道的状况与 WUFW 算法几乎相同，但

是 WUFW 算法可获得更优的误码率性能，这表明 WUFW 算法所选择的子载波增益均值要大于 Wong 算法。总体而言，与 WUF 算法相比，WUFW 算法具有相同的计算复杂度和相近的误码率，但在降低系统总发射功率方面具有更大优势。

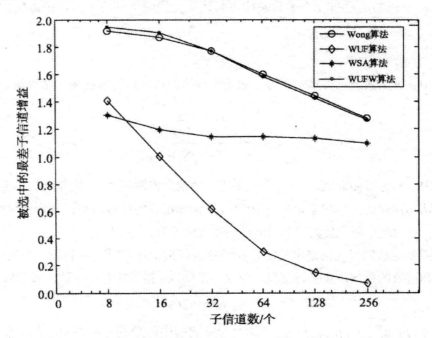

图 6-31　四种算法在不同子载波数下的最差子载波选择性能比较

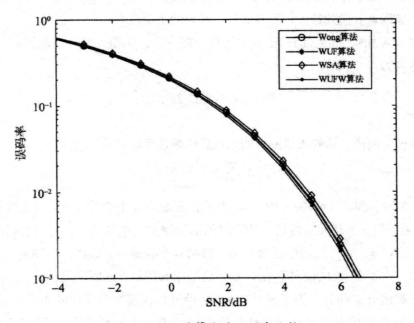

图 6-32　四种算法的误码率比较

四、能效优先的认知 OFDM 多用户子载波比特联合分配

由 M 个认知用户与 N 个子载波构成的认知无线网络环境下，系统谱效 η_{SE} 可以表示为

$$\eta_{SE} = \frac{R}{B} \tag{6-96}$$

式中，B 为系统总带宽；R 为认知无线网络的总信息传输速率。系统能效 η_{EE} 可以表示为

$$\eta_{EE} = \frac{R}{\zeta P_T + P_c} = \frac{\sum\limits_{m=1}^{M} R_m}{\zeta \sum\limits_{m=1}^{M} P_m + P_c} \tag{6-97}$$

式中，R_m 为第 $m(m=1,2,\cdots,M)$ 个认知用户的信息传输速率；P_T 为系统的总传输功率，为第个认知用户的传输功率 W；P_m 为第 m 个认知用户的传输功率；P_c 为系统电路消耗的功率；ζ 为产生单位传输功率所需的功率放大系数。

当需要对认知无线网络中的能效和谱效进行折中优化时，可利用一个权重因子 ω 对能效和谱效的指数位置进行加权，建立一个能效 - 谱效的折中函数，表示如下：

$$U(\eta_{EE},\eta_{SE}) = \eta_{SE}^{\omega}\eta_{EE}^{1-\omega} \tag{6-98}$$

当 ω 为 0 时，$U(\eta_{EE},\eta_{SE}) = \eta_{EE}$，能效为影响折中函数的主导因素，此时能效最大，而对应的谱效对折中函数的影响较小；当 ω 为 1 时，$U(\eta_{EE},\eta_{SE}) = \eta_{SE}$，谱效为影响折中函数的主导因素，谱效最大，能效对折中函数的影响较小。

根据 MA 准则下的多用户子载波比特分配方法，认知无线网络系统的总传输功率优化表达式为

$$\min_{b_{m,n}} P_T = \sum_{m=1}^{M} P_m = \sum_{m=1}^{M} \sum_{n \in X_m} \frac{f_{m,n}(b_{m,n})}{h_{m,n}^2} \tag{6-99}$$

在单位时间内，认知无线网络的总信息传输速率可以表示为

$$R = \sum_{m=1}^{M} R_m = \sum_{m=1}^{M} \sum_{n \in X_m} b_{m,n} \tag{6-100}$$

式（6-99）和式（6-100）中，X_m 表示分配给第 m 个 SU 的子载波集合；$h_{m,n}$ 为第 m 个 SU 使用第 n 个载波进行信息传输时的信道增益，在本节中，$h_{m,n}$ 符合锐利衰落下的随机分布；$f_{m,n}(b_{m,n})$ 表示信道增益为 1 时第 m 个在第 n 个载波上传输 $b_{m,n}$ 比特所需的传输功率，主要由 SU 的误码率 Pr_b 以及系统采用的调制方式所决定。

在子载波分配部分，为了满足各个 SU 信息传输速率公平比的要求，对信息传输速率要求最高的用户优先分配最佳信道条件的子载波。本节的子载波分配主要针对

MPSK 调制方式的情况，若使用 MQAM 调制方式，由于该方式的比特信息粒度为 2，还需进一步保证分配给各个 SU 的比特数为偶数，即 R_m 为偶数，便于后续分配到各个载波上的比特数也为偶数。

子载波分配前，将 M 个 SU 子载波的集合 X_m 初始化为空，未被分配的子载波集合 Z 装入所有子载波，各个 SU 之间的速率公平比例为 $R_1^{req} : R_2^{req} :: R_M^{req}$。计算第 m 个 SU 分配的信息传输速率 R_m 与 R_m^{req} 之间的比例系数 $\mu_m = R_m / R_m^{req}$，为该比例系数最小的 SU 优先分配最佳信道条件的子载波，直至所有载波都分配给各个 SU。该子载波分配算法的具体步骤如下。

（1）初始化：$R_m = 0, X_m = \phi, Z = \{1, 2, \cdots, N\}$。

（2）分别 $m = 1, 2, \cdots, M$；找出 n^* 满足 $|h_{m,n^*}| \geq |h_{m,n}|$。

（3）当 $Z \neq \phi$ 时，执行以下循环：

①求出各个 SU 的信息传输速率比例系数 $\mu_m = R_m / R_m^{red}$；

②找出比例系数 μ_m 中的最小值 μ_{m^*}，以及满足条件 $|h_{m^*,n^*}| \geq |h_{m^*,n}|, n \in Z$ 的最优 n^*

③更新。

为了简化表示方式，假设子载波分配完成后，分配给第 m 个 SU 的可使用的子载波数为 L。下面采用 HH 算法和 Chow 算法进行比特分配，具体流程如下。

采用 HH 算法，当数据为 MPSK 调制方式时，其原理为：每一个比特分配循环过程中，选择加载一比特信息功率增量最小的子载波上优先分配一个比特信息，直至所有的信息比特分配完。

MPSK 调制方式下的 HH 算法[36,37,46] 具体步骤如下。

（1）初始化：对于所有的 $l(l = 1, 2, \cdots, L), b_l = 0$。

（2）当 $\sum_{l=1}^{L} b_l < R_m$ 时，执行以下循环：

①求出所有 L 个子载波增加 1 比特信息所带来的功率增量 $\Delta P_l = [f(b_l + 1) - f(b_l)] / |h_l|^2$；

②找出功率增量最小的子载波 l^*，表示为 $l^* = \arg\min_{l=1,2,,L} \Delta P_l$；

③给功率增量最小的子载波 l^* 增加 1 比特信息，即 $b_l = b_l|^+ + 1$。

此外，Chow 算法是一种性能余量最大化算法。Chow 算法首先找出系统最佳性能裕量，然后根据公式 $b_l = \log_2(1 + \gamma_l / (\gamma + \gamma_{margin}))$ 计算出分配给每个子载波的比特数。其中 γ 为信噪比间隔，Pr_b 为系统误码率，γ_l 为各个载波上的信噪比，它们可以表示为

$$\gamma = \frac{-\log_2(5 Pr_b)}{1.5} \tag{6-101}$$

$$\gamma_l = \frac{h_l^2}{\gamma N_0} \tag{6-102}$$

利用 Chow 算法进行比特分配前，须先设置系统迭代次数为 t_{max}、期望的总发送比特数 $B_{target} = R_m$，初始化性能能余量最优时的噪声门线 $\gamma_{margin} = 0$，剩余可使用的载波数

$c = L$，已迭代次数 $t = 0$。

MPSK 调制方式下的 Chow 算法具体步骤如下。

（1）初始化：$\gamma_{margin} = 0, c = L, t = 0$。

（2）迭代：

①依次计算各个子载波分配的比特数 $b_l = \log_2 \dfrac{1 + \gamma_l}{\gamma + \gamma_{margin}}$，比特数取整后为 $\hat{b}_l = round(b_l)$，比特数差值为 $diff = b_l - \hat{b}_l$；

②如果 $\hat{b}_l = 0$，则剩余的载波数 $c = c - 1$；

③计算分配的总比特数 $B_{tot} = \sum_{l=1}^{L} \hat{b}_l$；

④计算 $\gamma_{margin} = \gamma_{margin} + 10\log_2 \dfrac{B_{tot} - B_{target}}{c}$，已迭代次数 $t = t + 1$；

⑤如果 $B_{tot} \neq B_{target}$ 且 $t < t_{max}$，则重复执行以上步骤（2），否则执行步骤（3）；

（3）比特矫正：

①如果 $B_{tot} > B_{target}$，则求出 $l^* = \arg\min_l diff_l, \hat{b}_{l^*} = \hat{b}_{l^*} - 1, diffi^* = b_{l^*} - \hat{b}_{l^*}, B_{tot} = B_{tot} - 1$，重复此步骤直到 $B_{tot} = B_{target}$；

②如果 $B_{tot} < B_{target}$，则求出，$l^* = \arg\max_l diff_l, \hat{b}_{l^*} = \hat{b}_{l^*} + 1, diffi^* = b_{l^*} - \hat{b}_{l^*}, B_{tot} = B_{tot} + 1$，重复此步骤直到 $B_{tot} = B_{target}$。

图 6-33 给出了认知无线系统分配的总比特数与总功率的关系。系统分配的总比特数越大，系统的总功率消耗越大。总比特数与总功率是影响认知无线系统总能效的主要因素，而总比特数直接关系到系统的谱效。

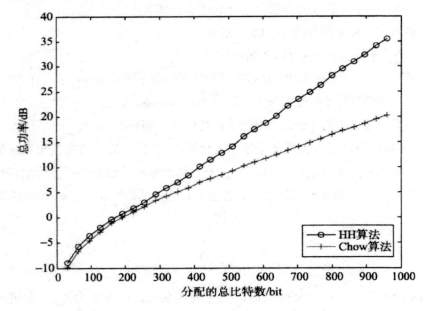

图 6-33　认知无线网络总比特数与总功率的关系

图 6-34 给出了能效．谱效的折中关系曲线。由图可知，当谱效较低时，随着谱效的增加能效也逐渐增加；当谱效达到一定程度继续增加时，系统能效逐渐递减。例如，认知用户数 $M=8$，子载波总数 $N=128$，系统带宽 $B=10^6|Hz$，系统电路功耗 $P_c=10$ W，功率放大系数 $\zeta=1$，误码率 $\mathrm{Pr}_b=10^{-2}$，加性高斯白噪声单边功率谱密度 $N_0=0.01$ W/Hz，每个子载波上的平均传输功率 $P_{av}=1|W$，每个认知用户之间

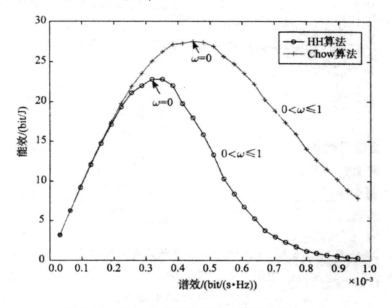

图 6-34　认知无线网络能效 - 谱效的折中关系

图 6-35 给出了认知无线网络系统的比特分配结果。例如，认知用户数 M=8，子载波总数 $N=64$，系统带宽 $B=10^6$ Hz，系统电路功耗 $Pc=10$ W，功率放大系数 $\zeta=1$，误码率 $\mathrm{Pr}_b=10^{-2}$，加性高斯白噪声单边功率谱密度 =0.01 W/Hz，每个子载波上的平均传输功率 Pav=1 W，单位时间内系统总的传输比特数 R=64 bit/s，信道增益服从方差为 1 的锐利分布，每个认知用户之间的速率公平比为 $R_1^{req}:R_2^{req}:\cdots:R_8^{req}=1:1:2:2:3:4:1:1$。仿真结果中，子载波分配后第 1 个至第 1 个 SU 至第 8 个 SU 分配子载波数分别为 5、5、9、9、12、16、4、4。图中，两种比特分配方法得到的分配结果不同，一定程度影响了两者的能效。

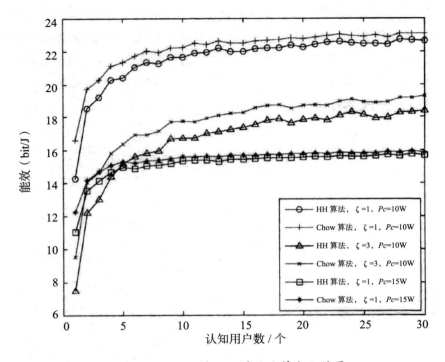

图 6-35　认知无线网络系统比特分配结果

图 6-36 给出了能效与认知用户数的关系曲线。例如，子载波总数 N=128，系统带宽 B=10^6 Hz，误码率 Pr_b=10^{-2}，加性高斯白噪声单边功率谱密度 N_0=0.01 W/Hz，每个子载波上的平均传输功率 P_{av}=1 W，单位时间内系统总的传输比特数为 K=256 bit/s，每个认知用户之间的速率公平比 $R_1^{req}:R_2^{req}:\cdots:R_8^{req}$=1:1:2:2:3:4:1:1，信道增益 $h_{m,n}$，服从方差为 1 的锐利分布。由图可知，当以上条件限定时，随着认知用户数的增多，系统总能效先逐渐增大，后慢慢趋于稳定。每次认知用户数 A/ 变化对应的随机产生的信道增益有所不同，使得系统总能效在用户增加时出现降低的情况，但整体趋势不变。在比特分配部分，使用 Chow 算法的系统能效比使用 HH 算法要高。另外，分析了功率放大系数，和系统电路功率消耗器对认知无线系统能效的影响，ζ 或 Pc 越大，系统能效越低。

图 6-37 给出了认知无线网络能效与子载波数 N 的关系曲线。例如，认知用户数 M=8，系统带宽 B=10^6 Hz，系统电路功耗 Pc=10 W，功率放大系数 ζ=1，误码率，加性高斯白噪声单边功率谱密度 N_0=0.01 W/Hz，每个子载波上的平均传输功率之 Pc=1 W，单位时间内系统的总传输比特数 R=256bit/s，信道增益，服从方差为 1 的锐利分布，认知用户之间的速率公平比 $R_1^{req}:R_2^{req}:\cdots:R_8^{req}$=1:1:2:2:3:4:1:1。由图可知，当以上条件限定时，随着子载波总数 N 的增加，系统能效先显著提升，后增长缓慢，最后逐渐趋于稳定。

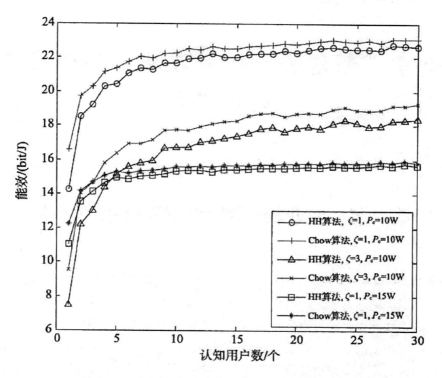

图 6-36　认知无线网络能效与认知用户数的关系

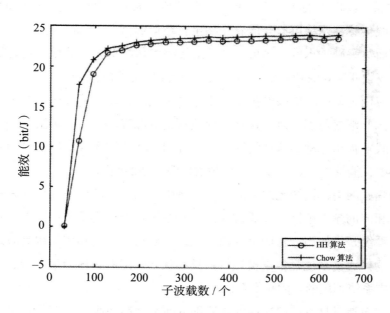

图 6-37　认知无线网络能效与子载波数的关系

第七章　频谱感知技术在农业物联网中的应用研究

第一节　农业物联网的频谱资源使用分析

物联网（internetofthings，IOT）是继计算机、互联网与移动通信网之后的世界信息产业第三次浪潮。物联网的出现很快得到极大的关注，成为当前信息技术领域的研究热门。在物联网中，物与物之间的通信不需要人为参与，或只需要较少的人为参与就可实现。在物联网中，不同类型的设备能够相互通信并交流数据信息，这种类型的物体通信被认为是未来通信领域中关键的一部分。随着物联网技术的不断发展，物联网已经在很多方面（如智能家居、工业、农业、智慧城市、医疗、运输、电网等）得到了广泛应用。在作为农业大国的我国，物联网在现代农业中的应用也越来越广泛。通过使用无线传感器网络可以获取农作物生长环境的信息，从而通过远程控制监测农田信息。农业物联网技术的应用可以更好地控制农作物的生长环境，使之能够有利于作物的生长。物联网在农业中的应用是农业现代化发展的重要标志。

在实际应用过程中，物联网技术面临着许多挑战，需要无线通信技术感知周围环境，实时监测并汇报数据信息，这将会导致频谱资源紧缺。为了解决这些问题，一种新的通信方式被提出，称为认知物联网。这种网络将认知无线电的频谱感知等技术应用到物联网中，能够在一定程度上解决频谱资源紧缺的问题。

在认知物联网中，认知无线电能够使物体感知周围的环境并利用尚未被利用的频谱资源。在相同的频率范围内，通常存在两种系统：授权主系统和次要的物体通信系统。授权主系统是指使用合法频谱的授权系统，对被分配的频谱资源具有绝对的使用权。次要的物体通信系统是指未被授权的具有认知功能的物体通信系统，可以机会式地接入授权主系统不用的空闲频谱资源。

目前，国内外对具有认知功能的物联网的研究文献较少，尤其是在将认知无线电的频谱感知技术与农业物联网紧密结合方面，还没有太多的理论研究。为此，本章的主要工作就是进一步深入研究频谱感知技术在农业物联网中的应用、基于认知农业物联网的系统架构,以及认知无线电频谱感知过程中出现的安全威胁问题及其防御措施,为以后的进一步研究提供借鉴。

如图 7-1 所示,农业物联网主要分为 3 层网络结构:感知层、传输层和应用层。具体来说,感知层包括温度传感器、土壤湿度传感器、视频摄像传感器和土壤成分传感器等;传输层主要利用 3G/4G、蓝牙和 WIH 等技术实现实时监测数据信息的传递与汇聚;在应用层中,专家通过视频监控系统实时监测农作物的生长情况,分析处理相关数据,进行远程系统控制与操作,农作物种植人员也可通过远程移动终端实时获取相关数据。

在农业物联网中,感知层和传输层主要通过无线频谱资源实现实时监测与信息传输。在信息传输中,视频传输的要求是最高的,也是占用频谱最多的业务。

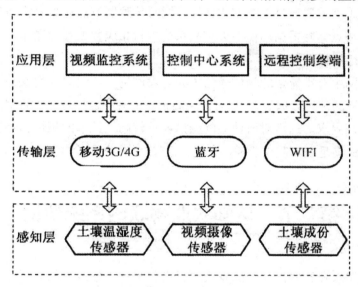

图 7-1 农业物联网的 3 层网络结构

农业物联网中感知层的关键技术是射频识别(radiofrequencyidentification, RFID),RFID 通过无线连接进入物联网,国际上 RFID 空中接口常用的超高频(UHF)频段频谱资源大多选择在 ISM 频段和移动通信 800/900 MHz 频段,如表 7-1 所示。ISM 频段是免授权的公用频段,在该频段存在大量的通信业务。不同系统间干扰严重是物联网使用 ISM 频段的主要问题,这将在一定程度上影响物联网的传输性能和监测数据的准确性。

表 7-1　物联网中 RFID 对频谱的使用频段

频段类别	具体频段
ISM 频段	433.92 MHz ± 870 kHz
	869.525 MHz ± 125 kHz
	915 MHz ± 13 MHz
	2.4125 GHz ± 125 MHz
移动通信频段	840~845 MHz
	920~925 MHz

从物联网技术当前的发展程度来看，将有越来越多的应用场景使用物联网，将会产生越来越多的智能终端，实现物物通信，甚至会超过目前人与人之间的通信互联。因此，频谱资源的短缺将成为物联网发展难以克服的瓶颈。

以农业物联网的应用为例，一个农作物生长环境中布设几十个甚至上百个传感器节点，这些传感器需要通过无线方式连接，同时传感器节点还需将采集到的数据信息上报到汇聚节点，并根据远程中央控制系统进行相应数据处理操作。这些过程的实现无不需要大量的频谱资源。

农业物联网中有小流量的物体通信（如对农作物土壤温湿度的感知、实时上报当前种植生长环境的信息数据等），也有占用高带宽的视频监控业务，且对图像的连续性和实时性有较高要求。这就对所使用的频谱要求较高，较窄的频带和存在一定系统间干扰的频段无法满足视频监控业务。

第二节　认知农业物联网系统架构

目前，关于农业物联网应用的发展项目有很多：土壤成分的分析监测，可以及时对农作物进行灌溉和温度的控制；农业大棚温室监控，可以连续监测土壤湿度数据；农作物种植人员可以通过移动智能终端随时查看农作物生长信息数据，根据专家分析数据给出的建议，用移动终端对施肥等进行控制。

图 7-2 显示了认知农业物联网的网络架构，整个网络由两部分构成：授权网络和带有认知功能的农业物联网。在认知农业物联网中，认知节点与授权用户共存，并且机会式地接入可用的频谱资源。

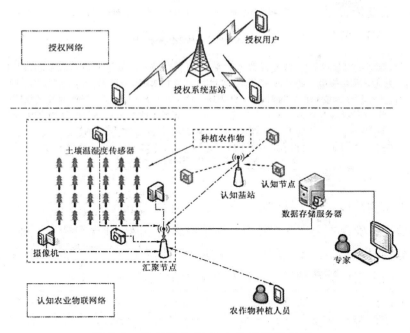

图 7-2　基于认知的农业物联网架构图

授权网络是指现存的对无线频谱有使用资格的网络，如移动通信中获得频谱牌照使用权的 3G 和 4G 网络运营商。尽管认知网络中认知节点通过频谱感知可以机会式地利用空闲的频谱资源，但授权网络对频谱资源具有绝对的优先使用权。在授权网络中，授权用户是指按一定规则允许接入的用户，如蜂窝移动网络中的移动终端用户，或者电视广播网络中的电视用户。这些用户通常付费给运营商，从而享受相应的移动业务。授权系统的基站主要是指授权网络中的中心控制节点。

认知农业物联网是指具有认知无线电功能的农业物联网，是将认知无线电的频谱感知技术与农业物联网中感知层和传输层相结合的网络。认知农业物联网只允许认知用户机会式地接入空闲的频谱资源，不会对授权网络造成有害的干扰。

图 7-2 中的认知农业物联网是认知无线网络与农业物联网的结合。认知节点通过频谱感知功能感知当前无线环境中是否存在空闲的可用频谱资源，然后将频谱感知结果报告给认知基站，认知基站通过一定的信息融合判决准则，做出最终的当前频谱资源使用情况，并将空闲的频谱资源发送给农业物联网中的汇聚基站。在农作物种植区域内，各种传感器将土壤的温湿度等信息发送给汇聚节点，同时摄像机实时监测当前农作物的生长环境并汇报给汇聚节点，汇聚节点将数据发送到数据存储服务器中，农作物专家远程对数据进行分析和处理，农作物种植人员也可以通过远程智能终端实时获取农作物生长情况，比如是否需要进行灌溉等。

农业物联网中感知层和传输层需要大量频谱资源的分析，感知层中视频摄像传感器和土壤温湿度传感器等设备需要频谱资源完成实时监测农作物的生成情况，传输层需要借助 3G/4G、蓝牙或 Wi-Fi 技术实现信息数据的传递汇报，而无线通信技术所使用的频谱资源存在拥挤情况。因此，基于认知的农业物联网架构在一定程度上可以解决频谱资源紧缺的问题。

第三节　粗细两阶段的合作频谱感知方法

在单点检测阶段，每个认知用户节点独立地使用单点检测的方法，对可检测范围执行频谱检测，确定主用户存在与否。能量检测的性能会受噪声功率不确定性的影响，且不能区分信号类型，因此它经常会产生虚警。周期性循环平稳特征检测法可以检测出低信噪比的主用户信号，但也需事先知道主用户信号的一些信息。

鉴于上面所述，简单地选择任何一种检测方法都不会太理想。为了达到检测中对检测时间和灵敏度的要求，这里提出一种粗细混合频谱感知（检测）方法。它由粗检测和细检测两部分构成，其中粗检测采用能量检测法，细检测采用一阶循环平稳特征检测法。

一、粗检测

粗检测的目的是检测出主用户存在与否：如果检测出主用户存在，则不再对主用户所占的频谱进行细检测；如果检测出主用户不存在，即所检频谱空闲频谱，则再对其进行细检测以确定主用户是否真的不存在。

由于能量检测法的简单性，在粗检测阶段采用能量检测法。设 μ 为时间带宽积，γ 为信噪比，δ 为噪声方差，λ 为判决阈值门限，则能量检测在加性高斯白噪声（additive white gaussian noise，AWGN）信道下的检测概率（$P_{d_{ower}}$）和虚警概率（$P_{E_{power}}$）为

$$P_{d_{ower}} = Q\left(\sqrt{2\gamma}, \sqrt{\lambda}\right) \qquad (7\text{-}1)$$

$$P_{F_{p_{ower}}} = \frac{\Gamma\left(\mu, \dfrac{\lambda}{2}\right)}{\Gamma(\mu)} \qquad (7\text{-}2)$$

式中 $Q\left(\sqrt{2\gamma}, \sqrt{\lambda}\right)$ 为 Marcum Q 函数，$\Gamma(\mu)$ 为完全函数，$\Gamma\left(\mu, \dfrac{\lambda}{2}\right) = \Gamma(\mu) - r\left(\mu, \dfrac{\lambda}{2}\right)$，$r\left(\mu, \dfrac{\lambda}{2}\right)$ 为不完全 Gamma 函数。

二、细检测

细检测的目的是确定粗检测的检测结果，确定主用户当前是否真的不存在，在检测的同时得到该空闲信道上主用户的信号特征、使用规律，以方便以后的检测。

根据循环平稳信号处理理论，大多数调制信号的平均值和自相关函数具有周期性，所以细检测是一个循环平稳的过程。主用户信号就是一种调制信号。一般情况下，对循环平稳信号的分析基于它的自相关函数，而我们这里根据主用户信号的平均值特征来检测主用户信号的存在，在时域中提高检测效率。

设 y 为信噪比，δ 为噪声方差，$2N+1$ 为采样点数，λ 为判决阈值门限，则一阶循环平稳特征检测法在 AWGN 信道下的检测概率（P_{d_msd}）和虚警概率（P_{f_msd}）为

$$P_{d\_msd} = Q_1\left(\frac{\sqrt{2\gamma}}{\delta}, \frac{\lambda(2N+1)}{\delta}\right) \tag{7-3}$$

$$P_{f\_msd} = e^{-\frac{\lambda^2(2N+1)^2}{2\delta^2}} \tag{7-4}$$

三、粗细混合合作频谱感知方法

考虑到授权用户在衰落环境下的低功耗，通过粗检测的能量检测技术很难发现授权用户，它也许会发生漏检，造成频谱检测性能的不准确。因此，为了避免对授权用户的干扰，在粗检测感知判决信道为空闲后将实施细检测方案，即一阶循环平稳特征检测方法。如果经检测后的频谱判决结果仍然为空闲信道，则将其作为当前信道的最终判决结果，认知用户可以利用该信道。

根据上述粗细混合检测方法的思想，粗细混合合作频谱感知方法的流程图如图 7-3 所示。

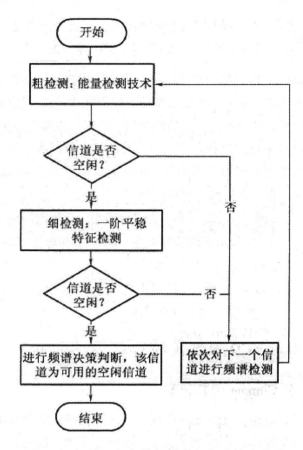

图 7-3 粗细混合合作频谱感知方法的流程图

该方法的频谱感知性能指标检测概率（P_d）与虚警概率（P_f）分别为

$$P_d = P_{d\_power} + \left(1 - P_{d\_power}\right)P_{d\_mand} \tag{7-6}$$

$$P_f = P_{f\_power} + \left(1 - P_{f\_power}\right)P_{f\_mand} \tag{7-7}$$

误检概率 P_{md} 表示授权用户占用信道而认知用户没有检测出该信道被占用误认为其空闲的概率，则

$$P_{md} = 1 - P_d \tag{7-8}$$

对于粗细混合合作频谱感知方法，采用信息融合的 AND 与 OR 两种准则，分别将式（7-1）、式（7-4）和式（7-2）、式（7-5）代入式（7-6）与式（7-7）即可获得协作检测性能指标。

第四节　仿真结果与性能分析

以下分别对粗检测、细检测和粗细混合检测方法进行仿真与对比分析。图 7-4 是粗检测的能量检测法、细检测的一阶循环平稳特征检测法与本章提出的粗细混合检测方法在高斯白噪声信道 AWGN 下且信噪比为 10 dB 时的性能比较。其中，P_f 表示虚警概率，P_{md} 表示漏检概率。

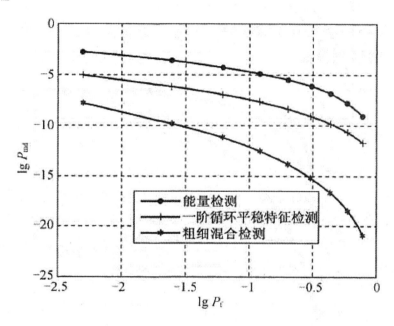

图 7-4　三种单节点频谱检测方法的检测性能比较

由图 7-4 可以看出，在同等虚警概率下，一阶循环平稳特征检测法的误检概率要小于能量检测法的漏检概率，即前者的检测概率大于后者，这印证了前文的比较。同时，粗细混合检测方法的检测概率比单一采用任何一种检测法的检测概率都要高，由此可以看出粗细混合检测方法的优良性能。

图 7-5 和图 7-6 分别进一步对不同检测方法在协作信息融合的 AND 与 OR 准则下的频谱感知性能进行对比分析。选取 5 个不同认知用户参与合作频谱感知，设其信噪比分别为 15 dB、5 dB、0 dB、–10 dB、–15 dB。

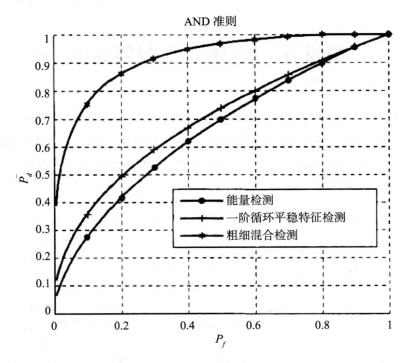

图 7-5 三种合作频谱感知方法在 AND 准则下的性能比较

由图 7-5 可以看出，在同等虚警概率下，粗细混合检测方法的检测概率在 AND 准则下比一阶循环平稳特征检测法和能量检测法的检测概率要高。具体而言，在虚警概率为 0.1 时，能量检测与一阶循环平稳特征检测的检测概率不到 0.4，而粗细混合检测算法已接近 0.7，获得了较好的频谱检测性能。

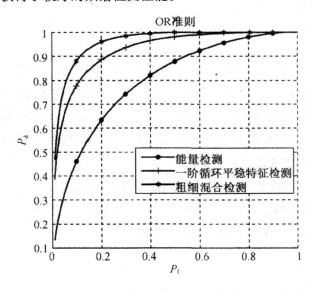

图 7-6 三种合作频谱感知方法在 OR 准则下的性能比较

　　由图 7-6 可以看出，在 OR 准则下，粗细混合检测方法在检测性能上优于能量检测与一阶循环平稳特征检测。此外，与 AND 准则相比，OR 准则下粗细混合检测方法相较于单一检测方法的检测概率性能并不明显。因此，协作检测的信息融合方案的选择在一定程度上影响着其频谱检测性能。

第八章 农业物联网中认知频谱感知篡改攻击防御方法

第一节 认知无线电在农业物联网中的应用可行性分析

本章详细地分析了物联网应用过程中对频谱资源的需求，因此考虑将认知无线电技术应用在农业物联网中。认知无线电技术的出现就是为了解决当前部分频谱资源紧缺而部分频谱资源空闲浪费的矛盾。除了频谱资源因素外，将认知无线电技术与物联网中的物物通信结合还有以下几个方面原因。

一是海量智能终端需要进行物物通信。消除频谱拥塞是将认知无线电应用于物联网中物物通信的最主要目的。在农业物联网中，万物通信的主要挑战是智能终端的急剧增加。大量的无线传感器节点需要分布在整个农田环境中，以实现对农作物生长的实时监控和信息传递，因此对频谱的需求量也急剧增加，而认知无线电利用频谱资源可以支持大规模数据传输。

二是将认知无线电技术与物联网中的物物通信结合能够节约能源。智能无线设备是一种低成本、低功耗的装置，其目的是保证长时间工作而不需要更换电池。在这种情况下，对于物联网的物体通信来说，优化节点的传感和处理从而节约能源是非常重要的。而认知无线电是一种绿色节能的技术。在次要网络中，具有认知功能的智能设备能够基于周围环境自适应地调整其传输功率，同时保证对授权网络不会造成有害干扰。这种内在的感知和适应性功能使认知无线电成为未来无线电系统的关键技术。

三是应用认知无线电技术能够减少或避免干扰问题。在物物通信中存在越来越密集的干扰，包括在 ISM 频段内免授权系统间的内部无线信号干扰，以及外部电子设备的电磁干扰。物联网中的物物通信会受这样的共存干扰而导致性能衰退。通过利用认知无线电的重配置功能，智能无线设备能够快速地切换到不同的无线模式，因此可大大减少甚至避免其他设备或外部无线环境的干扰。

随着农业物联网项目的不断应用，有限的频谱资源在感知层与传输层中变得越来越匮乏。认知无线电技术的出现可以解决频谱资源浪费的问题，利用频谱感知技术发现可利用的空闲频谱资源。然而，认知无线电技术与农业物联网的结合在应用中也面临着诸多问题。

认知无线电是近些年新兴的技术，学术界对它的研究还处于理论研究阶段，尚没有实际应用的研究。物联网虽然已经在很多行业得以应用，但目前国内外很少有将认知无线电技术应用到物联网中的研究。因此，认知农业物联网实现最大的挑战不是成本和效率等问题，而是如何将认知无线电与农业物联网进行较好的结合。将具有认知功能的节点加入农业物联网环境虽然具有可行性，但需要在现有的农业物联网中布置新的认知无线网络。

另一种方案就是不必铺设新的认知网络，但需要在农业物联网中的传感器节点上增加认知功能，使传感器能够具有频谱感知功能，自行感知周围无线环境，发现空闲频谱资源并

加以利用。这种方案需要对现有的传感器硬件设备和软件协议加以修改。具有认知功能的智能设备模块结构如图 8-1 所示。

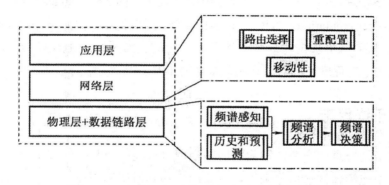

图 8-1　具有认知功能的智能设备模块结构

传统的智能模块在媒介访问控制模块中能够侦听信道状态，并在信道空闲时传输数据。图 8-1 所示的具有认知功能的智能设备模块在物理层及数据链路层中包括频谱感知模块、历史和预测模块、频谱分析模块、频谱决策模块，在网络层中包括频谱移动模块、参数重配置模块和路由选择模块。

具有认知功能的智能设备通过频谱感知技术发现可用的空闲频谱资源，以供农业物联网监测农作物生长情况所需。为了更准确地利用空闲频谱资源，在进行频谱分析之前，可进一步结合历史和预测模块的数据，根据历史感知频谱资源的使用情况以及预测，实现频谱资源感知的精确性，最终根据农业物联网中所需要进行的业务，选择可用的频谱资源。

第二节　认知无线电在农业物联网中的安全威胁分析

认知无线电技术在努力实现频谱高效利用的同时，也引入了很多新的安全威胁。除了不可避免的自然因素对网络可用性造成的严重威胁外，认知无线网络的另一大安全威胁就是纷繁复杂的攻击行为。在不可信的认知无线网络中，恶意用户发起的安全威胁攻击一方面可能会对授权用户造成有害干扰，另一方面可能会使认知用户失去频谱的接入机会。

目前，大多数对合作频谱检测的研究通常假设各认知用户是安全可靠的。然而在实际无线环境中，存在各种对系统安全的威胁。因此，有必要分析认知无线网络中恶意用户攻击对合作检测性能的影响，并进一步研究相应的防御攻击策略。通常，认知无线电网络物理层的安全威胁可以分为干扰攻击（jamming attack，JA）、主用户假冒（primary user emulation，PUE）攻击和频谱感知数据篡改（spectrum sensing data falsification，SSDF，）攻击。针对上述可能产生的安全威胁攻击设计相应的安全防御措施，可以在「定程度上消除恶意用户带来的不利影响。

一、干扰攻击

干扰攻击是恶意用户在认知无线网络中可以实施的最基本的攻击。恶意用户通过在授权频谱中连续地发送信号来干扰授权用户和其他认知用户。恶意干扰攻击在多个认知无线网络重叠区域实施时，能够随意对附近授权用户和认知用户发起较长时间的干扰攻击而不会被中断，这是由于恶意用户在未受害用户所在网络基站的直接控制下，其干扰行为无法被立即制止。

此外，基于授权用户接收机位置的不可知性，恶意用户故意对授权用户造成严重干扰。靠近授权用户接收机的恶意用户参与协作数据的传送，恶意用户隐瞒了检测结果，并要求其他认知用户都经过它转发数据。尽管认知用户将干扰低于门限值的授权用户，但其他用户向恶意用户传送数据会对授权用户造成干扰。

二、主用户仿冒攻击

主用户仿冒攻击是指恶意用户通过模仿主用户信号的特征来发射信号，从而影响认知用户频谱检测的性能。具体表现为在不可信的网络环境中，恶意用户发射与主用户信号特征类似的信号，使得认知用户在频谱检测过程中将其误认为主用户，从而失去使用该频谱的机会。这种攻击只在空闲频段上进行，其目的不是对授权用户造成干扰，而是夺取可以被其他认知用户利用的频谱资源。

根据主用户仿冒攻击的目的，它可分为自私攻击和恶意攻击。自私攻击一旦检测到空闲频谱，便发射模仿主用户的信号，从而使其他认知用户误认为该频段忙碌而放弃占用，最终自私攻击的用户独自占用该空闲频谱。恶意攻击的用户本身并不使用频谱，而是阻止其他认知用户检测到并使用该空闲频谱。由于现有的感知技术主要使用能量感知，这种简单的检测方式无法区分信号是否来自授权系统，因此在一定程度上很容易受到主用户仿冒攻击的影响。

三、频谱感知数据篡改攻击

在合作频谱感知技术的研究中，通常假设所有认知用户都是正常工作的。但在实际的网络环境中，不可能保证所有认知用户都会正常发送正确的频谱检测结果。在不可信的无线网络中，恶意攻击者发送错误的本地感知结果给中心节点，致使中心节点最终做出错误的判决。

在 SSDF 攻击中，恶意用户强制修改本地的频谱感知结果，将错误的信息发送到融合中心，从而影响判决的准确性。SSDF 攻击通常包括恶意用户始终发送"1"或"0"，以及始终发送与真实结果相反的数据。显然，最后一种 SSDF 攻击对合作频谱感知性能的影响最大。

此外，同干扰攻击和主用户仿冒攻击相比，虚假感知信息攻击对频谱检测性能带来的影响更为严重，既可能对主用户产生干扰，也可能使认知用户失去频谱接入机会。

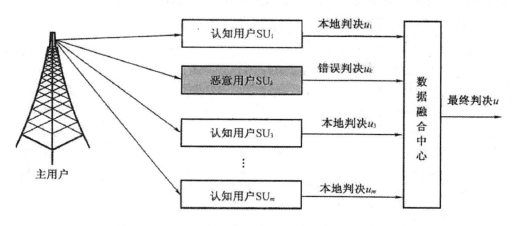

图 8-2　认知无线电网络中频谱感知数据篡改攻击

图 8-2 描述了 SSDF 攻击对合作频谱感知性能的影响。在 SSDF 攻击中，恶意用户 SUA 发送篡改的感知结果，根据虚假信息的不同，合作频谱感知的性能会受到不同的影响。如果恶意用户 SU，始终发送"1"，将大大降低无线网络中频谱的利用率；如果恶意用户 SUa 始终发送"0"，将会对授权用户造成严重的干扰，同时也会影响认知用户的通信质量；影响最为严重的是恶意用户 SU4 始终发送与真实情况相反的检测结果，这既会对授权用户造成一定程度的干扰，也会减少合法认知用户接入空闲授权频段的机会。

第三节 基于 SSDF 的防御攻击方法

一、系统模型

在合作频谱感知中，存在恶意攻击者发送错误的本地感知结果。这种攻击方式的攻击者强制修改真实的检测结果，使其永远为"0"或永远为"1"，或将真实的检测结果取代，然后将修改后的虚假信息发送给融合中心，进而影响数据融合中心的最终判决。

图 8-3 表现了合作频谱感知中恶意用户带来虚假感知信息的安全威胁场景。认知无线网络中存在一个授权主系统、一个认知基站、多个认知用户及恶意用户。假设认知小区内的认知用户进行合作频谱感知，且感知结果相互独立。认知基站对这些检测结果根据融合准则做出判决后，再将授权频段的使用情况告知各认知用户。上述信息交换均基于特定的控制信道完成，不失一般性，且假设该信道为理想信道。

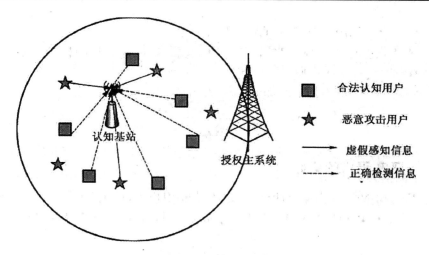

图 8-3 基于恶意用户虚假感知信息的合作频谱感知场景

为了消除恶意用户对协作检测性能的影响，已经有部分学者针对 SSDF 攻击的防御机制进行了研究。不同于已有的基于检测一致性和基于信誉的协作频谱检测方法，本节提出

一种剔除恶意用户的防御攻击策略。该方法在计算各认知用户的信誉值之后，并不将所有用户根据信誉值加权进行最终判决，而是通过设置不同门限，将低于最低信誉值的用户直接剔除，令剩下的可靠用户参与下一次频谱检测和判决。

本节提出的防御攻击方法主要由三部分组成：认知用户信誉的评价、恶意用户剔除策略、可靠信息融合判决。该方法通过检验认知用户历次的检测结果建立该用户的信誉值，根据各认知用户检测结果与最终检测结果一致与否更新信誉值，再使用加权融合准则做出最终判决，将信誉值与固定的门限相比较，进行认知用户的属性判断：若信誉值高于较低门限，则进行下一轮频谱检测；若信誉值低于最低门限，则剔除该用户，不允许其参与下一次协作感知。

二、认知用户信誉的计算

首先为每个认知用户分配一个初始信誉值 $r_i(0)$，该信誉值与报告结果的可信度相关。当认知用户的决策与总判决一致时，信誉值加 1，否则信誉值减 1，则第 i 个认知用户在第 j 次检测时的信誉值 $r_i(j)$ 为

$$r_i(j) = r_i(j-1) + (-1)^{d_i(j)+d(j)} \tag{8-1}$$

式中 $d(j)$ 为最终决策的结果，$d_i(j)$ 为第 i 个认知用户的决策，则

$$d_i(j) = \begin{cases} 1, & T_i(j) \geqslant \lambda \\ 0, & 其他 \end{cases} \tag{8-2}$$

式中 $T_i(j)$ 为第 i 个认知用户在第 j 次检测时获得的能量值，λ 为决策门限。进行信誉加权融合之前，首先要根据每个认知用户的信誉值计算加权系数，令 w_i 为第 i 个认知用户的加权值，且 $w_i \in (0,1]$，则加权系数为

$$w_i(j) = \frac{r_i(j)}{\sum_{i=1}^{N} r_i(j)} \tag{8-3}$$

加权系数的计算方法实质上降低了那些低信誉值认知用户对最终判决结果的影响，同时提高了高信誉值认知用户对最终判决结果的影响。在获得各认知用户的加权系数后，融合中心利用各认知用户的检测结果，引入加权系数 w_i 进行加权融合，则判决准则为

$$d(j) = \begin{cases} 1, & \sum_{i=1}^{N} w_i(j) T_i(j) \geq \lambda \\ 0, & 其他 \end{cases} \tag{8-4}$$

三、恶意用户的剔除

基于上节对认知用户信誉值的计算，根据认知用户不同的信誉值，对认知用户属性分类进行判断，设定较高和较低信誉门限值分别为 α 与 β，设定各认知用户的初始信誉值 $r_i(0) = \frac{\alpha + \beta}{2}$，则具体判断如下：

（1）当认知用户 i 的信誉值满足 $r_i(j) \geq \alpha$ 时，则判断该认知用户为可信的正常用户，允许其感知结果参与合作频谱感知，并将其信誉值加 1；

（2）当认知用户 i 的信誉值满足 $r_i(j) < \beta$ 时，则判断该认知用户为不可信的恶意用户，将其结果从所有用户的感知结果中剔除，禁止其参与合作频谱感知，并且将其信誉值减 1；

（3）当认知用户的信誉值满足 $\alpha > r_i(j) \geq \beta$ 时，则判断该认知用户为可信度待定的用户，并且根据其判决结果与最终决策一致与否，将其信誉值加 1 或减 1。

基于上述对认知用户信誉值的判断，将产生以下不同情况：①一部分正常认知用户每次都发送可靠、正确的检测结果，与最终判决结果一致，其信誉值不断增加，直到增大到预定门限也则将其作为可信用户参与以后的合作频谱感知；②恶意用户每次都发送与真实检测结果相反的信息，其信誉值逐渐减小，直到低于最低门限后则判断其为恶意用户而被剔除；③还有一部分正常认知用户发送的检测结果时而正确、时而错误，这可能是源于衰落或隐终端等问题引起的频谱检测不准确性，根据相应的信誉值，判断其为可信度待定用户。

四、方法流程设计

基于恶意用户剔除的协作检测方法有以下详细步骤。

（1）首先对各认知用户设置初始信誉值。

（2）各认知用户执行本地频谱检测。

（3）认知用户上报检测结果到中心基站，中心基站根据一定准则进行全局判决。

（4）将认知用户的本地检测结果与全局判决结果相比较，更新信誉值：与判决结果相同的信誉值加 1；与判决结果不同的信誉值减 1。

（5）将认知用户的信誉值与设定的门限相比较，对认知用户的属性进行判断：若认知用户属于待定用户或正常用户，则返回步骤（2），进行下一轮频谱检测；若认知用户属于恶意用户，则剔除该用户的感知结果，不允许其参与下一次协作感知。

通过上述分析可以看出：剔除恶意用户的防御 SSDF 攻击的合作频谱感知方法一方面降低了算法的复杂度和计算量，这是由于恶意用户的信誉值降低到一定门槛后将被剔除；另一方面提高了协作检测的准确度，这是因为只有信誉值较高的可信用户和信誉值中等的特定用户才能参与协作检测。

第四节　仿真结果与性能分析

为了验证分析恶意用户的 SSDF 攻击对合作频谱感知性能的影响，本节基于 Matlab 仿真平台，讨论了虚假感知信息安全威胁下协作检测性能的仿真结果。假设认知用户的平均信噪比为 -15 dB，共有 30 个认知用户，认知无线电网络中只有少量的恶意用户，恶意用户数（乃最多为 15 个。基于上述基本仿真参数，以下分析了恶意用户始终发送相反结果这种恶劣篡改感知信息攻击场景下的协作检测性能。

图 9-4 表现了 $q=10$ 时恶意用户数对协作虚警概率（Q_f）的影响。如图 8-4 所示，在认知用户数相同时，没有恶意用户的协作虚警概率明显小于存在恶意用户的协作虚警概率。随着恶意用户数的逐渐增大，协作虚警概率逐渐上升，进而造成频谱资源的极大浪费，使频谱利用率很低。这是由于当授权用户不存在时，恶意用户始终发送授权用户存在的信息，造成大量虚警的可能，使认知用户失去频谱接入机会。由图 9-4 可以看出，当认知用户数为 20 时，无恶意用户（$k=0$）的协作虚警概率接近 0.15，而恶意用户数为 2 时的协作虚警概率接近 0.3。

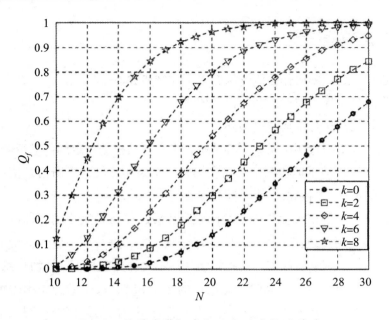

图 8-4　协作虚警概率与认知用户数的关系

以下研究给定恶意用户数为 5 时协作虚警概率与认知用户数的关系。如图 8-5 所示：随着认知用户数的逐渐增加，协作虚警概率也逐渐增大；认知用户数固定时，不同的 q 值对合作频谱感知性能也有很大的影响，随着 q 值的增大，协作虚警概率逐渐减小。例如，$N=25$、$q=22$ 时的协作虚警概率接近 0.1，而 $q=18$ 时的协作虚警概率接近 0.8。因此，为了充分利用频谱资源，采用较高的 q 值可以带来较低的虚警性能。

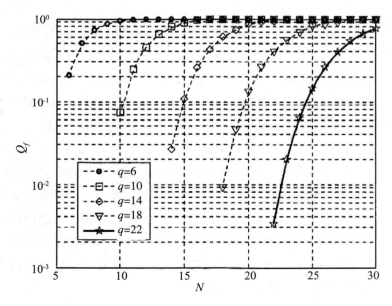

图 8-5　h=5 时协作虚警概率与认知用户数的关系

以下进一步研究基于信誉剔除恶意用户的防御攻击方法的可行性。令较高和较低信誉门限值分别为 9 与 1，则初始信誉值为 5。图 8-6 研究了存在 k 个恶意用户攻击时，直接采用 q-out-of-N 规则的协作检测方法、所有用户基于信誉加权的检测方法以及剔除恶意用户的合作频谱感知方法的性能。由图 8-6 可以看出：随着恶意用户数的逐渐增加，未采取防御攻击措施的协作检测概率（Q_d）逐渐减小；在恶意用户数相同的情况下，不采取任何防御攻击措施的方法获得了较差的检测性能，而采取防御攻击措施的信誉加权与剔除恶意用户的方法获得了较高的检测概率；与基于所有用户的信誉加权方法相比，在恶意用户数相同的情况下，剔除恶意用户的协作检测方法的性能得到了进一步的提升，其协作检测概率达到了 0.8，比基于信誉加权方法的检测概率提高了大约 0.06。

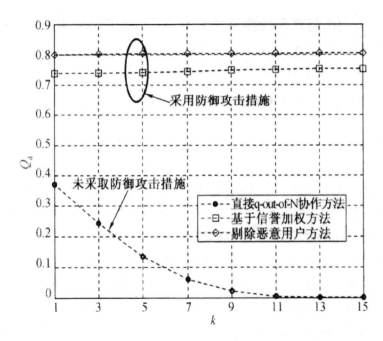

图 8-6　恶意用户攻击在不同算法下的协作检测概率

如图 8-7 所示，未采取任何防御攻击措施的 q-out-of-N 方法的协作虚警概率随着恶意用户的增加而逐渐增大。信誉加权方法为恶意用户设置较低的信誉权值，虽然同未采取防御措施的方法降低了协作虚警概率，但恶意用户的虚假感知信息仍然影响着最终的检测性能。同样地，与所有用户信誉加权方法相比，剔除恶意用户的防御攻击方法获得了较低的协作虚警概率。在剔除恶意用户的防御攻击方法中，协作虚警概率不随恶意用户数的变化而改变，这主要是由于该方法通过判断信誉值剔除了恶意用户。

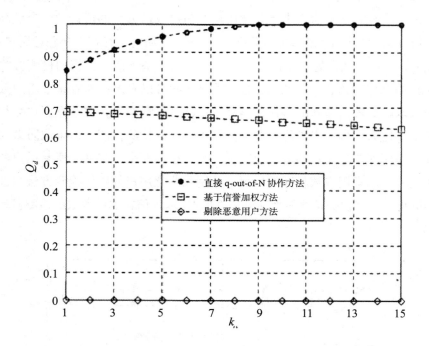

图 8-7　恶意用户攻击在不同方法下的协作预警概率

　　以上研究基于虚假感知信息篡改攻击，讨论了恶意用户始终发送 "0" 或 "1" 以及始终发送与真实检测结果相反的信息这三种篡改方式对合作频谱感知性能的影响。通过理论推导和仿真分析可知，恶意用户始终发送 "1" 时采用 AND 准则，恶意用户始终发送 "0" 时采用 OR 准则，可以获得折中的协作检测性能，否则恶意用户将会分别导致认知用户失去大量频谱接入机会以及对授权用户造成较大干扰；此外，对于恶意用户始终报告相反结果的攻击，采用 q-out-of-N 规则进行协作检测性能研究，在恶意用户较少的情况下，从保护授权用户的角度出发，需要较小的夕值，从充分利用频谱资源的角度出发，需要较大的 9 值，进而获得较好的协作检测性能。对于基于信誉值的剔除恶意用户的防御攻击措施来说，通过仿真分析可知，该方法的协作检测性能和协作虚警性能都优于传统的协作检测方法。

第九章 认知无线电的频谱切换技术研究

虽然近几年认知无线电技术得到了广泛的关注和初步的发展，并被预言为未来最热门的通信技术，但认知无线电技术还远不成熟，特别是关于 MAC 层的研究还比较少。在认知无线电的 MAC 层研究中，频谱切换虽然应是研究重点，但国内外对认知无线电网络中频谱切换的深入研究几乎还是空白。大部分研究只是从概念上阐述了切换管理对于维持认知用户通信连续性的重要意义，笼统地介绍了认知无线电网络中频谱切换所面临的问题，以及将频谱切换与频谱分配或接入等功能模块进行联合设计。到目前为止，并没有学者针对认知无线电网络的频谱切换做深入、全面、系统的研究。

第一节 频谱切换技术概述

一、频谱切换的定义

在认知无线电网络中，为了合理利用频谱移动性，需要引入一种新型的切换方式，使其在不同的频段上进行转换。图 9-1 为认知无线电网络中频谱切换的示意图。由图 9-1 可以看出，主用户拥有合法权利使用本系统的频谱，而认知用户只能在对主用户不产生干扰的前提下择机地使用空闲的频谱，当主用户有通信需求时，认知用户应及时交还频谱，交还后，认知用户还需寻找其他可用的频谱来继续未完成的通信。这种频段转换的过程称为频谱切换。

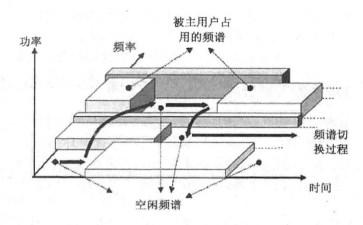

图 9-1　认知无线电网络中频谱切换示意图

在认知无线电网络中，引起频谱切换的原因主要有以下几个方面。

（1）当主用户出现时，基于保护主用户应得权益的要求，当主用户需要重新占用认知用户所使用的某个频谱时，认知用户需要立即避让；

（2）当认知用户所使用的信道状态变差时，为保证其 QoS 需求，认知用户需要转换工作频段；

（3）认知用户自身移动会引起可用频谱的变化，从而需要转换工作频段。

第一种情况在认知无线电网络中最为普遍，是设计频谱切换方法和协议时应该首先考虑的问题，也最能体现认知无线电的特点。第二种情况类似于传统网络中用户信号变差而触发切换的情形，需要设计合理的切换算法避免"乒乓切换"等情况发生。第三种情况是由认知用户的移动性引起的，需要引入下一代网络中移动性管理的部分内容。由于其涉及网络拓扑的可变性，因此分析起来也较为复杂。

二、频谱切换的流程

在发现可用资源的过程中，由于认知无线电网络中可用资源的动态特性，频谱切换的情况更加复杂，具体表现在以下几个方面。

（1）主用户使用通信资源的不确定性，导致认知用户随时处于"待命"状态。认知用户的通信质量很大程度上受制于主用户，过于频繁的频谱切换会导致切换时延和掉话率的增加。

（2）在认知无线电网络中，相应的工作需要频谱检测来完成，从检测开始、到选择、到确定最为合适资源的过程，较传统过程更为复杂，且需要处理更多的数据，这无疑会增加时间上的开销。

（3）在频谱切换的决策过程中，传统的切换只考虑以信号强度为主的几个参数，因此判断过程相对简单。而在认知无线电网络中，频谱切换决策过程可能还要考虑诸如网络带宽、负载状况、覆盖范围以及用户偏好等更多的参数，这会使处理过程更加复杂。

（4）频谱切换的执行过程涉及传输参数配置，需要协议重构两种传统切换中没有的过程。

上述种种都造成在认知无线电网络中，频谱切换延迟问题更甚于传统网络的切换延迟，认知用户的掉话率和切换概率都更加难以被控制在能接受的范围内。因此，在认知用户发现可用频谱资源的过程中，可采用实时发现和按需发现折中的方式，并周期性地检测当前其所使用频段上主用户的需求情况：若主用户有频谱需求，认知用户应立即交出正在使用的频段，并结合可用频谱资源和业务需求，选择合适的切换方式执行频谱切换过程。

三、频谱切换的关键技术

结合认知无线电网络的特点，频谱切换过程主要涉及三种关键技术：通过选择性地感知频谱来降低频谱的感知时间，从而降低切换延迟，并通过对环境进行监测预判切换的发生；优化频谱选择方法，最小化切换过程中对认知用户服务质量的下降；优化切换执行过程，降低认知用户的掉话率Q以下详细介绍频谱切换方法中的三种关键技术。

1.切换预判

认知用户在通信过程中，必须周期性地监测信号强度和主用户是否出现。在每个周期内，监测持续时间的长短会影响认知用户的信道效率，监测周期长短也需要具体考虑认知用户和主用户的移动速度。有研究针对最大化信道效率的目标，提出了优化监测周期的方法，但是并没有考虑用户QoS需求、主用户的使用频率等因素。为了降低切换延迟，可以选择性地检测可用频谱，优先检测主用户使用率较低的频谱，这样不仅能降低切换延迟，而且能降低功耗。还有研究通过收集和分析环境统计量对可用频谱进行分配，达到降低切换概率和减少对主用户干扰的目的。通过对主用户信息的收集来预测未来时刻频谱是否空闲有两种预测方式：一种是基于TDMA系统和CSMA协议的周期性检测主用户信息的方式；另一种是基于隐式马尔科夫链的预测方式。认知用户分布式收集频谱统计量的信息，并在公共控制信道上使用CSMA/CA协议交互统计量信息后选择接入频谱。

虽然相关研究提出了一类预测性的接入思想，频谱切换中利用此类思想可以减少切换延迟，并能提高选择频谱资源的稳定性，但这类预判机制使得系统的开销较大，大量的交互信息和数据运算使得其在认知无线电网络中实现起来非常困难。另外，如果切换处理方式和接入处理方式一样，则切换请求失败的概率和呼叫阻塞的概率是一样的，然而从用户的观点来看，正在进行的通话中断比偶尔的新呼叫阻塞更令人讨厌，所以在设计认知系统的切换协议时，切换请求的优先级应该高于接入请求的优先级。

2. 切换中的频谱选择

频谱切换过程中可用频谱的选择对于降低切换频率、提高系统性能显得尤为重要，切换方法的核心也在于此。在频谱切换时，对认知用户来说，可能好几个频段都可以使用，这就需要提出基于认知网络特点的频谱选择方法。在认知无线电网络中，好的切换方法不光需要考虑链路质量、切换延迟、掉话率等传统的切换指标，还需考虑到对主用户的干扰、用户喜好、频谱资源稳定性等认知无线电网络特有的切换因素。

V.Kanodia 等提出了 MORA 协议里认知用户衡量切换代价的标准。发射机进行频谱切换后，需要通过握手机制告诉接收机新的信道，从而会引发额外的开销，因此需要对频谱切换进行限制，以在频谱切换带来的信道容量增益和系统性能下降之间达到平衡。V.Kanodia 利用最优停止时间理论来解决如何最大化频谱切换带来的增益，同时最小化频谱切换引发的开销。但是上述方法对频谱切换衡量标准的考虑较为单一，仅考虑了信道测量的因素，对其他认知系统特有的因素并未进行考虑。

3. 切换执行过程

一旦选择了频谱，就需要设计一种新的切换机制来减少频谱切换对认知用户所造成的延迟和性能下降。目前的各类研究成果表明，在认知无线电网络中优化切换执行过程可以从以下两方面考虑。

（1）采用预留信道机制，在频谱分配时预留出一定数量的信道作为切换专用，这样可以降低切换掉话率。但考虑到在认知无线电网络中可用频谱是可变的，这里的预留指的是动态性预留，即周期性地监测出一定数量的可用信道作为切换专用。采用马尔科夫链的接入模型分析了预留信道式的接入方式，它在牺牲一定接入成功率的前提下可以大幅度降低掉话率，但由于它采用的是静态式的信道分配方式，因此并不适合认知网络的具体实现。

（2）可以借用支持 adhoc 的终端在小区网络间切换的思想，即当移动终端在两个网络无信号覆盖的区域运动时，或移动终端进入新的小区暂时无频谱可用时，为了降低掉话率，可以暂时使用 adhoc 的方式通过在原网络移动中继续传输信号保持通信连接，当新网络中有可用频谱时再切换到新的频谱。但是它并没有分业务讨论，对于对通信延迟要求较高的实时业务而言，这种切换方式很可能不能满足用户的 QoS 需求。

四、频谱切换的性能指标

认知无线电网络中的频谱切换主要有以下性能指标。

1. 频谱切换概率

频谱切换次数与通信次数的比值。在认知无线电网络中，频谱切换会使通信的链路中断，接入新的信道也会有延迟，因此频繁的频谱切换会带来链路层延迟，同时更高层也会受到频谱切换的影响，造成整个系统性能的下降。所以在设计频谱切换方法时，要尽量降低认知系统的频谱切换概率。

2. 掉话率

掉话次数与成功建立通信连接次数的比值。掉话率过大必然会降低对用户的服务质量，因此在设计切换协议时，应采取必要的措施降低认知用户的掉话率。

3. 切换延迟

在切换执行过程中，由于频谱选择、节点处理等一系列原因，会产生一定的切换延迟。若切换延迟过大，则会降低认知用户自身的服务质量，也会对具有频谱优先使用权的主用户产生干扰。所以在设计切换方法及协议时，应尽量降低频谱切换的切换延迟。

本章将基于以上几个频谱切换性能的量化指标，对认知无线电网络中频谱切换的方法及协议进行研究，设计适合在认知无线电环境中使用的频谱切换方法和协议。

第二节　频谱切换技术的研究现状

在频谱切换策略中，主要有主动式频谱切换和被动式频谱切换。主动式频谱切换是指在授权用户未到达、通信未被迫中断之前，认知用户能够预测到授权用户即将到来，并主动选择信道进行切换。被动式频谱切换是指在授权用户到达、通信被迫中断之后，认知用户再选择信道进行切换。主动式频谱切换最重要的是对授权用户行为进行估计和建模，预测授权用户到达的概率，在通信未被迫中断之前主动选择信道进行切换。

在频谱切换过程中，应基于使总的服务时间最少这个目标来选择频谱切换的信道。当 SU 被 PU 打断时，如果选择待在原来的信道上，总的服务时间包括感知信道空闲时间、握手时间和剩余的等待时间；如果选择切换到其他信道上，总的服务时间包括感知信道空闲时间、切换时间和握手时间。比较各信道总服务时间，选择使总的服务时间最少的信道。下面主要介绍主动式频谱切换方面的研究。

一、基于 PRP 模型的研究

基于 PreemptiveResumePriority（PRP）M/G/I 模型的目标是使总的服务时间最少。PRP 是指在 PU 到达时，SU 可以待在原来的信道上，排在 SU 队列的最前面，待 PU 队列空闲时优先进行传输，或者切换到另一个信道上，排到 SU 队列的最后面，待之前的报文传输完之后再进行传输。总的服务时间是指从开始传输报文到传输完成所需的时间。当信道数为 N（N>3）时，SU 只会在 3 个信道上进行选择，共产生 6 种切换方式，这会使计算复杂度降低。最后计算出待在原信道的等待时间和切换到其他信道的等待时间。

此模型以推导出 PU 行为为基础，使通信中断最少。它给出移动接入网络动态智能管理频谱的框架，根据观察到的授权用户和认知用户的行为，以及频谱服务器（spectrum server，SS）记录的认知用户的行为，可以推导出授权用户的行为，进而得出其分布函数。它通过选择感觉窗口的大小提取数据，来估计信道生命期（spectrum lifetime estimation，SEE）的大小，即信道剩余的空闲时间。相关研究给出两种估计信道生命期的算法：一是基于转移概率选择（transition probability selection，TPS）的估计方法，即计算从空闲状态转移到空闲状态的概率大于从空闲状态转移到忙碌状态的概率所需的最大时间长度；二是基于基础可靠性选择（reliability based selection，RBS）的估计算法，即根据检测到没有授权用户到达之后的时间分布函数，计算大于一定门限的生命期。通过计算信道空闲的生命期，可以预测授权用户是否即将到达，并在其未到达、通信未被迫中断时，主动切换到其他信道，在尽可能利用信道的基础上，也减少了通信的中断。但相关研究只给出了切换的过程，未给出计算细节。

将 N 个授权用户的信道分为 M 个子信道。认知用户可以接入空闲的子信道，但当授权用户到达时，占用此信道的 k 个子信道的用户都要转移到其他信道上。根据这种信道的划分方式，可以写出信道转移的马尔可夫链。相关研究提出了信道预留的算法，并根据服务质量的需求权衡被迫中断和阻塞。这种算法在稍微增加阻塞概率的条件下，可以明显地减少被迫中断概率。

认知用户在集中式的控制下，可以感知到所有信道的信息，但由于硬件的限制，聚合范围（接入多个信道的范围）是有限的。相关研究提出了两种算法：一种是最大满足算法（maximum satisfaction algorithm，MSA），它可以尽可能满足认知用户的带宽需求；另一种是最少信道切换算法（least channel switch，LCS），它可以使认知用户切换的次数最少。

二、基于 CTMDP 模型的研究

基于连续时间马尔可夫决策（continuous time Markov decision processes，CTMDP）的模型，考虑了授权用户的到达和调度以及认知用户的调度，进而求出信道的状态转移矩阵，但是它的计算量较大。在该模型中每过 7 时刻，根据现在的状态推导出下一时隙信道的状态，将空闲概率较小的认知用户切换到空闲概率较大的信道上，再将剩余的空闲信道让给新到的报文。其目标是使信道总的吞吐量最大，使频谱得到充分的利用。它同时计算了多个性能参数。尽管主动式频谱切换比被动式频谱切换的平均切换次数多，但是主动式切换中的被动切换次数很少，从而保证了通信中断次数较少。相关研究除了给出了详尽的性能参数的计算方法外，还考虑了缓存器对信道共享系统性能的影响，同时针对信道状态转移概率的建立过程给出了数学表达式，详细列出了各种情况。但相关研究也发现，当授权用户改变一个状态时，认知用户的状态转移矩阵不是方阵，同理，认知用户的调度矩阵也不是方阵，两个矩阵无法相乘，其物理意义也不明确，从而会影响总的状态转移概率矩阵的生成。因此，相关研究在细节方面仍需进一步改进。

三、基于 HMM 的研究

基于隐藏马尔可夫模型（hidden Markov model，HMM）的目标是对授权用户的干扰最小，同时节约浏览信道的时间，选择合适的目标信道，避免服务阻塞。感知信道时，由于感知信道状态和信道实际状态并不完全一致，有一定的错误概率，所以应用这个概率对信道状态转移概率矩阵进行修正，使预测下一时刻信道状态的概率更准确。相关研究虽然基于集中式的控制，但对信道分别计算了各个矩阵和概率，这样能够降低信道计算的复杂度。

相关研究的主要贡献是计算状态转移矩阵的时候考虑了漏检和虚警的影响，先对观察的状态进行了错误信息的纠正，进而推出观察到的状态和下一时刻信道状态的转移概率。相关研究将下一时刻空闲的概率与忙碌的概率作差，则差值最大的信道为切换的最优信道。与传统相比较，尽管其切换的延时有所增加，但对授权用户的影响减少了很多。相关研究未解决认知用户同时选择一个信道引发的冲突问题。

四、基于 POMDP 模型的研究

部分观察马尔可夫决策过程（partially observable Markov decision processes，

POMDP）模型的，目标是使等待的时间最少。相关研究通过观察部分信息来计算出下一时刻信道状态的统计分布，从而决定选择哪个信道，其中奖励函数是对等待时间片的数目求均值。但相关研究并没有说明部分信息的具体含义，目标函数的具体含义也很模糊。相关研究针对使系统总吞吐量最大，提出了最优的和低复杂度次优的协议。仿真结果显示，次优算法的性能接近最优算法的性能。

相关研究用最大似然的方法（maximum likelihood method，MLM）来估计信道状态转移概率（只考虑授权用户），并用中心极限定理（central limit theorem，CLT）来得到样值的数目和状态转移概率的关系。它虽然提出基于 POMDP 的框架来解决信道选择的问题（总共有 N 个信道，只能得到其中 M（M<N）个信道的信息），但并没有提出得到整个信道信息的方法。

基于 POMDP 的频谱感知和频谱接入算法，不仅要求接入信道的范围是有限的，还增加了感知信道个数是有限的这个条件，因此感知信道的个数少于总的信道个数时，我们不能得到信道的全部信息，只能得到信道的部分信息。此类研究还指出，感知信道的最大个数和信道聚合的最大个数之间没有必然的联系。在基于 POMDP 的框架下，可以通过确定频谱感知的集合和频谱接入的集合，使认知用户总的切换次数最少。在复杂的 POMDP 推理下，有一些问题是模糊的、不明确的，或者隐藏于复杂的数学推理中。此类研究采用了基于有限阶段的 POMDP 框架，假设有 T 个控制区间，但没有指出这 T 个控制区间是如何确定的。解决在硬件条件的限制下频谱感知和频谱接入的问题时，运用 POMOP 模型是非常恰当的。

五、基于模糊逻辑模型的研究

基于模糊逻辑的思想，在不影响授权用户的基础上共享信道。模糊逻辑控制器（fuzzylogiccontrollers，FLCS）由基本模糊规则、模糊推理器、模糊化模块、解模糊化模块四部分组成。通过频谱估计技术，可以得到 PU 的比特率（Rpu），推出信噪比（SNRpu），将 SU 接收到的 PU 的信号强度（SSpu）和信噪比（SNRpu）进行比较可以得到 SU 和 PU 的距离，从而得到 SU 的功率（Psu）。模糊推理器可以用来确定是否进行频谱切换，可以通过减小 SU 的功率来避免切换，从而减少切换次数。这种模糊化的算法与基于固定阈值的算法相比，切换次数有所减少，对 PU 的干扰程度也有所减少。

第三节　降低频谱感知冲突概率的频谱切换方法

一、系统描述

在认知无线电网络中，当拥有较高优先权的主用户在授权频段出现时，占用此频段的认知用户会发生频谱切换。在这种情况下，次用户被迫释放占用的授权频段。频谱切换过程的目的是帮助次用户发现合适的信道以实现未完成的信息传输。

通常频谱切换有两种主要的切换类型。一种是主动式感知频谱切换，频谱切换的目标信道只有在有频谱切换需求时才被感知。在这种情况下，频谱感知的瞬时结果被用来决定频谱切换的目标信道。另一种是被动式感知频谱切换，目标信道是预先设定的。在这种情况下，次用户周期性地观察所有的信道以获得信道的使用状态，并根据长期的观察结果设置频谱切换的候选目标信道。

主动式感知频谱切换选择的目标信道具有一定的准确性，但需要耗费一定的感知时间。相反，被动式感知频谱切换不需要耗费感知时间，但是预先设定的目标信道可能会不可用。被动式感知频谱切换可能只需要较短的频谱切换时间，因为这种切换方式不需要扫描大量频谱资源去寻找目标信道。而主动式感知频谱切换需要借助频谱感知技术去发现空闲的信道，因而需要较长的频谱切换时间。

从实际应用的角度来看，应该在多信道场景中对频谱切换进行研究。图 9-2 为带有预留信道的频谱切换过程，假设此用户的频谱切换发生在多信道环境中，为保证此用户的服务质量，设置了预留信道。在此过程中，假设次用户（SU）1 占用信道 1，一旦检测到授权主用户（PU），次用户 1 就释放信道给主用户，然后在频谱切换前按顺序向其他信道执行频谱感知。如图 9-2 所示，次用户 1 感知到信道 2 被占用而信道 3 空闲，如果次用户的干扰冲突概率小于主用户的冲突门限，则次用户将执行频谱切换到信道 3；一旦次用户 1 检测到主用户 3 到达，则继续感知其他信道；如果次用户不能发现其他可用的空闲信道，那么它将执行频谱切换到预留信道；次用户保持周期性地执行频谱感知，如果次用户 1 发现信道 1 空闲，那么它将释放预留信道，并执行频谱切换到信道 1。

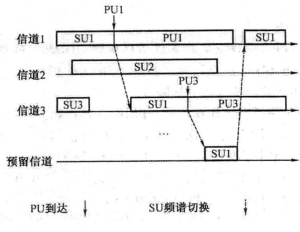

PU到达 ↓   SU频谱切换 ↓

图 9-2 带有预留信道的频谱切换算法

二、认知用户的感知与切换

以下讨论授权网络模型中信道空闲和忙碌时间服从指数分布的连续时间马尔可夫链过程，则空闲与忙碌状态的指数参数 α 和 β 的概率密度函数分别为。

$$f_{idle}(t) = \alpha esp(-\alpha t) \tag{9-1}$$

$$f_{busy}(t) = \beta esp(-\beta t) \tag{9-2}$$

空闲和忙碌时间服从静态分布，则授权信道的空闲和占用的概率分别为

$$P(H_0) = \frac{\beta}{\alpha + \beta} \tag{9.3}$$

$$P(H_1) = \frac{\alpha}{\alpha + \beta} \tag{9-4}$$

1.次用户的频谱感知

在认知无线电网络中，次用户感知授权用户的频谱资源，机会式地利用授权频带的频谱空洞，且不能对授权主用户带来有害干扰。因此，为了避免对授权主用户造成干扰，次用户需要周期地感知频谱资源以保证发现授权用户的存在与否。

P_d 和 P_f 是频谱感知过程中两个非常重要的指标，P_d 为检测概率，P_f 为虚警概率。P_d 是次用户必须准确检测到授权用户出现的概率，P_d 值越高，对授权用户的保护越强。通常，在电视频段内的认知无线系统对检测概率的要求是高于 90%。P_f 是指实际上授权主用户没有出现而次用户误以为其存在的概率。从次用户的角度来说，虚警概率 P_f 的值越低，对频谱资源的利用率越高。

令每个次用户执行频谱感知的感知时间为 T_s，固定检测概率为 P_d，信噪比为 γ，在一定的频谱感知方法中，虚警概率 P_f 是感知时间 T_s 的单调减函数。假设授权用户的

信号服从均值为零的独立同分布，次用户的噪声服从均值为零的复高斯分布，授权主用户的信号和噪声是独立的。因此，基于能量检测算法，虚警概率为

$$P_f(T_s) = \sqrt{2\gamma + 1} Q^{-1}(P_d) + \sqrt{T_s f_s} \gamma \qquad (9-5)$$

式中 f_s 为信道采样率，$Q(\cdot)$ 为标准的高斯变量的互补分布函数，则

$$Q(x) = \frac{1}{\sqrt{2\pi}} \int_x^\infty e^{-\frac{t^2}{2}} |d_t \qquad (9-6)$$

2. 次用户的频谱切换过程假设次用户的频谱切换过程发生在多信道环境中。考虑到对授权主用户的干扰避免和对次用户的服务质量的保障，这里设置了授权主用户的干扰冲突概率门限，且为次用户准备了预留的信道。其频谱切换有如下具体过程。

（1）次用户在信道 1 空闲时占用该信道，并周期性执行频谱切换；

（2）一旦检测到授权主用户到达，次用户按顺序向其他信道执行频谱感知；

（3）如果干扰冲突概率小于授权主用户的干扰门限，则次用户执行频谱切换到空闲信道；

（4）一旦次用户检测到主用户到达，它将感知其他信道，如果在所有信道进行频谱感知之后都不能发现空闲信道，则执行频谱切换到预留信道上；

（5）次用户周期性地执行频谱感知，如果次用户发现信道 1 空闲，那么它将释放预留信道，执行频谱切换到信道 1。

三、问题建模

1. 频谱切换时延分析为了保护授权主用户不被干扰，次用户一旦发现授权主用户的出现就释放占用的信

道，并执行频谱感知。这里考虑了不完美的频谱感知性能对频谱切换的影响。一方面，授权主用户实际收回对信道的使用，次用户正确地检测到了授权主用户；另一方面，授权主用户实际没有收回对信道的使用，次用户误检测以为授权用户出现。因此，次用户释放信道的概率 P_v 为

$$P_v = P_d P(H_1) + P_f P(H_0) \qquad (9-7)$$

次用户在释放信道后，执行频谱感知去寻找可用的空闲信道，则将出现两种频谱切换情况：一种情况是按顺序进行频谱感知后发现可用信道；另一种情况是没有可用的空闲信道。上述两种情况的概率分别为

$$P_{available} = 1 - P(H_1)^N \qquad (9-8)$$

$$P_{no\_available} = P(H_1)^N \qquad (9-9)$$

式中 N 为信道数。

频谱切换时延是频谱切换中对次用户服务质量保证的一个关键指标。频谱切换时延是指次用户暂停数据传输的瞬间到恢复数据传输的时间段。下面将讨论两种情况下的切换时延。

（1）如果存在可用信道，意味着次用户经过几次频谱感知之后能够发现空闲信道。具体来说，如果次用户感知到信道 2 空闲，则频谱切换时延为消耗的感知时间 (T_s)；如果次用户感知到信道 2 被占用，继续进行频谱感知发现信道 3 空闲，则此时的切换时延为两次频谱感知所消耗的感知时间 $(2T_s)$；相似地，如果次用户感知到最后一个信道空闲，则切换时延为 $(1-N)T_s$。

（2）一旦对所有信道进行频谱感知后仍然没有可用的信道，就意味着所有信道都处于忙碌状态，则次用户在执行 N 次频谱感知后频谱切换到预留信道。在这种情况下，切换时延为 $(1-N)T_s$。

因此，一旦次用户检测到授权主用户到来，则不管是正确检测还是虚警，次用户始终需要释放信道给授权主用户，然后执行频谱感知到其他信道。基于上述两种情况下的切换分析，频谱切换时延为

$$T_{delay} = P_v \left\{ P_{available} \left[P(H_0)T_s + P(H_1)P(H_0)2T_s + \cdots + P(H_1)^N P(H_0)(N-1)T_s \right] + \left[P_{no\_available}(N-1)T_s \right] \right\}$$

（9-10）

将公式（9-7）、（9-8）和（9-11）代入公式（9-10）可得到个信道的切换时延为

$$T_{delay} = \left[P_d P(H_1) + P_f P(H_0) \right] \left\{ \left[1 - P(H_1)^N \right] \left[P(H_0)T_s + P(H_1)P(H_0)2T_s + \cdots + \right. \right.$$
$$\left. \left. P(H_1)^{N-1} P(H_0)(N-1)T_s \right] + \left[P(H_1)^N P(H_0)(N-1)T_s \right] \right\}$$

（9-11）

2. 目标优化

频谱切换的目标是保护授权主用户不受到有害干扰，并保证此用户的服务质量。因此，本章所研究的频谱切换不仅关注频谱切换性能，也考虑对授权主用户的干扰和次用户的

进一步假设等于所需求的目标检测概率，虚警概率不超过目标虚警概率基于干扰限制的最优化频谱切换时延为

$$\min T_{delay}$$
$$s.t. P_i < \zeta$$
$$P_d = P_d^*, P_f = P_f^*$$

（9-12）

式中 ζ 为授权主用户的干扰门限值。

因此，考虑到不完美的频谱感知特性，本章研究了次用户对授权主用户的干扰概率。为了更好地保护授权主用户，对授权主用户的干扰应该被限制在一定的目标值以内。授权主用户忙碌而次用户没能正确检测到主用户时所产生的干扰概率为

$$P_i = P(H_1)(1-P_d)\frac{T_P-T_s}{T_P} = \frac{\alpha}{\alpha+\beta}(1-P_d)\frac{T_P-T_s}{T_P} \tag{9-13}$$

式中为感知周期，T_p 干扰概率 P_i 为感知时间 T_s 和授权主用户到达时间 β 的函数。将公式（9-11）和（9-13）代入公式（9-12）所获得的切换时延为

$$\min T_{delay} = \left[P_d P(H_1) + P_f P(H_0)\right]\left\{\left[1-P(H_1)^N\right]\left[P(H_0)T_s + P(H_1)P(H_0)2T_s + \cdots + \right.\right.$$
$$P(H_1)^{N-1}P(H_0)(N-1)T_s\right] + \left[P(H_1)^N(N-1)T_s\right]\right\} \tag{9-14}$$
$$\text{s.t.}\quad P_i = P(H_1)(1-P_d)\frac{T_p-T_s}{T_p} < \zeta$$
$$P_d = P_d^*, P_f \leqslant P_f^*$$

四、仿真结果与性能分析

本章所研究的频谱切换方法的主要目标是，研究在干扰限制条件下考虑不完美频谱感知的频谱切换时延指标性能。使用 Matlab 软件仿真多信道场景下的频谱切换方（算）法。具有较高优先级的授权主用户对信道有绝对使用权，当授权主用户返回时，会中断较低优先权的次用户对信道的使用。

假设所有授权主用户和认知次用户的数据包长度的到达服从指数分布。在不特别说明的情况下，选择以下相关参数：目标检测概率与目标虚警概率的值分别为 0.9 和 0.1；感知周期为 100 ms；授权用户的信道噪比为 -15 dB；授权主用户可以容忍的干扰门限值为 0.1。

图 9-3 和图 9-4 综合研究了不同信道数（N=5 和 N=10）和不同感知时间（T_s=0.5，T_s=1，T_s=2）对频谱切换算法的切换时延指标的影响。由图 9-3 和图 9-4 可知，在较短的感知时间和较少的信道条件下，频谱切换的时延最小。

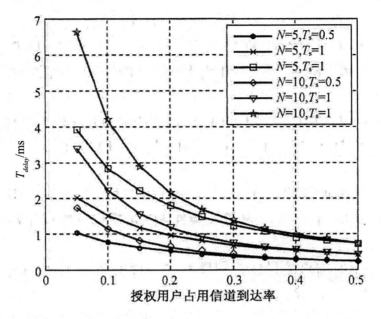

图 9-3　切换时延与授权用户占用信道到达率的关系

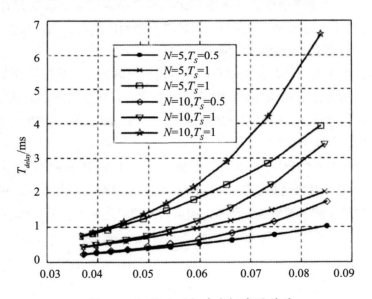

图 9-4　切换时延与冲突概率的关系

第四节　本章小结

　　本章研究频谱感知与频谱切换的联合优化方法。本章介绍了频谱切换的流程和性能指标等内容，分析了频谱切换技术的研究现状，提出一种减少感知冲突的频谱切换方法。该方法对频谱感知和切换过程中带来的时延进行目标优化，使得频谱切换时延最小。

第十章　分形维数理论在频谱感知中的应用

频谱感知是认知无线电实现的关键和前提。目前，单节点频谱感知方法主要有匹配滤波检测、循环平稳特征检测和能量检测。匹配滤波检测能够获得较好的检测效果，但需要主用户信号的先验知识；循环平稳特征检测利用信号的循环平稳性进行频谱感知，但该方法计算复杂，运算量大；能量检测是目前被广泛采用的方法，不需要主用户信号的先验知识，但该方法在低信噪比下检测性能较差，另外由于信噪比墙的存在，在噪声具有不确定性的情况下，其检测性能会急剧下降。而认知无线电技术对频谱感知的性能要求很高，要求检测器必须能够检测非常微弱的主用户信号，如 IEEE802.22 标准要求认知用户能够检测最低 -22 dB 的电视信号。因此，寻找更快速、更准确、鲁棒性更强的频谱感知方法是目前认知无线电发展亟待解决的问题。

近年来，分形维数以其计算简单、与噪声功率无关等优点开始被用于认知无线电频谱感知中。在认知无线电频谱感知中，由于主用户信号为通信信号，其时域和频域的随机性与复杂度低于噪声，因此可以利用分形维数度量接收信号的随机性来判断主用户信号的有无。2010 年，ZhangY. 等人在其研究中利用频域进行频谱感知，取得了较好的检测效果。他们在频域进行分析的方法，为基于分形维数的频谱感知方法提供了一种新的思路。

本章根据信号和噪声的时域与频域中各种分形维数特征的不同，研究基于时域和频域分形维数的频谱感知方法。其中，基于频域分形维数的频谱感知方法能够有效区分通信信号和噪声，进行快速盲频谱感知，克服合维数频谱感知方法对某些调制参数的信号无法感知的缺点。

第一节　利用分形维数进行频谱感知的方法

一、分形维数

分形理论是一种以复杂的、非规则几何形态和行为或现象为研究对象的新兴的非线性科学。它产生于 20 世纪 70 年代末，能够描述一些不能用传统的欧几里得几何描述的复杂几何图形，打破了人们以欧几里得几何方式认识世界的局限，是处理自然界零碎和复杂现象的有力工具。自著名科学家 Mandelbrot 创建以来，分形理论在自然科学和社会科学的各领域都得到了广泛的应用，并产生了重大影响，为人们解决复杂问题提供了一种新的思路。

分形是具有相似性的一类形状，广泛存在于自然界中，如蜿蜒的海岸线、茂密的树木、复杂的血管、植物的叶脉、粗糙的岩石表面、起伏的山脉等都具有分形特性。分形也可以用数学方法来生成，如著名的康托尔集、科赫曲线、谢尔宾斯基三角垫、门格尔海绵等。分形具有自相似性、无标度性和自放射性等特点。自相似性是指分形对象局部放大后与整体相似的特性，是分形最根本的特性。这种相似可以是精确的相似，也可以是近似的相似，或是统计意义上的相似。从局部到整体的变换中，各方向的变换比率是相同的。如果各方向的变换比率不一定相同，分形则具有自放射性。自相似性是自放射性的一种特例。无标度性也称伸缩对称性，是指在分形对象上任意选取一个局部区域进行放大或缩小，其复杂度、形态、不规则性均不发生变化的特性。对于分形图形，传统欧几里得几何中的长度、面积、体积等无法准确地进行描述和解释。

分形维数是刻画分形不规则性的一种有效度量方法。与欧几里得几何中的整数维数不同，分形图形的维数通常是大于拓扑维数且小于欧几里得维数的非整数维。对于不同的分形，往往需要使用不同的方法来计算分形维数，因而得出多种不同名称的维数。在各种计算分形维数的方法中，Hausdorff 维数是一种最基本且最重要的分形维数。因为它不仅适用于分形，也适用于欧几里得几何。Housdorff 维数计算欧几里得几何图形时，维数为整数；计算分形图形时，维数为分数。Hausdorff 维数能够精确测量复杂集维数，但是计算复杂度较高。为了简化计算，出现了多种计算分形维数的方法。对于波形的分形维数，常用的计算方法有盒维数（box fractal dimension，BFD）、Higuchi 分形维数（Higuchi fractal dimension，HFD）、方差分形维数（variance fractal dimension，VFD）、Petrosian 分形维数（Petrosian fractal dimension，PFD）、Katz 分形维数（Katz fractal dimension，KFD）、Sevcik 分形维数（Sevcik fractal dimension，SFD）等。

二、基于时域和频域分形维数的频谱感知

作为信号复杂度的一种度量手段，分形维数能够有效地判断信号的随机性。在认知无线电频谱感知中，由于主用户信号为通信信号，经过调制后，其时域和频域的随机性与复杂度往往低于噪声，因此可以利用分形维数度量接收信号的随机性判断主用户信号是否存在。

计算分形维数可以在时域上直接计算，也可以先将接收信号利用离散傅里叶变换（discrete Fourier transform，DFT）从时域变换到频域，再计算其频域上的分形维数。基于时域和频域分形维数的频谱感知系统框图如图 10-1 所示。

图 10-1　基于时域和频域分形维数的频谱感知系统框图

它有以下具体步骤。

在认知无线电技术中，单节点频谱感知可以抽象为一个二元假设检验问题，即

$$\begin{cases} H_0: & y(n) = \omega(n) \\ H_1: & x(n) = \omega(n), n = 1, 2, \cdots, N-1 \end{cases} \quad (10\text{-}1)$$

式中 $y(n)$ 为认知节点接收信号 $\omega(n)$ 为加性高斯白噪声中 $x(n)$ 为主用户信号；H_0 代表主用户不存在；H_1 代表主用户存在。

如果在频域计算分形维数值，则需要对式（10-1）进行 N 点离散傅里叶变换，则

$$\begin{cases} H_0: & Y(k) = W(k) \\ H_1: & Y(k) = X(k), k = 1, 2, \cdots, N-1 \end{cases} \quad (10\text{-}2)$$

式中 $Y(k)$、$X(k)+W(k)$ 分别为 $y(n)$、$w(n)+x(n)$ 的离散傅里叶变换。

设 $Y(k)$、$X(k)+W(k)$ 分别为 $Y(k)$、$X(k)+W(k)$）的模。为了避免信号不同强度对分形维数计算的影响，需要对 $y(n)$（时域）或 $Y(k)$（频域）进行归一化处理，时域和频域归一化方法分别为

$$y*(n) = \frac{y(n)y_{\min}}{y_{\max}y_{\min}} \quad (10\text{-}3)$$

$$Y*(k) = \frac{Y(k)Y_{\min}}{Y_{\max}Y_{\min}} \quad (10\text{-}4)$$

式中 $y_{\max}$ 和 $y_{\min}$ 分别为 $y(n)$ 的最大值与最小值；$Y_{\max}$ 和 $Y_{\min}$ 分别为 $Y(k)$ 的最大值与最小值。

由于 $Y(k)$ 为 $y(n)$ 的离散傅里叶变换，因此 $Y_{\min}$ 可设为 0，从而得到式（10-4）的后

半部分。归一化后，根据各分形维数的计算方法计算分形维数 0，将 0 与设定的门限人进行比较，以判断主用户存在与否，即

$$
\begin{cases}
D > \lambda, & H_0 \\
D \leq \lambda, & H_1
\end{cases}
\tag{10-5}
$$

第二节　基于 Petrosian 分形维数的频谱感知

一、信号和噪声的时域与频域 Petrosian 分形维数

本章以调幅（amplitude modulation，AM）信号、调频（frequency modulation，FM）信号、调相（phase modulation，PM）信号、振幅键控（amplitude shift keying，ASK）、频移键控（frequency shift keying，FSK）、相移键控（phase shift keying，PSK）、线性调频（linear frequency modulation，LFM）信号以及加性高斯白噪声（AWGN）为例，分析时域 Petrosian 分形维数（Petrosian fractal dimensionin timedomain，PFDT）和频域 Petrosian 分形维数（Petrosian fractal dimensionin frequencydomain，PFDF）。仿真参数设置如下：AM、FM 和 PM 信号的基带信号频率（e）为 10 MHz，波形为正弦波，调制系数（4）为 0.8；ASK、FSK 和 PSK 的基带信号均为随机产生的 0 bit 和 1 bit，码元速率为 1Mbit/s；LFM 信号中脉冲带宽为 30 MHz，信号时宽为 20h 采样频率为 250 MHz；以上信号载波频率（Z）均为 100 MHz；采样频率（f）均为 1000 MHz；成型滤波器均采用滚降系数为 0.22 的平方根升余弦滤波器；序列长度（N）为 5000；均使用 Matlab 进行计算和仿真。

本书根据二进制序列转换方法（均值法、改进区域法、差分法、区域差分法和改进的区域差分法）分别分析信号和噪声的 PFDT 与 PFDFO 经过仿真分析和比较可以得出：在这五种方法中，对于 PFDT，区域差分法能够取得相对较好的效果，能够感知全部七种类型调制信号；对于 PFDF，改进区域差分法能够取得最好的效果，它不仅能够感知全部七种类型调制信号，而且所需要区分信号和噪声的信噪比是所有方法中最低的。

图 10-2 描述了采用区域差分法时信号和噪声的 PFDT。由图 10-2（a）可以看出，当噪声功率在 -100~-50 dBm 变化时，其 PFDT 在 L02 附近随机浮动，且与噪声功率无关，计算其均值为 1.0198，其标准差为 3.197xW4O 由图 10-2（b）可以看出，随着信噪比的增加，七种调制信号的 PFDT 均逐渐减小。这是因为随着信噪比的增加，信号的随机性和复杂性逐渐减小。因此，由图 10-2 可见，即使在主用户调制类型未知的盲感知

情况下，当信噪比足够大时，只要选取合适的门限，然后将接收信号的 PFDT 与门限值进行比较，就能够根据接收信号的 PFDT 区分信号和噪声，以判定主用户是否存在，实现频谱感知。而且，由于其噪声的 PFDT 与噪声功率无关，因此可用于噪声不确定情况下的频谱感知。所以，采用区域差分法时，使用 PFDT 能有效区分七种调制类型的信号和噪声。

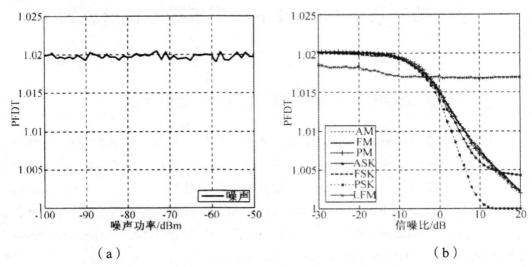

图 10-2　采用区域差分法时信号和噪声的 PFDT

（a）噪声的 PFDT；（b）信号的 PFDT

　　图 10-3 描述了采用改进的区域差分法时信号和噪声的 PFDF。将门限值（A）设 2% 其中。为接收信号时域或频域归一化后的标准差。由图 10-3（a）可以看出，当噪声功率在 -100~-50 dBm 变化时，其 PFDF 在 1.007 附近随机浮动，且与噪声功率无关，计算其均值为 1.0072，标准差为 2.915×10^{-4}。图 10-3（b）描述了信噪比在 -30~20 dB 变化时，七种不同调制类型信号的 PFDF 变化情况。可以看出，采用改进的区域差分法时，PFDF 能够将全部七种信号与噪声区分开，在低信噪比下有较强的区分能力。

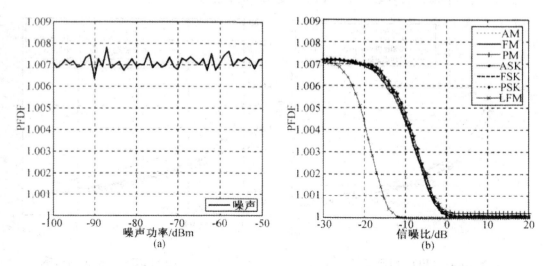

图 10-3　采用改进的区域差分法时信号和噪声的 PFDF

（a）噪声的 PFDF；（b）信号的 PFDF

　　因此在后续的分析中，对于基于时域 Petrosian 分形维数的频谱感知方法，二进制序列转换方法默认采用区域差分法；对于基于频域 Petrosian 分形维数的频谱感知方法，二进制序列转换方法默认采用改进的区域差分法。

二、判决门限的确定

　　门限值越高，主用户信号的检测概率和虚警概率就越高，反之亦然，因此门限应根据对检测概率和虚警概率的要求而设定。

　　图 10-4 为当序列长度（N）在 1000~19000 变化时，其 PFDT 的均值标准差曲线以及门限值曲线。所有结果均为 10000 次计算后得到的平均值。其中，平均虚警概率 0.05门限值曲线就是第 5 百分位数曲线，以保证门限值在该值以下的概率小于 0.05，即平均虚警概率小于 0.05，以此类推。由图 10-4 可以看出，随着 N 的增加，分形维数值逐渐减小，且变化平稳。因此，只要序列长度和虚警概率确定，对照图 10-4，PFDT 的门限值（λ）便可以确定。由图 10-4 还可以看出，PFDT 的标准差随着 N 的增加而减小，即随着 N 的增加，PFDT 变化逐渐趋于平稳；当 N 较小时，PFDT 变化较为剧烈。

　　图 10-5 为当 N 在 1000~19000 变化时，其 PFDF 的均值标准差曲线以及门限值曲线。由图 10-5 可以看出，随着 N 的增加，分形维数值逐渐减小，且变化平稳。因此，只要序列长度和虚警概率确定，对照图 10-5，PFDF 的门限值（λ）便可以确定。由图 10-5 还可以看出，PFDF 的标准差随着 N 的增加而减小，即随着 N 的增加，PFDF

变化逐渐趋于平稳；当 N 较小时，PFDF 变化较为剧烈。

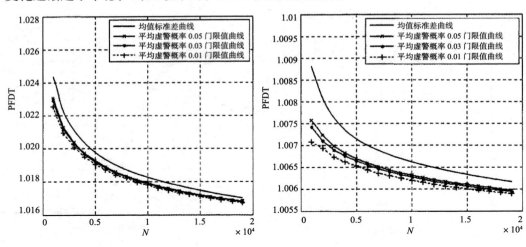

图 10-4　PFDT 门限值的选取图　　　　10-5PFDF 门限值的选取

第三节　基于 Katz 分形维数的频谱感知

一、Katz 分形维数

1988 年，Katz 提出了一种估计波形分形维数的方法（也称 Katz 分形维数），它能够有效判断波形的随机性。Katz 分形维数源于平面曲线分形维数的计算方法。一般而言，平面曲线的分形维数可由下式得出，即

$$D_k = \frac{\lg L}{\lg d} \qquad （10\text{-}16）$$

式中 L 为曲线总长度；d 为曲线平面扩展范围或直径。对于波形而言，由于它由一系列坐标为 (x_i, y_i) 的点构成，因此其长度 (L) 可由相邻点距离叠加得出，则

$$L = \sum_{i=1}^{N-1} \sqrt{(x_i - x_{i+1})^2 + (y_i - y_{i+1})^2} \qquad （10\text{-}17）$$

式中 N 为点的个数，即 x_i 和 y_i 的个数，$1 \leqslant i \leqslant N$。由于波形是单调向前的，存在自然的起始点，因此曲线平面扩展范围或直径 (d) 即为初始点 (x_i, y_i) 到其他点的最大距离，即

$$d = \max\left(\sqrt{(x_i - x_1)^2 - (y_i - y_1)^2} \right) \qquad （10\text{-}18）$$

设波形相邻点之间的平均距离为，则

$$D_K = \frac{\ln(L/a)}{\ln(d/a)} \quad (10\text{-}19)$$

将 $a = \dfrac{L}{N}$ 代入，整理得到 Katz 分形维数，则

$$D_K = \frac{\ln N}{\ln N + \ln(d/L)} \quad (10\text{-}20)$$

二、信号和噪声的时域与频域 Katz 分形维数

本节同样以 AM、FM、PM、ASK、FSK、PSK、LFM 信号以及加性高斯白噪声为例，分析信号和噪声的时域 Katz 分形维数（Katz fractal dimension in time domain，KFDT）与频域 Katz 分形维数（Katz fractal dimension in frequency domain，KFDF）。仿真参数设置与 10.2.1 节相同。

图 10-6 为信号和噪声的 KFDT 与 KFDF。由图 10-6（a）（c）可以看出，当噪声功率在 -100~-50 dBm 变化时，其 KFDT 和 KFDF 均在某一固定值附近随机浮动，且与噪声功率无关；KFDT 均值为 1.0021，标准差为 2.64×10^{-4}；KFDF 均值为 1.0029，标准差为 3.779×10^{-4}。图 10-6（b）和图（d）为信噪比在 -30~20 dB 变化时，AM、FM、PM、ASK、FSK、PSK 和 LFM 七种不同调制类型信号的 KFDT 与 KFDF 变化曲线。可以看出，在时域上，KFDT 变化没有规律性，无法区分 FM、FSK 和 LFM 的信号与噪声；而在频域上，调制信号和噪声的 KFDF 具有较好的区分度。随着信噪比的增加，七种调制信号的 KFDF 均逐渐减小。这是因为随着信噪比的增加，信号的随机性和复杂性逐渐减小。因此，由图可见，即使在主用户调制类型未知的盲感知情况下，当信噪比足够大时，只要选取合适的门限，然后将接收信号的 KFDF 与门限值进行比较，就能够根据接收信号的 KFDF 区分信号和噪声，以判定主用户是否存在，实现频谱感知。而且，由于其噪声的 KFDF 与噪声功率无关，因此可用于噪声不确定情况下的频谱感知。

经过以上分析和比较可以得出，利用 KFDF 可以有效区分信号和噪声。因此，在利用 Katz 分形维数进行频谱感知时，应使用 KFDF（基于频域 Katz 分形维数）的频谱感知。

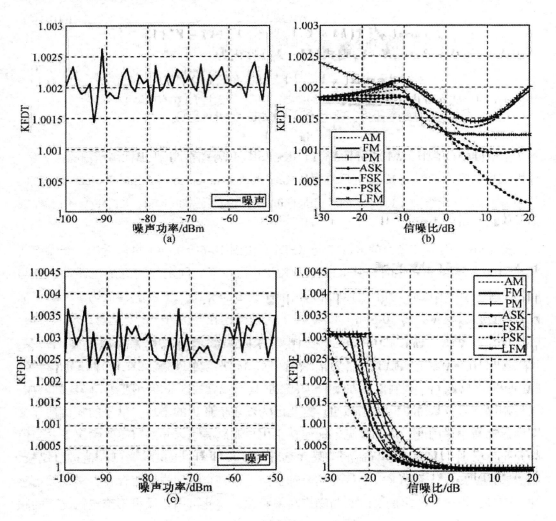

图 10-6　信号和噪声的 KFDT 与 KFDF

(a) 噪声的 KFDT;(b) 信号的 KFDT;(c) 噪声的 KFDF;(d) 信号的 KFDF

三、基于频域 Katz 分形维数的频谱感知

基于频域 Katz 分形维数的频谱感知有以下具体方法。

对接收序列 $y(n)$ 进行 N 点 DFT 得到 $Y(k)$ ，其中 $n=1,2,\cdots,N-1;k=0,1,2,\cdots,N-1$ 。取 $Y(k)$ 的模 $Y(k)$ ，对其进行归一化，则

$$Y^*(k)=\frac{Y(k)}{Y_{\max}}\qquad\qquad（10-21）$$

式中 $Y_{\max}$ 为 $Y(k)$ 的最大值。

根据下式计算曲线总长度(L) ，则

$$L = \sum_{k=0}^{N-2} \sqrt{\left[X(k) - X(k+1)^2\right] + \left[Y^*(k+1)^2\right]} \tag{10-22}$$

对于通信信号序列而言，$X(k) = 0,1,2,\cdots,N-1$，因此式可化为

$$L = \sum_{k=0}^{N-2} \sqrt{1 + \left[Y^*(k) - Y^*(k+1)\right]^2} \tag{10-23}$$

根据下式计算曲线平面扩展范围（d），则

$$d = \max\left(\sqrt{\left[X(k) - X(k)\right]^2 \left[Y^*(k) - Y^*(1)\right]^2}\right) \tag{10-24}$$

由于 $X(k) = 0,1,2,\cdots,N-1$，则式（11-24）可化为

$$d = \max\left(\sqrt{k^2 \left[Y^*(k) - Y^*(1)\right]^2}\right) \tag{10-25}$$

则其 $KFDF(D_k)$ 可由下式得出，即

$$D_K = \frac{\lg N}{\lg N \lg(d/L)} \tag{10-26}$$

将与设定的门限进行比较，以判断主用户的存在与否，即

$$\begin{cases} D_K > \lambda, & H_0 \\ D_K \leqslant \lambda, & H_1 \end{cases} \tag{10-27}$$

式中 H_0 表示主用户不存在；H_1 表示主用户存在。

四、判决门限的确定

门限值越高，主用户信号的检测概率和虚警概率就越高，反之亦然，因此门限应根据对检测概率和虚警概率的要求而设定。

图 10-7 为 N 在 1000~19000 变化时，其 KFDF 的均值标准差曲线以及门限值曲线。所有结果均为 10000 次计算后得到的平均值。其中，平均虚警概率 0.05 门限值曲线即第 5 百分位数曲线，以保证门限值在该值以下的概率小于 0.05，即平均虚警概率小于 0.05，以此类推。由图 10-7 可以看出，随着 N 的增加，分形维数值逐渐减小，且变化平稳。因此，只要序列长度和虚警概率确定，对照图 10-7，KFDF 的门限值（λ）便可以确定。由图 10-7 还可以看出，KFDF 的标准差随着 N 的增加而减小，即随着 N 的增加，KFDF 变化逐渐趋于平稳；当 N 较小时，KFDF 变化较为剧烈。

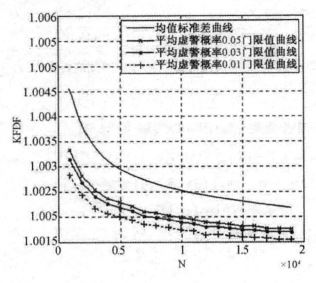

图 10-7　KFDF 门限值的选取

第四节　基于 Sevcik 分形维数的频谱感知

一、信号和噪声的时域与频域 Sevcik 分形维数

Sevcik 分形维数的计算方法参照本书前文 5.3 节。下面分析 AM、FM、PM、ASK、FSK、

PSK、LFM 七种不同调制类型信号和高斯白噪声的时域 Sevcik 分形维数（Sevcik fractal dimension in time domain，SFDT）与频域 Sevcik 分形维数（Sevcik fractal dimension in frequency domain，SFDF）在不同噪声强度下的变化情况。

图 10-8 为七种不同调制类型信号和高斯白噪声的 SFDT 与 SFDF 随噪声强度变化的情况。由图 10-8（a）（c）可以看出，当噪声功率在 -100~-50 dBm 变化时，其 SFDT 和 SFDF 均在某一固定值附近随机浮动，且与噪声功率无关；SFDT 均值为 1.7954，标准差为 7.099×10^{-3}；SFDF 均值为 1.8149，标准差为 8.770×10^{-3}。图 10-8（b）（d）为信噪比在 -30~20 dB 变化时，七种不同调制类型信号的 SFDT 与 SFDF 变化曲线。可以看出，在时域上，SFDT 变化没有规律，无法区分 FM、PM、FSK 信号和噪声；而在频域上，调制信号和噪声的 SFDF 具有较好的区分度。随着信噪比的增加，七种调制信号的 SFDF 均逐渐减小。这是因为随着信噪比的增加，信号的随机性和复杂性逐渐

减小。此外，SFDF 受调制方式影响不大，不同调制方式的 SFDF 差别较小。因此，由图 10-8 可见，即使在主用户调制类型未知的盲感知情况下，当信噪比足够大时，只要选取合适的门限，然后将接收信号的 SFDF 与门限值进行比较，就能够区分信号和噪声，以判定主用户是否存在，实现频谱感知。而且，由于其噪声的 SFDF 与噪声功率无关，因此可用于噪声不确定情况下的频谱感知。

经过以上分析和比较可知，利用 SFDF 可以有效区分信号和噪声。因此，在利用 Sevcik 分形维数进行频谱感知时，应使用 SFDF（基于频域 Sevcik 分形维数）的频谱感知。

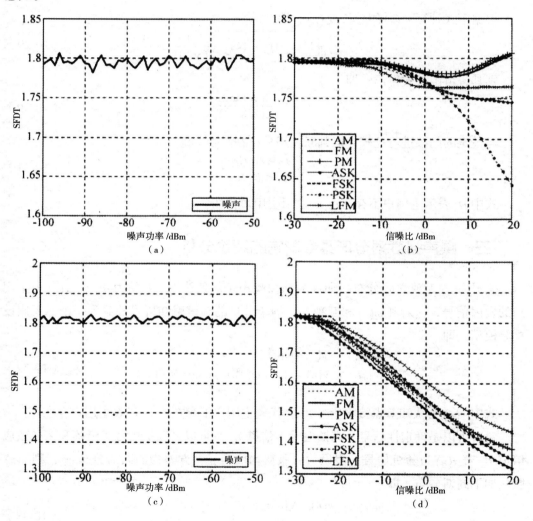

图 10-8 信号和噪声的 SFDT 和 SFDF

（a）噪声的 SFDT；（b）信号的 SFDT；（c）噪声的 SFDF；（d）信号的 SFDF

二、基于频域 Sevcik 分形维数的频谱感知

基于频域 Sevcik 分形维数的频谱感知有如下具体方法。

对接收序列 $y(n)$ 进行点 DFT 得到 $Y(k)$，其中 $n=0,1,2,\cdots,N-1$。取 $Y(k)$ 的模 $Y(k)$，对其进行归一化，则

$$Y^*(k) = \frac{Y(k)}{Y_{max}} \tag{10-28}$$

式中 Y_{max} 为 $Y(k)$ 的最大值。

根据下式计算 $Y^*(k)$ 的总长度 (L)，即

$$L = \sum_{k=0}^{N-2} \sqrt{\left[Y^*(k+1) - Y^*(k)\right]^2 + \frac{1}{(N-1)^2}} \tag{10-29}$$

则其，可由下式得出，即

$$D_s = 1 + \frac{\ln L + \ln 2}{\ln 2(N-1)} \tag{10-30}$$

与设定的门限进行比较，以判断主用户存在与否，即

$$\begin{cases} D_s > \lambda, & H_0 \\ D_s \leqslant \lambda, & H_1 \end{cases} \tag{10-31}$$

式中 H_0 表示主用户不存在；H_1 表示主用户存在。

三、噪声强度对分形维数影响的理论分析

假设 $\omega(n)$ 为独立同分布的加性高斯白噪声（均值为 0，方差为 σ_0^2），$x(n)$ 为主用户的发射信号，$x(n)$ 和 $\omega(n)$ 相互独立，则单节点的频谱感知可以抽象为一个二元假设检验模型，即

$$\begin{cases} H_0: & y(n) = \omega(n) \\ H_1: & y(n) = x(n) + \omega(n), n=1,2,\cdots,N-1 \end{cases} \tag{10-32}$$

式中 $y(n)$ 为认知节点接收信号；H_0 代表主用户不存在；H_1 代表主用户存在。

$x(n)$ 可以是确定性信号（高斯白噪声信道），也可以是随机信号（衰落和多径效应信道）。若 $x(n)$ 为随机信号，假设 $x(n)$ 服从均值为 μ、方差为的高斯分布 σ_s^2，则 $y(n)$ 服从如下高斯分布，即

$$\begin{cases} H_0: & y(n) \sim N(0, \sigma_0^2) \\ H_1: & y(n) \sim N(\mu, \sigma_0^2 + \sigma_s^2), n=1,2,\cdots,N-1 \end{cases} \tag{10-33}$$

在 H_0（主用户不存在）时，$y(n) = \omega(n) \sim N(0, \sigma_0^2)$。对 $y(n)$ 进行点 DFT，则

$$Y(k) = \sum_{n=0}^{N-1} y(n) \exp\left(-j\frac{2\pi}{N}kn\right), k=0,1,2,\cdots,N-1 \tag{10-34}$$

由于高斯分布的线性组合仍然是线性分布，因此 $Y(k)$ 也服从高斯分布，其均值与方差别为

$$E\big[Y(k)\big]=\sum_{n=0}^{N-1}E\bigg[y(n)\exp\bigg(-j\frac{2\pi}{N}kn\bigg)\bigg]=0 \tag{10-35}$$

$$D\big[Y(k)\big]=\sum_{n=0}^{N-1}E\big[y^2(n)\big]=N\sigma_0^2 \tag{10-36}$$

因为 $Y(k)$ 为复数，$Y(k)=Y_r(k)+jY_i(k)$，因此 $Y_r(k)$ 和 $Y_i(k)$ 分别满足高斯分布，即

$$Y_r(k)\sim N\bigg(0,\frac{N\sigma_0^2}{2}\bigg) \tag{10-37}$$

$$Y_i(k)\sim N\bigg(0,\frac{N\sigma_0^2}{2}\bigg) \tag{10-38}$$

由 $Y(k)=\sqrt{Y_r(k)^2+Y_i(k)^2}$ 可知，$Y(k)$ 服从参数为 $\sigma_1^2=\dfrac{N\sigma_0^2}{2}$ 的锐利分布，其概率密度函数和累积分布函数分别为

$$f_Y(Y)=\frac{Y}{\sigma_1^2}esp\bigg(-\frac{Y^2}{2\sigma_1^2}\bigg) \tag{10-39}$$

$$F_Y(Y)=\int_0^Y f_Y(Y)dY=1-esp\bigg(-\frac{Y^2}{2\sigma_1^2}\bigg) \tag{10-40}$$

$Y(k)$ 的均值和方差分别为

$$E(Y)=\sqrt{\frac{\pi}{2}}\sigma_1=\frac{\sqrt{\pi N}\sigma_0}{2} \tag{10-41}$$

$$D(Y)=\bigg(2-\frac{\pi}{2}\bigg)\sigma_1^2=\bigg(1-\frac{\pi}{4}\bigg)N\sigma_0^2 \tag{10-42}$$

利用式（10-9）对 $Y(k)$ 进行归一化，得到 $Y^*(k)=Y(k)/Y_{\max}$，其中 $Y_{\max}$ 可视为一个常数。$Y^*(k)$ 的期望和方差分别为

$$E(Y^*)=E\bigg(\frac{Y}{Y_{\max}}\bigg)=\frac{1}{Y_{\max}}E(Y)=\frac{\sigma_1\sqrt{\frac{\pi}{2}}}{Y_{\max}} \tag{10-43}$$

$$D(Y^*)=D\bigg(\frac{Y}{Y_{\max}}\bigg)=\frac{1}{Y_{\max}^2}D(Y)=\bigg(2-\frac{\pi}{2}\bigg)\frac{\sigma_1^2}{Y_{\max}^2} \tag{10-44}$$

则式（10-8）中的 $\big(y_{i+1}^*-y_i^*\big)^2$ 部分的期望为

$$E\Big[\big(y_{i+1}^*-y_i^*\big)^2\Big]=2E(Y^{*2})=\frac{4\sigma_1^2}{Y_{\max}^2} \tag{10-45}$$

则 H_0（主用户不存在）时 Sevcik 分形维数的期望值为

$$E(D) = 1 + \frac{\ln(N-1)\sqrt{\dfrac{4\sigma_1^2}{Y_{\max}^2} + \dfrac{1}{(N-1)^2}} + \ln 2}{\ln 2(N-1)} \quad (10\text{-}46)$$

在以上分析中，一直将 $Y_{\max}$ 看作一个常数，但对于特定分布而言，$Y_{\max}$ 是一个与 σ_1 有关的量，下面对 $Y_{\max}$ 进行分析。由概率论可知，$Y_{\max}$ 的累积分布函数和概率密度函数分别为

$$F_{Y_{\max}}(Y_{\max}) = \left[F_Y(Y)\right]^N = \left[1 - \exp\left(-\frac{Y^2}{2\sigma_1^2}\right)\right]^N \quad (10\text{-}47)$$

$$f_{Y_{\max}}(Y_{\max}) = F'_{Y_{\max}}(Y_{\max}) = \left[F_Y(Y_{\max})\right]^N = \frac{Y_{\max}}{\sigma_1^2}\left[1 - \exp\left(-\frac{Y_{\max}^2}{2\sigma_1^2}\right)\right]^{N-1}\exp\left(-\frac{Y_{\max}^2}{2\sigma_1^2}\right) \quad (10\text{-}48)$$

则 $Y_{\max}$ 的数学期望为

$$E(Y_{\max}) = \int_{-\infty}^{\infty} f_{Y_{\max}}(Y_{\max}) Y_{\max} dY_{\max} = N\sigma_1 \int_{-\infty}^{\infty} \eta^2 \left[1 - \exp(-\eta^2)\right]^{N-1}\exp\left(-\frac{\eta^2}{2}\right) d\eta \quad (10\text{-}49)$$

式中 $C = \int_{-\infty}^{\infty} \eta^2 \left[1 - \exp(-\eta^2)\right]^{N-1}\exp\left(-\dfrac{\eta^2}{2}\right) d\eta$，为一常数，$\eta = \dfrac{Y_{\max}}{\sigma_1}$。将其带入式，则

$$E(D) = 1 + \frac{\ln(N-1)\sqrt{\dfrac{4}{N^2 C^2} + \dfrac{1}{(N-1)^2}} + 2}{\ln 2(N-1)} \quad (10\text{-}50)$$

可以看出，$E(D)$ 为一个与 σ_1 无关的常数。由于 $\sigma_1^2 = \dfrac{N\sigma_0^1}{2}$，由此可以得出以下结论：高斯白噪声的频域 Sevcik 分形维数的数学期望与噪声功率 (σ_0^2) 无关，为一个常数，因此对噪声不确定性不敏感。该理论推导的结果与 9.4.1 节仿真结果一致。

四、判决门限的确定

由式（10-50）可知，高斯白噪声的 SFDF 只与序列长度（N）有关。因此，只要以确定，SFDF 的期望便可确定，再根据虚警概率要求，式（10-51）中的门限值（λ）即可确定。门限值越高，主用户信号的检测概率和虚警概率就越高，反之亦然，因此门限应根据对检测概率和虚警概率的要求而设定。

图 10-9 为 N 在 1000~19000 变化时，其 SFDF 的均值标准差曲线以及门限值曲线。所有结果均为 10000 次计算后得到的平均值。其中，平均虚警概率 0.05 门限值曲线即第 5 百分位数曲线，以保证门限值在该值以下的概率小于 0.05，即平均虚警概率小于 0.05，以此类推。由图 10-9 可以看出，随着 W 的增加，SFDF 值也逐渐增加，且变化比较平稳。因此，只要序列长度和虚警概率确定，对照图 10-9，即可得到门限值（λ）。

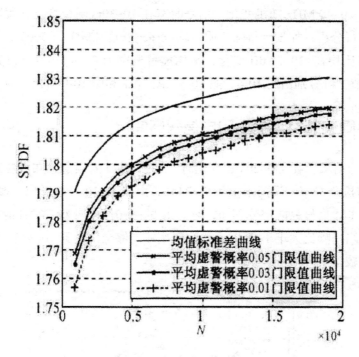

图 10-9　SFDF 门限值的选取

第五节　仿真实验与结果分析

一、仿真参数设置

本书以 AM、FM、PM、ASK、FSK、PSK 和 LFM 七种不同调制类型信号为例，使用 Matlab 软件分别分析基于 Higuchi 分形维数（HFD）、盒维数（BFD）、时域 Petrosian 分形维数（PFDT）、频域 Petrosian 分形维数（PFDF）、频域 Katz 分形维数（KFDF）以及频域 Sevcik 分形维数（SFDF）的频谱感知方法的性能。仿真结果由 MonteCarlo 方法得到，MonteCarlo 仿真次数为 10000 次。为全面分析不同调制参数下的感知性能，仿真中各调制参数均在一定范围内随机变化。仿真参数设置如下：AM、FM 和 PM 信号的基带信号频率（4）在 5~15 MHz 随机变化，波形为正弦波，调制系数（k）为 0.8；ASK、FSK 和 PSK 的基带信号均为随机产生的 0 bit 和 1 bit，码元速率为 1 Mbit/s；以上信号载波频率（fc）相同，均在 50~150 MHz 随机变化；采样频率（fs）均为 1000 MHz；成型滤波器采用滚降系数为 0.22 的平方根升余弦滤波器；LFM 信号中脉冲带宽在 20~40 MHz 随机变化，信号时宽在 10~30rs 随机变化，每次取一个信号时宽的信号进行分析；如没有特殊说明，均设序列长度（%）为 5000；各方法选取门限值时，信噪比均在 -30~20 dB 变化，平均虚警概率为 0.03oPFDT、PFDF、KFDF 和 SFDF 的门限值，可分别由图 10-4、图 10-5、图 10-7 和图 10-9 得出。

二、不同调制类型的主用户信号感知

图 10-10 为信噪比在 -30~20 dB 变化时，基于 HFD 的频谱感知方法对七种不同调制类型信号的检测概率。设门限值为 2.27446。由图 10-10 可以看出，基于 HFD 的频谱感知方法对 PM 信号只能部分感知，对 PSK 的感知性能较差，对其他类型信号的感知性能一般（当信噪比大于 1 dB 时，检测概率才能够全部达到 100%），总体在低信噪比下检测性能较差。

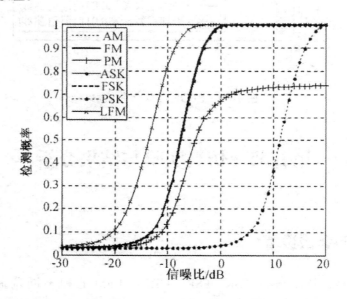

图 10-10 不同调制类型信号的检测概率（基于 HFD)

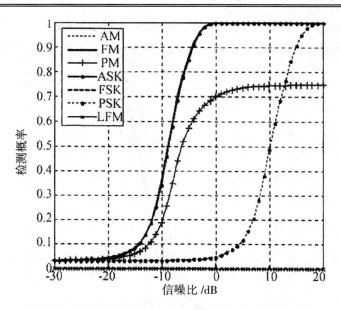

图 10-11　不同调制类型信号的检测概率 (基于 BFD)

　　图 10-11 为信噪比在 -30~20 dB 变化时，基于 BFD 的频谱感知方法对七种不同调制类型信号的检测概率。设门限值为 1.39988。由图 10-11 可以看出，基于 BFD 的频谱感知方法对 LFM 信号无法感知，只能感知部分 PM 信号，对其他信号在低信噪比下检测性能较差（达到 100% 检测概率的信噪比需要在 0 dB 以上）。

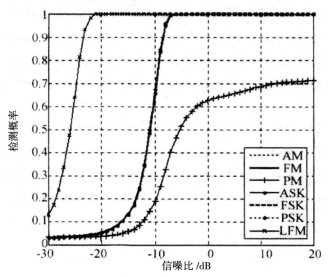

图 10-12　不同调制类型信号的检测概率 (基于 PFDT)

　　图 10-12 为信噪比在 -30~20 dB 变化时，基于 PFDT 的频谱感知方法对七种不同调制类型信号的检测概率。设门限值为 L01918o 由图 10-12 可以看出，基于 PFDT 的频谱感知方法对 PM 信号只能部分感知，对 LFM 信号能够较好地感知（在 -20 dB 低信

噪比情况下，能达到 100% 的检测概率），对其他信号的检测效果也较好（当信噪比大于 -6 dB 时，其检测概率均能够达到 100%），在低信噪比下检测性能较好。

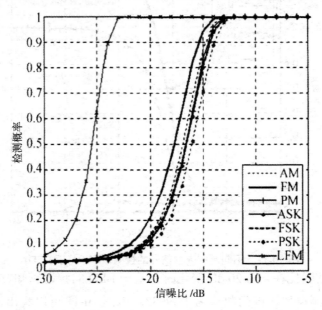

图 10-13　不同调制类型信号的检测概率（基于 PFDF)

　　图 10-13 为信噪比在 -30--5 dB 变化时，基于 PFDF 的频谱感知方法对七种不同调制类型信号的检测概率。设门限值为 L00665。由图 10-13 可以看出，基于 PFDF 的频谱感知方法对 LFM 信号能够较好地感知（在 -22 dB 低信噪比情况下，能达到 100% 的检测概率），对其他信号的检测效果也较好（当信噪比大于 -12 dB 时，七种信号的检测概率均能够达到 100%），在低信噪比下检测性能较好，感知性能好于基于 PFDT 的频谱感知方法。

　　图 10-14 为信噪比在 -30~-10 dB 变化时，基于 KFDF 的频谱感知方法对七种不同调制类型信号的检测概率。设门限值为 L00218。由图 10-14 可以看出，基于 KFDF 的频谱感知方法对七种不同调制类型信号均能够较好地感知（当信噪比大于 -15 dB 时，七种信号的检测概率均能够达到 100%），在低信噪比下能够获得较好的检测性能。

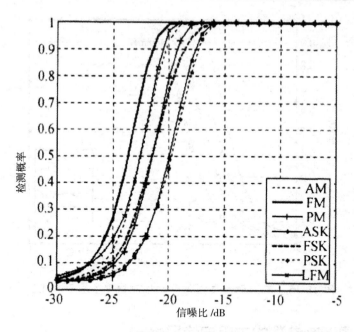

图 10-14　不同调制类型信号的检测概率（基于 KFDF)

图 10-15 为信噪比在 -30~-5 dB 变化时，基于 SFDF 的频谱感知方法对七种不同调制类型信号的检测概率。设门限值为 1.79736。由图 10-15 可以看出，基于 SFDF 的频谱感知方法对七种不同调制类型信号均能够较好地感知（当信噪比大于 -15 dB 时，七种信号的检测概率均能够达到 100%），在低信噪比下能够获得较好的检测性能。

由以上分析可以看出，在频域上利用分形维数进行频谱感知要优于直接在时域上利用分形维数进行频谱感知。在时域上利用分形维数进行频谱感知的方法（如基于 HFD、BFD 以及 PFDT 的频谱感知方法）对一些调制类型的信号无法识别，如基于 BFD 的频谱感知方法无法对 LFM 信号进行感知，基于 HFD.BFD 以及 PFDT 的频谱感知方法对部分 PM 信号无法感知。而在频域上利用分形维数进行频谱感知的方法（如基于 PFDF、KFDF 以及 SFDF 的频谱感知方法）对七种不同类型的信号都能达到较好的感知效果，在低信噪比下也能达到较高的检测概率，可以用于主用户信号调制类型未知的盲频谱感知情况。

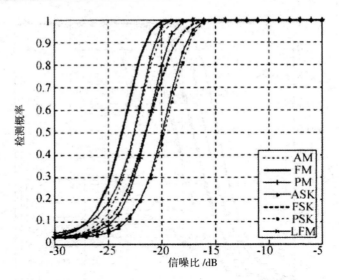

图 10-15　不同调制类型信号的检测概率（基于 SFDF）

三、不同调制参数的主用户信号感知

主用户先验知识未知情况下的盲频谱感知对不同调制参数的信号也应该具有较好的检测效果。本书以 PM 信号中的载波频率（f）和基带信号频率（%）为例，分别分析基于 HFD、BFD、PFDT、PFDF、KFDF 以及 SFDF 的频谱感知方法对不同调制参数信号的感知性能。分别固定基带信号频率和载波频率进行分析。固定基带信号频率时，设基带信号频率为 10 MHz，载波频率分别为从 50 MHz 到 150 MHz 每次递增 10 MHz 的 11 个值，固定载波频率时，设载波频率为 100 MHz，基带信号频率分别为从 5 MHz 到 15 MHz 每次递增 1 MHz 的 11 个值。设序列长度（N）为 5000。对于主用户信号调制参数未知的盲频谱感知情况，在利用分形维数进行频谱感知时，其分形维数随调制参数变化而发生的变化应越小越好。

图 10-16 为 PM 信号的 HFD 随不同调制参数变化情况。由图 10-16 可以看出，PM 信号的 HFD 随载波频率和基带信号频率变化而变化，变化的剧烈程度随信噪比的增加而增力口；当 HFD 数值大于或等于噪声的 HFD 时（如 f=60 MHz 和 f=150 MHz 时 a=12 MHz、a=13 MHz 和 a=15 MHz 时），利用基于 HFD 的频谱感知方法便无法区分信号和噪声，无法感知主用户的存在。因此，基于 HFD 的频谱感知方法只能对部分调制参数的 PM 信号进行感知，不适用于主用户调制参数未知的盲频谱感知。

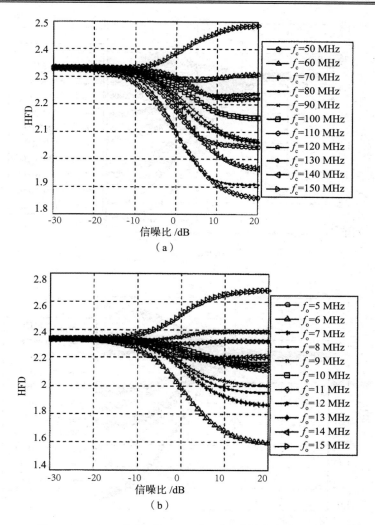

图 10-16 PM 信号的 HFD 随不同调制参数变化情况

（a）HFD 随载波频率变化情况；（b）HFD 随基带信号频率变化情况

图 10-17 为 PM 信号的 BFD 随不同调制参数变化情况。由图 10-17 可以看出，PM 信号的 BFD 随载波频率和基带信号频率变化而变化，变化的剧烈程度随信噪比的增加而增加；当 BFD 数值大于或等于噪声的 BFD 时（如 $f_c = 140$ MH$_z$ 时，$f_0 = 13$ MH$_z$、$f_0 = 14$ MH$_z$、$f_0 = 15$ MH$_z$ 时），利用基于 BFD 的频谱感知方法便无法区分信号和噪声，无法感知主用户的存在。因此，基于 BFD 的频谱感知方法只能对部分调制参数的 PM 信号进行感知，不适用于主用户调制参数未知的盲频谱感知。

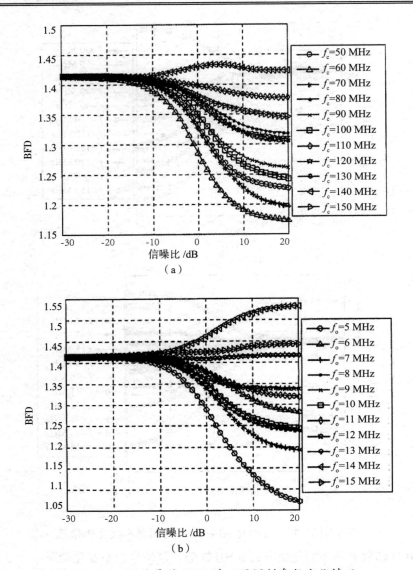

图 10-17　PM 信号的 BFD 随不同调制参数变化情况

（a）BFD 随载波频率变化情况；（b）BFD 随基带信号频率变化情况

　　图 10-18 为 PM 信号的 PFDT 随不同调制参数变化情况。由图 10-18 可以看出，PM 信号的 PFDT 随载波频率变化较小，而随基带信号频率变化较剧烈，变化的剧烈程度随信噪比的增加而增加；当 PFDT 数值大于或等于噪声的 PFDT 时（如 ％=12 MHz ％=14 MHz 和 ％=15 MHz 时），基于 PFDT 的频谱感知方法便无法区分信号和噪声，无法感知主用户的存在。因此，基于 PFDT 的频谱感知方法只能对部分调制参数的 PM 信号进行感知，不适用于主用户调制参数未知的盲频谱感知。

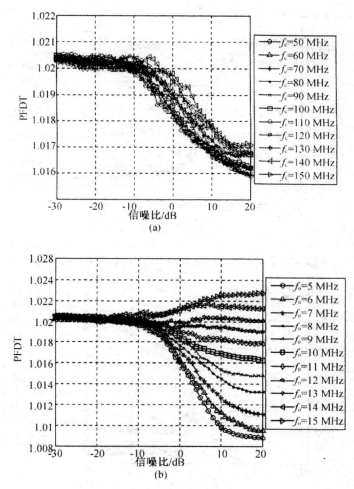

图 10-18 PM 信号的 PFDT 随不同调制参数变化情况

(a)PFDT 随载波频率变化情况；(b)PFDT 随基带信号频率变化情况

图 10-19 为 PM 信号的 PFDF 随不同调制参数变化情况。由图 10-19 可以看出，PM 信号的 PFDF 随载波频率和基带信号频率变化较小，在一定范围内随机浮动；虽然基于 PFDF 的频谱感知方法会在一定程度上提高频谱感知对信噪比的要求，但当信噪比大于一定值时，该方法仍能准确区分信号和噪声，进行频谱感知。因此，基于 PFDF 的频谱感知方法可用于主用户信号调制参数未知情况下的盲频谱感知。

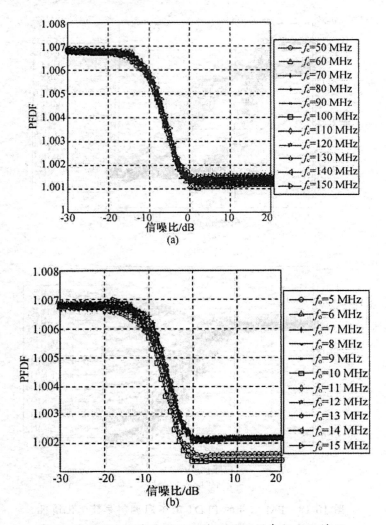

图 10-19　PM 信号的 PFDF 随不同调制参数变化情况

（a）PFDF 随载波频率变化情况；（b）PFDF 随基带信号频率变化情况

图 10-20 为 PM 信号的 KFDF 随不同调制参数变化情况。由图 10-20 可以看出，PM 信号的 KFDF 随载波频率和基带信号频率变化较小（其中随基带信号频率变化稍大），均在一定范围内随机浮动；虽然基于 KFDF 的频谱感知方法会在一定程度上提高频谱感知对信噪比的要求，但当信噪比大于一定值时，该方法仍能准确区分信号和噪声，进行频谱感知。因此，基于 KFDF 的频谱感知方法可用于主用户信号调制参数未知情况下的盲频谱感知。

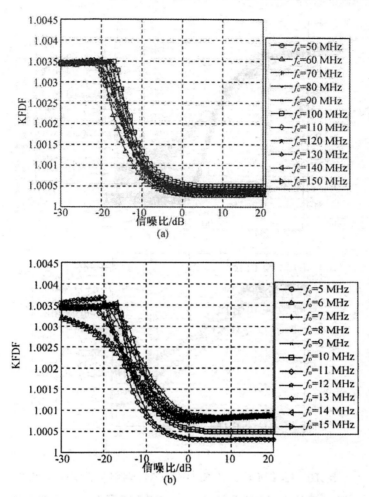

图 10-20　PM 信号的 KFDF 随不同调制参数变化情况

(a)KFDF 随载波频率变化情况 ;(b)KFDF 随基带信号频率变化情况

图 10-21 为 PM 信号的 SFDF 随不同调制参数变化情况。由图 10-21 可以看出，PM 信号的 SFDF 随载波频率和基带信号频率变化较小（其中随基带信号频率变化稍大），均在一定范围内随机浮动；虽然基于 SFDF 的频谱感知方法会在一定程度上提高频谱感知对信噪比的要求，但当信噪比大于一定值时，该方法仍能准确区分信号和噪声，进行频谱感知。因此，基于 SFDF 的频谱感知方法可用于主用户信号调制参数未知情况下的盲频谱感知。

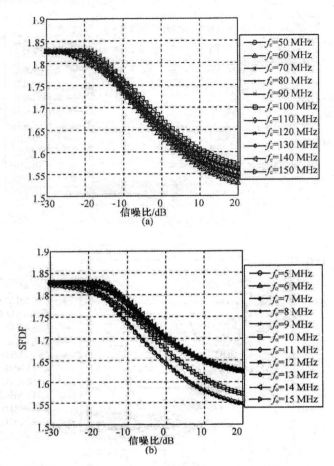

图 10-21　PM 信号的 SFDF 随不同调制参数变化情况

(a)SFDF 随载波频率变化情况 ;(b)SFDF 随基带信号频率变化情况

　　综上所述，由于 HFD.BFD 和 PFDT 受调制参数变化影响较大，调制参数取某些值时会导致利用分形维数无法区分信号和噪声。因此，基于 HFD.BFD 和 PFDT 的频谱感知方法，不适用于主用户信号调制参数未知情况下的盲频谱感知。而频域分形维数（包括 PFDF、KFDF 和 SFDF）受信号调制参数变化影响较小，当信号调制参数变化时，其分形维数在一定范围内小幅度变化，除会提高频谱感知对信噪比的要求外，对其频谱感知能力没有影响，能够准确感知主用户信号。因此，基于 PFDF、KFDF 和 SFDF 的频谱感知方法能够用于主用户信号调制参数未知情况下的盲频谱感知。

四、噪声不确定情况下的感知性能

　　噪声不确定性广泛存在于实际的通信系统中，对噪声不确定性不敏感是对检测器的基本要求。由于信噪比墙的存在，目前被广泛使用的能量检测方法在噪声具有不确定性时检测性能严重下降。当存在 xdB 的噪声不确定度时，这些方法对信噪比低于信噪比墙 $\left(SNR_{wall} = 10 \lg \left(10^{\frac{x}{10}} - 1 \right) dB \right)$ 的信号便无法检测。例如，当噪声不确定度为 1 dB 时，这些方法对信噪比低于 -5.87 dB 的信号便无法检测。基于分形维数的频谱感知方法，由于高斯白噪声的分形维数与噪声功率无关，因此对噪声不确定性不敏感。

本节利用 Matlab 分别分析基于 PFDT、PFDF、KFDF 和 SFDF 的频谱感知方法，将噪声不确定度分别为 1 dB、2 dB、5 dB 时的感知性能。取 AM、FM、PM、ASK、FSK、PSK 和 LFM 七种信号的平均检测概率 P_{d-ave} 为指标进行比较；设 N=5000；各方法选取门限值时，信噪比均在 -30~20 dB 变化，平均虚警概率为 0.03。

图 10-22 为基于 PFDT 的频谱感知方法在不同噪声不确定度下的感知性能。由图 10-22 可见，当噪声不确定度分别为 1 dB、2 dB、5 dB 时，系统的感知性能稍有下降，但变化不大，对噪声不确定性并不敏感。

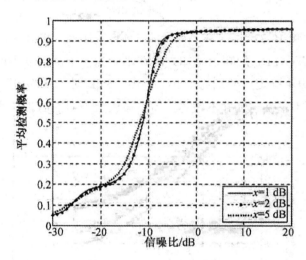

图 10-22　噪声不确定情况下的感知性能（PFDT）

图 10-23 为基于 PFDF 的频谱感知方法在不同噪声不确定度下的感知性能。由图 10-23 可见，当噪声不确定度分别为 1 dB、2 dB、5 dB 时，系统的感知性能稍有下降，达到 100% 检测概率所需的信噪比有所提高，但影响不大，对噪声不确定性并不敏感。当信噪比大于 -9 dB 时，即使在噪声不确定度为 5 dB 的情况下，该方法仍能够达到 100% 的平均值。

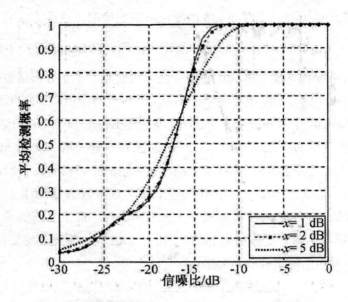

图 10-23　噪声不确定情况下的感知性能（PFDF）

图 10-24 为基于 KFDF 的频谱感知方法在不同噪声不确定度下的感知性能。由图 10-24 可见，当噪声不确定度分别为 1 dB、2 dB、5 dB 时，系统的感知性能稍有下降，但变化不大，对噪声不确定性并不敏感。当信噪比大于 -12 dB 时，即使在噪声不确定度为 5 dB

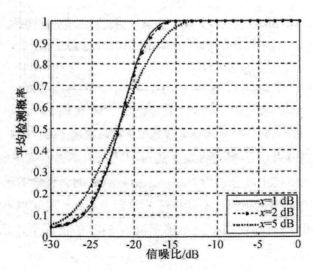

图 10-24　噪声不确定情况下的感知性能 (KFDF)

图 10-25 为基于 SFDF 的频谱感知方法在不同噪声不确定度下的感知性能。由图 10-25 可见，当噪声不确定度分别为 1 dB、2 dB、5 dB 时，系统的感知性能稍有下降，但变化不大，对噪声不确定性并不敏感。当信噪比大于 -12 dB 时，即使在噪声不确定

度为 5 dB 的情况下，该方法仍能够达到 100% 的平均检测概率。

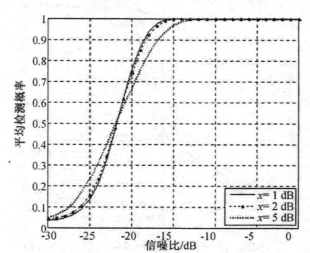

图 10-25 噪声不确定情况下的感知性能 (SFDF)

综上所述，基于 PFDT、PFDF、KFDF 和 SFDF 的频谱感知方法对噪声不确定性不敏感，可以应用于噪声不确定情况下的频谱感知。

五、序列长度对感知性能的影响

本节利用 Matlab 分别分析序列长度对基于 PFDT、PFDF、KFDF 和 SFDF 的频谱感知方法的影响。取 AM、FM、PM、ASK、FSK、PSK、LFM 七种信号的平均检测概率（匕 3）进行比较；序列长度（N）分别为 1000、2000、5000 和 10000；各方法选取门限值时，信噪比在 -30~20 dB 变化，平均虚警概率为 0.03。

图 10-26 为基于 PFDT 的频谱感知方法在不同序列长度下的感知性能。当序列长度分别为 1000、2000、5000 和 10000 时，将判决门限分别设置为 1.02289、1.02106、1.01918 和 L01787。由图 10-26 可见，序列长度越大，该方法的感知性能就越好；但由于该方法对某些调制参数的 PM 信号无法感知，因此增加序列长度仍无法达到 100% 的检测概率。

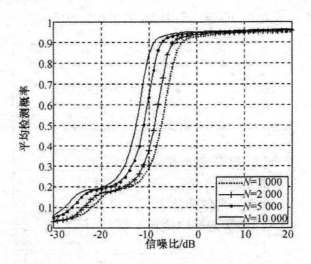

图 10-26　序列长度对感知性能的影响 (PFDT)

图 10-27 为基于 PFDF 的频谱感知方法在不同序列长度下的感知性能。当序列长度分别为 1000、2000、5000 和 10000 时，将判决门限分别设置为 1.00741、1.0071、1.00665和 1.00627，使虚警概率均为 0.03。由图 10-27 可见，序列长度越大，该方法的感知性能就越好；当 N=10000、信噪比大于 -14 dB 时，该方法能够达到 100% 的检测概率，因此它在低信噪比下具有较好的感知性能。

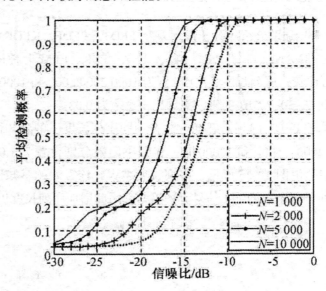

图 10-27　序列长度对感知性能的影响 (PFDF)

图 10-28 为基于 KFDF 的频谱感知方法在不同序列长度下的感知性能。当序列长度分别为 1000、2000、5000 和 10000 时，将判决门限分别设置为 1.00314、1.00268、1.00218 和 1.00189，使虚警概率均为 0.03。由图 10-28 可见，序列长度越大，该方法

的感知性能就越好。当 N=10000 时、信噪比大于 -17 dB 时，该方法能够达到 100% 的检测概率，因此它在低信噪比下具有较好的感知性能。

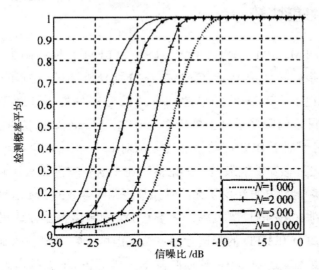

图 10-28 序列长度对感知性能的影响 (KFDF)

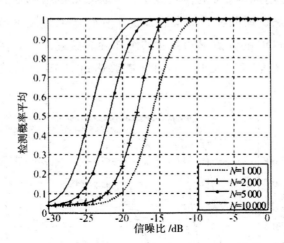

图 10-29 序列长度对感知性能的影响 (SFDF)

图 10-29 为基于 SFDF 的频谱感知方法在不同序列长度下的感知性能。当序列长度分别为 1000、2000、5000 和 10000 时，将判决门限分别设置为 1.76518、1.78036、1.79736 和 1.80841，使虚警概率均为 0.03。由图 10-29 可见，序列长度越大，该方法的感知性能就越好。当 10000、信噪比大于 -17 dB 时，该方法能够达到 100% 的检测概率，因此它在低信噪比下具有较好的感知性能。

由以上分析可见，序列长度越大，这些方法的感知性能就越好。但随着序列长度的增加，算法的复杂度和运算量也会增大，因此实际中应根据对感知性能和感知开销的要求来设定序列长度。

六、感知性能比较

本书以 AM、FM、PM、ASK、FSK、PSK 和 LFM 七种调制类型信号的平均检测概率 (P_{d-ave}) 为指标，使用 MonteCarlo 方法分别分析能量检测和基于 HFD、BFD、PFDT、PFDF、KFDF、SFDF 的频谱感知方法的感知性能，如图 10-30 所示。设序列长度为 5000，设置门限使平均虚警概率为 0.03，MonteCarlo 仿真次数为 100000 由图 10-30 可见，由于基于 BFD 的频谱感知方法对 LFM 信号和某些调制参数的 PM 信号无法感知，因此其感知性能最差，无论信噪比多大，它都无法达到 100% 的检测概率；基于 HFD 的频谱感知方法由于无法感知某些调制参数的 PM 信号，因此感知性能也较差，无法达到 100% 的检测概率；基于 PFDT 的频谱感知方法在低信噪比下的检测性能优于基于 BFD 和 HFD 的频谱感知方法，但由于它对某些调制参数的 PM 信号无法感知，因此也无法达到 100% 的检测概率；基于 PFDF 的频谱感知方法，在信噪比大于 -12 dB 时能够达到 100% 的检测概率，具有较好的检测性能；其性能优于基于 PFDT 的频谱感知方法，说明在频域上感知优于在时域上直接感知，基于 KFDF 的频谱感知方法和基于 SFDF 的频谱感知方法的感知性能接近，它们在低信噪比时均能达到较好的感知性能，在信噪比大于 -15 dB 时能够达到 100% 的检测概率，具有较好的感知性能。

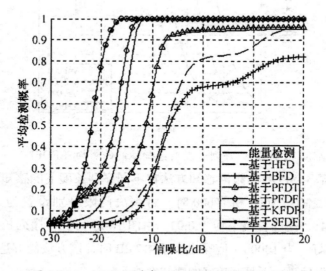

图 10-30　不同频谱感知方法检测性能的比较

七、运算时间比较

频谱感知时间直接影响感知开销和系统吞吐量。减少频谱感知时间、降低算法复杂度，对减少感知开销、提高系统吞吐量都具有重要意义。本节使用 Matlab 软件分别分析能量检测和循环平稳特征检测以及基于 HFD、BFD、PFDT、PFDF、KFDF、SFDF 的频谱感知方法的运算时间。以基于 SFDF 的频谱感知方法在序列长度为 1000 时进行 10000 次运算的时间为标准，对各方法运算时间进行归一化。八种方法归一化的运算时间如表 10 所示。由表 10-1 可见，各频谱感知方法的运算时间均随序列长度的增加而增加。其中，能量检测和基于 BFD、KFDF、SFDF 的频谱感知方法的运算时间基本与序列长度成正比；循环平稳特征检测的运算时间基本与序列长度的平方成正比。基于各种分形维数的频谱感知方法的运算时间远远少于循环平稳特征检测，它们的运算时间虽多于以简单著称的能量检测，却能克服能量检测对噪声不确定性敏感的问题。其中，基于 PFDF.KFDF 和 SFDF 的频谱感知方法还能克服能量检测在低信噪比下检测性能差的缺点。基于 PFDF、KFDF 和 SFDF 的频谱感知方法的运算时间少于基于 BFD 的频谱感知方法，它们能够使运算速度得到多倍提高；在序列长度较小时，这些方法的运算时间少于基于 HFD 的频谱感知方法；虽在序列长度较大时，这些方法的运算时间多于基于 HFD 的频谱感知方法，但却能克服基于 HFD 的频谱感知方法无法感知某些调制参数信号以及在低信噪比下感知性能低的缺点。基于 PFDT 的频谱感知方法，虽运算时间略小于基于 PFDF、KFDF 和 SFDF 的频谱感知方法，但却对某些调制参数的信号无法感知，且在低信噪比下检测性能较差。综上所述，在各种基于分形维数的频谱感知方法中，基于 PFDF、KFDF、SFDF 的频谱感知方法兼具较少的运算时间和较优的感知性能；三者中运算时间最少的是基于 SFDF 的频谱感知方法，其次是基于 KFDF 的频谱感知方法，最多的是基于 PFDF 的频谱感知方法。

表 10-1　归一化运算时间比较

感知方法	序列长度			
	1000	2000	5000	10000
能量检测	0.17	0.36	0.81	1.67
循环平稳特征检测	858.5	3308.2	15357.6	64293.1
基于 HFD	5.1	5.6	7.9	9.7
基于 BFD	8.5	16.5	42.7	82.8
基于 PFDT	0.9	1.5	3.5	6.2
基于 PFDF	1.4	2.2	6.2	11.5
基于 KFDF	1.3	2.6	6.4	14.9
基于 SFDF	1	1.9	4.8	10.1

第六节　基于分形维数的频谱感知方法比较总结

经过以上分析和比较，可对各种基于分形维数的频谱感知方法得出以下结论。

从对不同调制类型的主用户信号感知来看，在时域上利用分形维数进行频谱感知的方法（如基于 HFD.BFD 和 PFDT 的频谱感知方法），对某些调制类型的信号无法感知或只能部分感知，如基于 BFD 的频谱感知方法无法对 LFM 信号进行感知，基于 HFD、BFD 和 PFDT 的频谱感知方法对部分 PM 信号无法感知。而在频域上利用分形维数进行频谱感知的方法（如基于 PFDF、KFDF 和 SFDF 的频谱感知方法），对七种不同类型的信号都能达到较好的感知效果，可以用于主用户信号调制类型未知的盲频谱感知。

从对不同调制参数的主用户信号感知来看，由于 HFD、BFD 和 PFDT 受调制参数变化影响较大，当调制参数取某些值时会导致利用分形维数无法区分信号和噪声，因此在时域上利用分形维数进行频谱感知的方法（如基于 HFD、BFD 和 PFDT 的频谱感知方法），不适用于主用户信号调制参数未知情况下的盲频谱感知。而频域分形维数（包括 PFDF.KFDF 和 SFDF），受信号调制参数变化影响较小，当信号调制参数变化时，其分形维数在一定范围内小幅度变化，除会提高频谱感知对信噪比的要求外，对其频谱感知能力没有影响，能够准确感知主用户信号。因此，在频域上利用分形维数进行频谱感知的方法（如基于 PFDF.KFDF 和 SFDF 的频谱感知方法），能够用于主用户信号调制参数未知情况下的盲频谱感知。

从频谱感知的性能来看，在直接于时域上进行频谱感知的方法中，基于 BFD 的频谱感知方法由于对 LFM 信号和某些调制参数的 PM 信号无法感知，因此感知性能最差，无法达到 100% 的检测概率；基于 HFD 的频谱感知方法由于无法感知某些调制参数的 PM 信号，因此感知性能也较差，无法达到 100% 的检测概率；基于 PFDT 的频谱感知方法在低信噪比下的检测性能优于基于 BFD 的频谱感知方法和基于 HFD 的频谱感知方法，但由于它对某些调制参数的 PM 信号无法感知，因此也无法达到 100% 的检测概率。在直接于时域上进行频谱感知的方法中，基于 PFDF 的频谱感知方法的性能优于基于 PFDT 的频谱感知方法，当信噪比大于 -12 dB 时，它能够达到 100% 的检测概率，具有较好的检测性能；基于 KFDF 的频谱感知方法和基于 SFDF 的频谱感知方法的感知性能相近，它们在低信噪比下均能达到较高的感知性能，在信噪比大于 -15 dB 时均能够达到 100% 的检测概率，具有较好的感知性能。

从对噪声不确定性的敏感度来看，基于 PFDT、PFDF、KFDF 和 SFDF 的频谱感